#fibrocemento(s).com

120 años de historia de una industria

Jacques ROULLAND - Fernando de ARAGÓN Ó

#fibrocemento(s).com

120 años de la historia de una industria

Leído, visto, oído

Traducción/adaptación del francés:
con participación de

Marie Claude e Ismael VERGARA
Manuel RUBIO Morano

Éditeur : BoD-Books on Demand
12-14 rond-point des Champs-Élysées, 75008 Paris
Impression : Books on Demand, Norderstedt, Allemagne

Illustrations : 80
ISBN : 9782322233953

Dépôt légal : Juillet 2020

CONTENIDO

PROLOGO

"La empresa tiene por última finalidad el ser y perseverar en él. De esta manera comparte los riesgos y los peligros. Su continuidad sigue siendo para sus responsables la obligación a la que finalmente se unen los demás".

Roger Martin *"Patron de droit divin » 1984*

1963. Acabo de ingresar como ayudante del jefe de servicio comercial en una sociedad de Charente *(provincia del sur - oeste de Francia)* que fabrica fieltros para papeleras, para el amianto-cemento y otras actividades industriales. Esta empresa pertenece a un gran grupo francés de aquella época. Las ventas para exportación están medianamente desarrolladas.

Una de las primeras tareas que me confían concierne a la gestión de la devolución de dos fieltros para el amianto-cemento, que un cliente israelí consideró no conforme en dimensiones con las de su pedido. Y me pregunto, ¿cuál puede ser el papel de un fieltro en la fabricación de las placas onduladas?

Algún tiempo más tarde la Sociedad de Pont-à-Mousson abre una fábrica de placas y tubos de amianto-cemento en Valladolid (España). Conseguimos los pedidos de fieltros para el arranque de las maquinas. Los fieltros destinados a la máquina de placas onduladas resultan un poco justos de largo. Un joven ejecutivo acude a Angulema con tres de ellos amontonados en su Renault R8 para que sean estirados por nosotros con toda urgencia.

En la misma época escuché la historia de nuestro director comercial de exportación que algunos años atrás había efectuado un largo viaje de prospección en Brasil. A orillas del Amazona, en Manaos o bien en Belem, conoció a un compatriota que dirigía una empresa perteneciente al mismo grupo que montó la fábrica de Valladolid de la que acabamos de hablar.

Desde luego el amianto me cuestiona cada vez más… Pont-à-Mousson es también accionista de una fábrica próxima de Düsseldorf, nuestro director de exportación tiene que visitarla, pero por falta de conocimiento del idioma no se siente a gusto y me pide que lo acompañe. No me siento muy tranquilo pues a pesar de mis esfuerzos anteriores, no dominaba el idioma de Goethe.

Dos años han pasado y nuestro director de exportación se ha jubilado. El director general me propone que lo sustituya acerca de los clientes del amianto-cimento de Francia, España y Alemania. Veo una ocasión estupenda para mejorar mi situación y me conviene bien la propuesta a pesar de algunas dudas de mi esposa quien sí pensó en las futuras y frecuentes ausencias.

Así empieza una aventura que duraría más de treinta años y me llevaría a desarrollar nuestras ventas, primero en las filiales extranjeras del famoso grupo, y luego en otras empresas de todas dimensiones en Europa, África, América Latina y Asia del Sur - Este.

Eso me llevó a conocer países, compañías, y sobre todo a mucha gente que amaba su trabajo y daba siempre lo mejor de sí misma para hacer prosperar sus empresas. A menudo, nos encontrábamos en un sitio u otro, bajo climas diferentes y con condiciones de trabajo igualmente diferentes. Amistades se entablan mientras que nuestros hijos crecen y conversamos de ellos compartiendo comidas a veces en buenos restaurantes o en tascas.

Prologo

Ahora llega la jubilación, los "treinta gloriosos" ya están lejos. El amianto ha provocado muertes entre el personal. También empresas cerradas dejan muchas zonas industriarles abandonadas, afeando los suburbios de nuestras ciudades. Con el tiempo libre las miradas hacia el pasado pesan más y se me impone el deseo de escribir la historia de esta industria.

Entonces, después de una quincena de años lejos de las fábricas de fieltros y del amianto-cemento, salí a la búsqueda de mis antiguas relaciones francesas y extranjeras. Descubrí entonces que todo había cambiado muchísimo después de la gran depresión debido al drama del amianto, pero que una nueva generación de productos se estaba desarrollando, aunque nuestro país continúa siendo poco abierto frente a estas novedades. Tomé conciencia que a pesar de los defectos que se le atribuyen, el fibrocemento aportó tejados y a menudo el suministro de agua a millones de personas a través del mundo, lo que para mí justifica sin ninguna duda el escribir un sin número de datos y anécdotas leídas, vistas y oídas, y mostrar que incluso después de un drama como este conocido bajo el nombre de "escándalo del amianto", una industria floreciente, tocaba el corazón como un país que sale de una guerra, que puede reaccionar y renacer de sus cenizas. Una evidente similitud se me impone: la vida de un producto industrial puede compararse a la de un ser humano:

Invento: concepción-embarazo,
Primeras producciones: nacimiento,
Desarrollo de las fábricas y de las ventas: adolescencia,
Globalización de producciones y ventas: edad adulta,
Crisis por riesgo mortal: enfermedad grave,
Puesta a punto de nuevas tecnologías: remisión-curación.

Nuevos desarrollos después de curación: continuación de la edad adulta, sin saber cuánto durara, tanto en el autor como en los lectores.

Por último, quiero añadir que no se encontrara aquí una descripción precisa de las técnicas de producción requeridas por esta industria.

Especialistas lo hicieron antes y mucho mejor de lo que yo podría hacerlo. En consecuencia, me limitaré mayormente al aspecto humano e histórico a lo largo de las paginas siguientes, sin olvidar de amenizarlas con anécdotas con un paréntesis dirigido a los lazos vigentes entre Arte, Arquitectura y Amianto-cemento.

Que no espere tampoco el lector un alegato contra el amianto, ni contra sus usuarios. En ese asunto también personas más competentes trabajaron y publicaron mucho[1]. Mis encuentros con los responsables industriales del Fibrocemento me confirmaron que todos habían trabajado respetando las normas vigentes en sus respectivos países y que, si sufre esa industria de fuertes ataques, no es la única en haber puesto vidas en peligro. En el momento en que escribo esas líneas, una parte de la agricultura, de la ganadería, de la pesca y de la industria agro - alimentaria en general, no se priva de envenenarnos poco a poco.

Una vista ilustrativa de los problemas y de las dificultades encontradas para mantener viva una industria a lo largo de los decenios, se encuentra ilustrada por la crónica que me comunica un amigo, antiguo ejecutivo de alto nivel de Mexalit. Esta crónica fue emitida en 2006 por Alain de Metz[2], antes Presidente Director General de la Rama Materiales

---

[1] El lector interesado por las enfermedades atadas al amianto puede dirigirse hacia:"www.helsinki.fi/iech2006/papers2/Hardy.pdf_", O hacia "Eternit et l'amiante 1922-2000" por Odette Hardy-Hémery, publicado por « Les Presses Universitaires du Septentrion ». O también « Amiante 100 000 morts à venir » de François Malye, « le cherche midi »2004.

[2] Para familiarizarse con el fuerte carácter de ese Caballero, me alegra contarles una anécdota de su juventud. Su padre manejaba una base aérea francesa en Marruecos, donde Alain de Metz paso sus años de colegio. En 1950, a los quince años, con un compañero de la misma edad, emprendieron una aventura de viajar hasta Roma en bicicleta, durante las vacaciones de verano y lo hicieron. No sabemos cuánto tiempo necesitaron. Quien conoció las carreteras de Marruecos y de España y las condiciones de viaje de la época, puede imaginarse lo difícil de tal viaje desde Rabat hasta la capital italiana para dos jóvenes con poca plata, en condiciones sin duda precarias y bajo el

para construcción de Saint Gobain en Paris, posteriormente Director General de Mexalit y Delegado General de Saint Gobain para América Latina, con motivo de la inauguración de una nueva Planta de Fibrocemento en Nuevo Laredo, México.

Me alegra repetirla en adelante para facilitar la comprensión de lo expuesto en el conjunto del presente libro.

Sr Alain De Metz

¡Yo estuve ahí...!
"No es fácil hablar de este tema controversial en tiempos recientes, así como por el crecimiento de las nuevas propuestas de materiales para la industria de la construcción, pero mi breve mensaje se refiere o inicia en un tiempo que

---

calor de la temporada. Me contó la historia cuando viajábamos juntos en mi coche entre Toledo y Madrid en 2001, para él, no se trataba de una hazaña sino de un recuerdo de su juventud.

parece menos remoto para nosotros que vivimos ya muchas y diferentes etapas en esta industria del FIBROCEMENTO naciente en México en la década de los 30 y de los 40 y antes ya en Europa y otras partes del mundo, para muchos de ustedes parecerá verdaderamente historia, para otros solo una referencia.

"Los llamados años dorados de los 50 y de los 60 en que la expansión del fibrocemento alcanzó dimensiones insospechadas, hizo a los jóvenes de entonces emocionarnos combinando la experiencia de los conocedores del momento, con los esfuerzos de muchos jóvenes ingenieros y trabajadores, para desarrollar nuevas tecnologías e ir pasando poco a poco, de la fabricación casi artesanal a la mecanización de procesos, pero conservando la sabiduría y la sensibilidad de los contramaestres ya viejos de entonces, ese saber hacer de los viejos sin duda era uno de los más preciados tesoros.

"Las luchas en la industria, la tecnocracia, la maestría del viejo saber hacer, el sindicalismo, la falta de recursos financieros de la época, la pobreza generalizada de la postguerra, la necesidad y el crecimiento acelerado, habría que sortearlos vertiginosamente.

"Este proceso nos llevó por el mundo, de producto en producto, de máquina en máquina, de país en país, de cultura en cultura, y con ayuda de los gobiernos locales conquistando verdaderamente alianzas estratégicas e inversionistas locales, montando plantas para la fabricación del fibrocemento de entonces.

"La apertura industrial estaba dada, se tomaba lo mejor de cada una, cada planta aportaba un sello especial a sus productos, cada día había innovaciones tecnológicas y administrativas, cada día había mejor industria, más cuidados, mejor gente y el FIBROCEMENTO empezaría a ser un producto puntal y básico para el desarrollo de nuestros países.

"El mundo estaba cubierto ya con láminas y tejas para techados, así como de miles de kilómetros de tuberías llevando agua y servicios, pero para establecer una industria del fibrocemento más adaptada a la construcción moderna y a la época, ya en los 80 me toco instruir al Grupo para desarrollar nuevas tecnologías, nuevos productos, nuevas aplicaciones y nuevos mercados, reuniendo lo mejor de cada uno.

Prologo

"Fue entonces que en 1986 nació MAXITILE INCORPORATED, MEXALIT inició la fabricación del fibrocemento con Nueva Tecnología y la exportación a los Estados Unidos, el mercado más demandante y competido del mundo.

"El sueño industrial de la exportación de fibrocemento de nueva tecnología había empezado, en algún momento deberíamos instalar una moderna planta en la frontera mexicana, una decisión en 1996 fue frustrada por otros intereses internacionales, pero hoy con un MEXALIT 100% mexicano nos sentimos orgullosos en este 26 de octubre del 2006 y DAR ARRANQUE A ESTA NUEVA PLANTA de " MAXITILE INDUSTRIES" con personal capacitado, con tecnología de punta, con la experiencia suficiente y con el siempre reconocido "saber hacer del mexicano, con su sello propio, con su astucia" saldremos adelante.

"Sabremos conquistar con calidad y servicio nuevos mercados, justo aquí, en NUEVO LAREDO, con un gobierno joven que ha sabido comprender y apoyar nuestro proyecto, damos así un paso más en nuestra actividad de industriales, juntos creceremos con cada vez más oportunidades, con atractivas fuentes de trabajo, un desarrollo sustentable para todos y el beneficio justo para nuestros inversionistas".

El trabajo de investigación requerido para escribir el presente libro ha resultado para mí en una segunda aventura que me ha llevado a encontrar muchos de mis antiguos interlocutores, y a descubrir a otros nuevos, desde Brasil hasta China, pasando por Canadá.
Desgraciadamente, por culpa del drama del amianto, algunos de mis interlocutores potenciales se negaron a expresarse, otros simplemente no quisieron recibirme. Peor, unos no sobrevivieron a la fibra.
Por último, me parece indispensable agradecer profundamente con mucha atención a dos de mis contactos y amigos, Alain Sabouraud y Fernando G. de Aragón O., sin los cuales el presente libro no hubiera podido prepararse ni acabarse.

I   INVENTO Y PRIMEROS DESAROLLOS

"Un nuevo invento que va ciertamente a revo-
lucionar todos los métodos de techados, acaba
de ser depositado en Austria". Cirkel[3]

Al final del siglo XIX, en los países industrializados, las investigaciones van por buen camino con el fin de poner a punto productos ligeros y baratos destinados a la construcción.

Hacia 1892, un alemán, Kuhlewein, incorpora amianto con cemento para realizar tejados ligeros e incombustibles.

El Señor Guillaume Gillet[4] en el prefacio que dedica a "Fibrocemento en el Arte 1903-1973" publicado por la Sociedad Fibrocemento ELO en 1973 nos informa:

"El amianto-cemento nació a finales del último siglo. Alrededor de 1892 el alemán Kuhlewein incorpora amianto con cemento para reali-zar tejados incombustibles. En 1896, una sociedad germano-rusa fabri-caba un producto llamado Uralit, en forma de placas que dio lugar a diversas aplicaciones. Simmons & Bock, en 1898 fabricaba baldosas de amianto-cemento trabajando con pequeñas cantidades de agua".

Es interesante anotar que el nombre "Uralit" lo encontraremos en mu-chos lugares, a veces con ligeros cambios a lo largo de la historia que

---

[3] Cirkel, Autor canadiense de « Asbestos, its occurrence, exploitation and use » publi-cado por « Department of Interior of Canada, Ottawa » 1905.

[4] Guillaume Gillet: Famoso arquitecto francés del siglo XX. Entre otros fue al origen de la Catedral de Royan *(costa atlántica de Francia)* y del "Palais des Congrés" *(im-portante edificio de reuniones en Paris)*. Miembro del "Institut, Premier Grand Prix de Rome, Arquitecto Jefe de los Edificios Civiles y de los Palacios Nacionales".

iniciamos. El origen de ese nombre se debe a la cadena de montañas rusas de donde proviene esencialmente el amianto y al griego "ITE"[5] que se refiere a la piedra natural. Eso parece justificar la larga difusión del nombre.

En Estados Unidos en 1897, Mr. Norton, asistente en el Servicio de Medidas de Temperatura del "Massachusetts Institute of Technology" es solicitado para investigar un material destinado a sustituir la madera sobre todo con el fin de limitar los incendios. Sigue trabajando sobre el tema hasta 1903. Apoyado por poderosas compañías de su país, Norton consigue la puesta a punto de una mezcla de cemento y amianto parecido a un mortero. Hace correr el mortero sobre un filtro y posteriormente lo somete a una muy fuerte presión, lo que permite obtener placas homogéneas de diversos espesores. En 1905 el MIT registra las patentes. Una empresa llamada TF Manville, lo que tendremos ocasiones de hablar en el futuro, empieza la fabricación. El proceso tiene sin embargo el defecto de no convenir para producción de placas finas necesarias para obtener pizarras artificiales.

Los americanos continúan las investigaciones y consiguen poner a punto un segundo procedimiento que consiste en hacer correr sobre una tela sin fin, "fieltro", una fina capa uniforme del mortero de cemento-amianto. La "hoja" obtenida se exprime entre dos cilindros y luego se comprime muy fuertemente. Entonces basta recortarla y curar al ambiente para obtener pizarras. El proceso se patentó en 1910 y su explotación continuó durante muchos años.

En Estados Unidos, al principio del siglo XX los americanos consiguen una mezcla de cemento Portland con fibras de amianto que permite obtener un material de construcción duradero y resistente al fuego.

---

[5] Según un helenista confirmado: las letras "ITE" se refieren a piedras naturales, lo que justifica su uso a título de sufijo en los nombres de varias de las empresas produciendo amianto-cimento.

I Invento y primeros desarrollos

Ese producto, fabricado por primera vez en 1905, sirve de revestimiento para calderas, tubos de vapor y en general para elementos que trabajan a altas temperaturas. También se emplea para proteger las zonas de los techos atravesadas por tubos calientes[6].Pero el verdadero padre del Amianto-cemento, mundialmente reconocido, sigue siendo Ludwig Hatschek, quien descubre el sistema de fabricación que se convertirá en la referencia internacional.

En los últimos años del siglo XIX, Fritz Hatschek, dispone de una fábrica de cartón-amiantado en Vocklabück, Austria. Parte de

01-001 Ludwig Hatschek, padre del amianto-cemento.

ese cartón sirve para producir posavasos. Uno de sus obreros observa que residuos de cemento y gotas de agua crean un aspecto "armado" al mezclarse con las fibras contenidas en los posavasos de la cervecería. Fritz lo comenta con su hijo Ludwig, joven ingeniero. Ese último emprende inmediatamente investigaciones procediendo a mezclar diversos tipos de fibras. Pronto consigue obtener con fibras de amianto un "fino cemento armado permanente" que no se destruye ni con el tiempo ni con la humedad.

---

[6] Wilson, Richa, Kathleen Snodgrass, "Early 20th-Century Building Materials: Siding and Roofing" [PDF], U.S. Department of Agriculture Forest Service, Technology & Development Program (February 2008).

En la práctica, Ludwig sigue la técnica utilizada en las máquinas de cartón equipadas con tamices cilíndricos rotativos sumergidos en tinas. Mantiene la idea de formar, dentro de las tinas, una emulsión muy fluida a base de amianto bien desfibrado y cemento, parecida a la pasta de celulosa que sirve para fabricar cartón. La Sociedad Voith de St. Pölhen Austria construye su primera máquina, largamente inspirada de las máquinas de cartón.

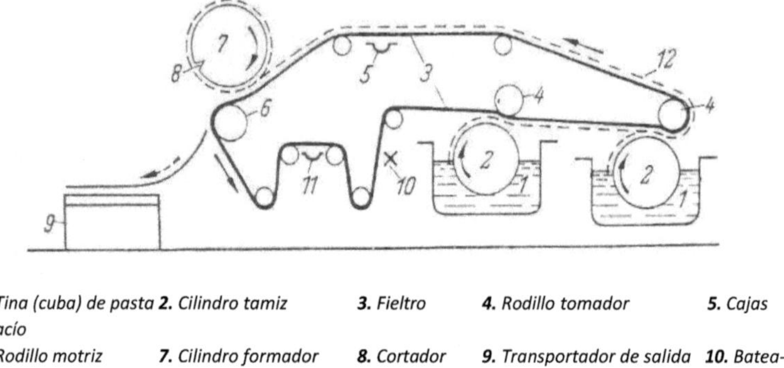

1. Tina (cuba) de pasta 2. Cilindro tamiz   *3. Fieltro*   *4. Rodillo tomador*   *5. Cajas de vacío*
6. Rodillo motriz   *7. Cilindro formador*   *8. Cortador*   *9. Transportador de salida*   *10. Batea-*

La pasta, a menudo llamada "solución o loción", muy fluida se envía a unas tinas o cubas (1) en donde giran en continuo los cilindros tamices (2) que filtran gran parte del agua, y sobre los cuales se deposita una fina capa de mezcla, que se solidificará más tarde. Por capilaridad esta fina capa se adhiere a la banda sin fin o fieltro (3). Esta gira sin parar, llevando consigo la hoja (12) formada, llamada hoja primaria, hacia el cilindro de formación (7), después de pasar sobre las cajas de vacío (5) numerosas y potentes, participan activamente en succionar y reducir el porcentaje de agua contenido en la mezcla.

Cuando la hoja primaria llega al cilindro formador metálico, más liso que el fieltro y que también gira de forma permanente, la toma por diferencia de capilaridad. La hoja primaria se enrolla sobre el cilindro formador y es prensada por la acción de este sobre el rodillo motriz motorizado (6). Las hojas primarias se suman una a una bajo el efecto de la presión. Cuando, después *de 4 a 6 o más vueltas, se alcanza el espesor deseado, se corta. La hoja formada, a punto de ser una placa, cae sobre el **transportador** que la lleva hacia la etapa siguiente.*

JP Gerber Diccionario del fibrocemento.

Gracias al sistema rotativo y a una tela "fieltro", similar a la usada en la industria papelera, lleva una fina película de pasta hasta un cilindro que gira igualmente. Cuando después de varias vueltas del cilindro, el espesor de la capa se considera suficiente, la corta y la recupera sobre un soporte plano. Obtiene entonces una especie de hoja de consistencia húmeda, igual al cartón y verifica que los mejores resultados se alcanzan con el cemento Portland. La pasta fresca es fácil de trabajar y una vez fraguado el cemento se convierte en una placa muy resistente. Solo quedaba adaptar el procedimiento a las numerosas necesidades de la construcción: placas planas u onduladas, pizarras artificiales, paramentos etc. Ludwig Hatschek tuvo ya en esos momentos entre sus manos la técnica que se iba a desarrollar en el mundo entero y que después de numerosos arreglos, tanto en la composición de la pasta como en la mejora de las máquinas, todavía se explota en el siglo XXI. Intenta patentar su invento el 27 de marzo 1900. Las autoridades son muy reticentes ya que

01-003. Primera Máquina Hatschek. Web Voith St. Pölten, Austria. Apuntar la ausencia del fieltro, lo que permite tener una buena vista de las tinas que contienen los tamices y del cilindro de formación.

el sistema de fabricación propuesto implicaba sumergir el cemento en 100 % de agua con el fin de que la película de pasta tomada fuese lo más fina posible. Tal dilución era contraria a todas las técnicas conocidas hasta el momento. Recibe un primer rechazo en 1902 y solo en 1905 consigue finalmente la patente. Ese retraso no impedirá un primer desarrollo de las fabricaciones.

Muy pronto el nuevo producto es bautizado con el nombre de ETERNIT. Destinado a evocar doblemente las nociones de duración y de piedra. Por esto la antigua fábrica de "Kochmühle", próxima a Vöcklabruck, da origen a ETERNIT WERKE LUDWIG HATSCHEK, cuya primera parte del nombre llegaría a ser tan famosa en el mundo entero.

A primeros del siglo XX la Unión Europea, el AVE y los vuelos "low-cost" no existían, pero los viajes interiores en Europa estaban ya muy extendidos, sobre todo en el seno de la burguesía y entre los industriales ansiosos de desarrollar sus negocios. Los grandes trenes internacionales dotados de coches camas confortables y de coches restaurantes lujosos, favorecerían los desplazamientos entre las grandes ciudades. Los pasaportes eran entonces raramente necesarios. La moneda-oro evitaba las molestias de cambios y conversiones. Los directivos no tenían que justificar sus gastos ni con el fisco, ni con los accionistas, ni ante sus subalternos.

Así es como las novedades son rápidamente conocidas de un país a otro, tanto más que reinaba igualmente una gran libertad de emprender, de construir, de reclutar y de lanzar nuevos productos en el mercado sin que fuera necesario obtener autorizaciones de agencias u organismos múltiples y omnipotentes.

En estas condiciones el invento del ingeniero Ludwig Hatschek salió de Austria y se extendió a través de Europa e incluso a otros continentes. Ludwig Hatschek entrega entonces su patente y cuando los industriales le exponen su interés por el nuevo producto, la concede al ritmo de una sola por país, bajo reserva de que el nombre" ETERNIT" sea conservado por el nuevo fabricante[7]. Rápidamente el nombre se hace famoso, floreciendo por todos lados hasta tal punto que en muchos países Eternit se convierte en sinónimo de amianto-cemento.

Sin embargo, la regla del nombre común para todos, exigida por el inventor, conocería al poco tiempo excepciones, como tendremos la ocasión de ver en el futuro.

¡Los visitantes se precipitan a Vöcklabruck! Primero llega un industrial suizo Alois Steinmann que adquiere la patente y crea en Niederurnen la Schweizerische Eternit Werke AG. Esta se convertiría a lo largo del tiempo en una de las más importantes empresas del mundo en su especialidad, primero exportando, luego creando múltiples filiales. El lugar para ubicar esa primera fábrica se elige en función del gran número de desempleados provenientes de la crisis, ya desatada, del textil.

Detengámonos un instante sobre la capacidad de imaginación de los emprendedores que iniciaban esa actividad tan prometedora.

En 1905, es un belga, Alphonse EMSENS, quien crea ETERNIT en Bélgica y abre una primera fábrica en HAREN, cerca de Bruselas. Al igual que otros, especialmente con su homónimo suizo, esta nueva empresa también dará luz a un gigante tentacular. En 1910, Ernst Schmidheiny establece en Suiza un verdadero "Grupo de Cementeros" y en 1930, gracias al holding "Holderbank Financiere", consigue poner a la mayoría de los productores de cemento del mundo bajo su control exclusivo.

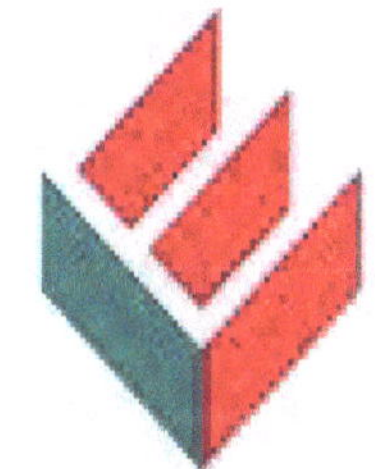

01-004 bis. Famoso logo rombo de Eternit.

En la misma época el belga Emsens, anteriormente mencionado, obtiene una licencia de casi exclusividad en el mercado británico para dieciocho años. Funda G.R. Speaker en el Reino-Unido, quien importa productos de amianto-

---

[7] Massimo GIGLIATTI « ETERNIT, Histoire d'une Entreprise Encore Active ».

cemento de Bélgica. Conseguirá mantener esta actividad hasta los años 1975, salvo durante los años de las guerras mundiales. En 1922, Ernst Schmidheiny y Alfonso Emsens se encuentran por primera vez. Así empieza una cooperación entre estas dos poderosas familias, cooperación que duró unos 70 años, en los sectores del amianto y del amianto-cemento.

Historia expuesta por Jean Marie Emsens Nieto del fundador.

En el mismo año 1922, el francés Joseph Cuvelier y el belga Jean Emsens, se encuentran y acuerdan construir una fábrica de asbesto-cemento en Prouvy *(norte de Francia)*. La producción arranca de inmediato. Ese mismo año las primeras pizarras de forma romboidal concebidas por Hatschek van a inspirar el logo Eternit que, coloreado, sigue mundialmente difundido, incluso en el siglo XXI.

En 1929, el suizo Ernst Schmidheiny y la multinacional británica Turner & Newall, (T & N) crean el Grupo Internacional Asbeztzement AG:" SAIAC". El autor suizo W. Carían escribirá en 1985: *"Lo que Schmidheiny ya consiguió con el cemento y los ladrillos, es decir la unión de los productores en un "Grupo de Industriales", empieza a renovarlo después de la guerra entre los fabricantes de amianto-cemento"*[8].

Las Eternit de Alemania, Suiza, Austria, España, Francia, Bélgica e Italia, participan en la creación del "SAIAC" e instalan la sede de ese último en Niederurnen, donde también se localiza la familia Schmidheiny. El belga recibe el 23%, el resto se reparte entre los demás. Existen igualmente relaciones estrechas entre SAIAC y John Manville (J-M), el fabricante más importante de Amianto-Cemento de Estados-Unidos, y también en esa época propietario de la mina más grande de amianto de Canadá. El americano John-Manville también es propietario de 10% de Eternit Alemania. El inglés Turner & Newall posee importantes

---

[8] Citación comunicada por Bob Ruers hombre de derecho holandés especializado en los problemas de salud relacionados con el amianto:" Asbestos Dynasties-the Eternit Multinational", pagina 15.

intereses en las minas de amianto de África del Sur. En su informe anual, comenta su decisión de participar en el cartel con las siguientes palabras:

"Hemos alcanzado una gran parte de la Industria nacional, y somos capaces de organizar un Grupo entre los principales productores de amianto-cemento de diez países europeos. La posición de la industria europea del amianto-cemento se encuentra así racionalizada y esperamos un gran beneficio a nivel de intercambios de conocimientos técnicos y de ahorros para todos los miembros. Esta mini "Liga de Naciones" tiene mucho porvenir pues se construyó sobre el principio de ayuda mutua, sustituyéndose ahora a la anterior atmosfera de desconfianza y sospecha".

El gobierno británico mira a tal acuerdo con buenos ojos, considerando que participan en las fuerzas vivas de la nación. Se puede pensar de forma legítima que los otros miembros y los dirigentes de los países afectados compartan esa visión.

Dos puntos importantes a resaltar:

   - La constitución en Suiza de un Instituto de Investigaciones común a toda la industria.

   - Un acuerdo para instalar las nuevas fábricas en países considerados como neutrales.

Estas dos decisiones contribuirán ampliamente al gigantesco control de Suiza sobre el mercado mundial del producto amianto-cemento a lo largo de los decenios siguientes.

Citamos de nuevo al suizo W. Carina: "El caso Eternit de los años 1920-1930 se parece a un clan en el cual ciertos miembros están casados entre sí, cuando otros solamente son familiares o amigos por motivo de sus intereses". Los detalles históricos expuestos en estos últimos parágrafos provienen del

capítulo uno de "Eternit and the Great Asbestos Trial " de Bob Ruers. Todo eso no impediría que los miembros se tiraran golpes bajos en caso de necesidad personal[9].

A lo largo de los quince años siguientes, Eternit Suiza extiende su posición en el seno del Grupo y conquista más o menos la tercera parte del total, así como una posición confortable dentro de la actividad minera indispensable para asegurar el aprovisionamiento de las numerosas fábricas del Grupo. La familia Schmidheiny en cooperación con el americano Armand Hammer, consigue incluso obtener la concesión de una mina en los Urales por parte de los soviets. El conjunto de esos elementos ofrece a las "Eternit" una posición muy confortable en el negocio del amianto-cemento. No tienen la exclusividad, pero disponen de una posición predominante en los países "ricos" así como en muchos de los países con futuro prometedor.

En los primeros años que siguen del invento, aparece también un francés, Edmond Oscar Landhoffer[10] originario de Mulhouse *(ciudad de Alsacia, próxima a Alemania y Suiza)*. Desde 1902, es decir antes del reconocimiento de la patente de Ludwig Hatschek, crea "Fibrociment de Poissy" en Poissy *(unos 40 km en el oeste de Paris)*, sin respetar el principio de la unidad del nombre. Esa nueva empresa conocerá un desarrollo muy importante del cual tendremos la oportunidad de hablar ampliamente cuando tratemos de la inesperada relación entre Amianto-cemento, Arte y Arquitectura.

A su vez, aparece también un australiano, emigrado de Gran Bretaña desde hacía poco tiempo, que buscaba posibilidades de desarrollos industriales para su nuevo país. Descubre el amianto-cemento, según se cuenta, en Francia y decide importarlo a Australia donde las ventas encuentran un rápido éxito. Pocos años después se verá el nacimiento a

---

[9] Olivier Delas « Les Établissements Industriels du Fibrociment de Poissy »

[10] Los detalles históricos expuestos en esos últimos parágrafos, así como las citas se extrajeron del capítulo 1 de "Eternit and the Great Asbestos Trial" de Bob Ruers.

otro futuro gigante de esa industria: James Hardie, de quien hablaremos igualmente en otras ocasiones.

Desde 1906, en una fábrica ubicada en Casa-Monferrato, cerca de Milán, se producen tubos fabricados a mano a partir de placas planas de amianto-cemento, empleando un sistema de soldadura manual[11]. Sirven para bajantes de aguas de lluvia o como conductos de ventilación. Por su lado, Ludwig Hatschek buscaba ya la forma de producir tubos sin soldadura, pero su muerte, acaecida en Julio 1914, impediría conseguirlo.

En 1912, en Widnes, Gran-Bretaña, dos empresas, EVERITE e ASBESTILITE, son las primeras en producir amianto-cemento en el país. En el Official Book of Widnes 1920, se apunta: *"Es una política verdaderamente a corto plazo, cuando gastamos millones cada año para luchar contra incendios, proseguimos sin vacilar construyendo edificios altamente inflamables, mientras que con EVERITE disponemos de un material resistente a los más violentos fuegos."*

Es a un italiano, Adolfo Mazza, fundador de la Eternit italiana en 1907, trabajando en estrecha colaboración con Ludwig Hatschek, a quien corresponde el honor de poner a punto, en 1912, un procedimiento industrial que permitirá un vertiginoso desarrollo de la fabricación de tubos de amianto-cemento de todo tipo, incluso para aguas de presión, en el mundo entero.

Antes de estar separada del cilindro de formación y cortada, la placa de fibrocemento se presenta en forma de tubo, corto, pero de gran

---

[11] Kurt Hünerberg : « Tuyaux en Amiante Ciment ». Mercedes-Druck Berlín 1961.

diámetro. Separarla del cilindro sin que pierda su forma de tubo resulta altamente difícil.

La genialidad de Adolfo Mazza sería la de añadir un sistema de compresión mediante la instalación de un rodillo dotado de gatos hidráulicos, y de conseguir un medio para reducir dicha compresión.

Adolfo Mazza
Inventor de la Maquina de tubos

Presenta dos propuestas de patentes en ese tema en 1922 y 1923. Claramente es necesario adaptar largo y diámetro del cilindro de formación para obtener tubos de las medidas deseadas. Tal evolución requeriría el aumento de la anchura de la máquina y la reducción del diámetro del cilindro de formación, transformando ese último en un simple mandril, es decir en un cilindro extraíble, sea en un tipo de molde interior que se pueda extraer cuando el tubo alcanza espesor y consistencia suficiente.

En los primeros años, el largo de los tubos se limita a 3 metros y el diámetro a unos 20 centímetros. Poco a poco, largos y diámetros aumentarán considerablemente para responder a los requisitos del mercado. De ahí resultará un gigantesco desarrollo del tubo de amianto-cemento adaptándose a usos múltiples, lo que veremos ampliamente en las siguientes páginas.

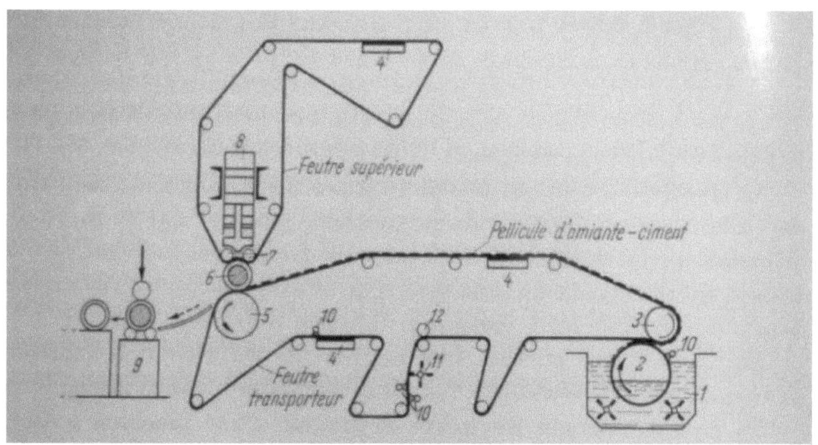

01-005 bis. Plano de una maquina Mazza. Kurt Hünerberg:
"Tubos de amianto-cemento".

1 cuba pasta muy diluida.   2 tamiz cilíndrico.   3 rodillo tomador.   4 caja de vacío. 5 cilindro motorizado. 6 mandril. 7 rodillo de compresión. 8 viga de compresión. 9 calandra 10 regadera de agua. 11 bateador de fieltro.   12 rodillo secador.

En el suroeste de Francia, nuestro vecino español no era menos activo. En Cataluña, un eminente hombre de negocios, Don José María Roviralta, toma conciencia de las cualidades del nuevo y revolucionario material y entra en contacto con Ludwig y Adolfo. En 1907 monta un primer taller en Cerdanyola del Valle, próximo a Barcelona. Tres años más tarde la Sociedad se llamaría *URALITA (nombre construido igual a lo anteriormente visto con: Ural, de donde proviene la mayoría del amianto, y del "Ite" griego ya encontrado, convertido en "ita" próximo al corazón de nuestros vecinos ibéricos, salvo que se trataría de una adaptación de la última. silaba de Roviralta...)*[12]

---

[12] En Ginestou, suburbio de la Tolosa francesa, existió en esa época una empresa llamada Uralithe, quien también fabricaba amianto-cemento, José Roviralta era el accionista mayoritario, quizá el único. En Gran Bretaña, en Higham (Kent) se encuentro otra

A lo largo del Siglo XX, Uralita también se convertiría en un. gigante de la edificación y la obra pública en España

Desde 1910, Rusia también se interesó por el nuevo producto. El Zar Nicolás II pide tres máquinas de fibrocemento a la danesa F.L. SMITH. No se entregarían estas antes del principio de la revolución de 1917, pero una de ellas no se perdería para todos… y ya hablaremos más tarde de esto…

En 1912, la "Schweizerische Eternit Werke AG" abre una nueva fábrica en Holanda. Al mismo tiempo la producción para uso local funciona a pleno rendimiento, y las exportaciones hacia África, Asia y América Latina conocen un crecimiento tremendo.

En 1913, en Grignoni, ciudad italiana cercana a Trieste, un organismo de protección del medio ambiente demanda a la Eternit local por el deterioro del paisaje. El hecho no impide el desarrollo de dicha empresa.[13]

En 1914, la Eternit suiza emprende la producción de edificios prefabricados lo que provoca la ira de muchos arquitectos. En Francia, Fibrociment de Poissy empieza la fabricación de paneles decorativos interiores[14].

El arranque de la primera guerra mundial tendría un papel importante, no necesariamente negativo en la evolución del fibrocemento, por ejemplo, la Eternit Suiza abre filiales en Francia, en Gran Bretaña, incluso en Australia. En el frente franco-alemán, el fibrocemento permitió construir en un tiempo sin precedentes, refugios, puestos de mando en la retaguardia, barracones, hospitales, hangares hasta 150 metros de largo y 35 de alto para aeronaves dirigibles. A propósito de

---

compañía llamada Uralit. Desgraciadamente el autor no consiguió saber si tenían alguna relación con las empresas de nombres tan cercanos.

[13] Massimo Gigliatti : Eternit, Histoire d'une Entreprise encore active.

[14] Olivier Delas : « Les Établissements Industriels Du Fibrociment » Chrono Poissy Octubre 2005.

los barracones, *"algunas personas comentan que los ocupantes no necesitan carbón pues el amianto se encarga de calentarles"* así se describió entonces.

En esas condiciones de guerra, en el año 1917, siguen en curso las negociaciones *(sin que se sepa entre quien o quienes)* para la instalación de una fábrica de fibrocemento en Outreau, *(norte de Francia).* El lugar se considera como demasiado cercano a la zona de

01-006 Pabellón publicitario.

combates y finalmente, se elige Bassens, próximo a Burdeos.

Sabemos que dos habitantes de Lormont, otra ciudad cerca de Burdeos - uno de ellos llamado Pascual y del otro desconocemos su nombre - crean "La Société Française de l'Amiante-ciment". Rápidamente se convertirá en "Société Française de l'Everite" y posteriormente, en 1938, en "EVERITE" *(recuerden que **ever** en inglés = siempre, **ite** en griego = piedra).*

En la misma época, un industrial del azúcar, Joseph Cuvelier, en el norte de Francia, se interesó por el mercado de los materiales para la construcción considerados en ese momento indispensables debido a la reconstrucción post - guerra. En primer lugar, se dirige hacia el cartón bituminoso. Poco tiempo después, oye hablar del nuevo producto y de inmediato emprende un viaje de estudios en Austria,

Checoslovaquia, Alemania, Holanda y Bélgica. A su vuelta está convencido del futuro del amianto-cemento, compra una propiedad rural de seis hectáreas, estratégicamente bien ubicada, en Prouvy (Norte de Francia) y crea la "Société des Matériaux Spéciaux de Construction". En 1922, se entera de que, en Bélgica, la familia Emsens, que produce amianto-cemento, desea implantarse en Francia. Se pone de acuerdo con esta familia para explotar la patente austriaca bajo el nombre de marca ETERNIT. Desde octubre del mismo año, una primera máquina de placas comienza a funcionar en la fábrica de Prouvy. Una segunda máquina arranca en enero del año siguiente[15]. Josep Cuvelier abandona la fabricación del cartón bituminoso y se dedica al amianto-cemento.

Gracias al dinamismo de la joven compañía, la producción crece rápidamente. La verdad es que la situación post - guerra es muy favorable en esta zona totalmente destruida. Eternit aprovecha las "indemnizaciones de guerra" de la antigua azucarera de la familia Cuvelier. No la reconstruye, emplea dichas indemnizaciones para invertir en la nueva actividad. El sistema se repetirá con frecuencia en el país.

En Bélgica, la pareja constituida por León Scheider y Camilla Van Kerhove, especializada en productos para la construcción, tal como los revestimientos de techos y fachadas, también se lanza en la fabricación de amianto-cemento, creando S.V.K. en la ciudad de Sant-Niklaas, empresa que sigue existiendo en el momento de escribir esas líneas.

Volvamos un poco a Francia:

En 1924, la "Compagnie de Pont-à-Mousson"[16], crea la «Société Parisienne des Procédés Hume» en Dammarie-les Lys *(cerca de Melun, a*

---

[15] Memoria sobre «Eternit»: Evolución técnica y social "1922-1923, documento escrito en 1995, por varios ejecutivos contando su visión de la empresa en la ocasión de una exposición con destino al público.

[16] Pont-à-Mousson: Ese nombre volverá a menudo en las próximas páginas. La compañía de Pont-à-Mousson vio su razón social cambiar varias veces, particularmente después de fusionar con Saint-Gobain en 1970. Sus miembros muchas veces la llaman,

I   Invento y primeros desarrollos

unos 50 km al sur de Paris) para fabricar tubos de hormigón y así no dejar campo libre a la CGE[17] que acababa de adquirir Bonna[18].

Desde 1929, PAM, rey del tubo desde del último cuarto del siglo XIX[19], recibe muy mal la llegada de los primeros tubos de amianto-cemento, importados de Italia, que vienen a competir en su propio mercado. Efectivamente, la Eternit francesa "muy dinámica bajo el impulso de su creador Josep Cuvelier" se lanza a la producción de tubos, primero para la construcción y pronto se interesa por el mercado de la tubería para la distribución de agua, mercado considerado como mucho más noble. Con ese propósito, la compañía adquiere desde 1928 una patente suiza para fabricar tuberías, adquiere una segunda, italiana, para tuberías de alta presión y una tercera con el fin de producir estructuras de amianto-cemento para techos. En 1928-1929, la compañía compra a Uralita (España) uno de sus tres principales competidores: Ouralithe, ubicado cerca de Tolosa (Francia), pero a pesar de varias inversiones, Ouralithe, no sobrevivirá más allá de 1931 debido a la antigüedad de la maquinaria.

Además, Eternit se asocia con Fibrociment de Poissy, a su vez la más antigua y la más importante de las empresas de amianto-cemento en Francia, que cuenta ya con unos 400 asalariados.

Consciente de su fuerte posición, Eternit firma un acuerdo con PAM, que le permite quedarse con el 70% del mercado de los productos

---

de forma familiar:" PAM". Por pereza o más bien por gusto, así la llamaré cada vez que hablaremos de esa venerable empresa fundada en 1856

[17] CGE: gran grupo industrial francés de la época.

[18] Bonna: especialista del tubo de hormigón, competidor de los tubos de hierro fundido de PAM.

[19] En 1886, Xavier Roger, entonces director de PAM, hizo un viaje a Inglaterra, descubrió lo importante que era el mercado del tubo en ese país y el hierro fundido verticalmente. Con muchas dificultades desarrollo el sistema en Francia después de la guerra de 1870, haciendo así de PAM el número uno de los productores de tubos.

planos, su especialidad, "a cambio Eternit limita sus ventas de tubos al mercado de la construcción".

En 1926, Uralita (España), que muy probablemente aprovecha los fondos resultantes de la reciente venta de su filial tolosana, adquiere la patente Mazza y arranca la producción de sus primeros tubos en Cataluña. Las ambiciones de Eternit Francia no se detienen, pues ese mismo año crea DIMATIT en Marruecos, cerca de Casablanca, y en 1929 abre un nuevo taller de moldeado en Prouvy.

Una de las fortalezas de Eternit es la "SAIAC", *(Sociedades Asociadas de Industrias Amianto Cemento)* asociación de las empresas del mismo nombre. Ya son ocho en Europa, que intercambian sus conocimientos y avances técnicos, ganando así tiempo sobre sus competidores que se esfuerzan en conseguir soluciones cada uno por su lado.

En 1930, cuando arranca la fábrica Eternit de Thiant (norte de Francia), ya son 24 países productores de amianto-cemento[20].

Igualmente, en 1930 aparece la "Revista Internacional del Amianto-Cemento" publicada simultáneamente en Alemania, Francia y Gran-Bretaña. Gracias a esa revista, Eternit seduce a arquitectos y empresarios, ofreciéndoles viajes de estudio en capitales europeas, demostrando así su habilidad en maniobrar no sólo en las técnicas de fabricaciones, sino también en las de la venta.

Uralita, todavía estrechamente unida a Eternit, lanza la fabricación de jardineras de fibrocemento y depósitos de agua, que conocerán más tarde un gran éxito en los países llamados "en vías de desarrollo" cuyas redes de riego y de distribución y almacenamiento de agua siguen estando poco consolidadas.

En el Japón en 1930, la "Tokio Gas Company" compra los derechos a vender tubos de amianto-cemento, y las piezas que los acompañan, a

---

[20] Odette Hardy-HEMERY (Université Charles de Gaulle/Lille3, IFRESI-IRHIS- CNRS) International Economic History Congress, Helsinki 2006, Session 47.

I Invento y primeros desarrollos

la Eternit Italiana por el equivalente de unos cinco millones de Euros. De esa compra nace en 1931 la "Japan Eternit Pipe Company" muchas veces nombrada como "Japan Eternit", que empieza la fabricación y la venta de tubos de amianto-cemento en 1932[21].

En la misma época el Señor Bindschedler, Administrador de la "Société Française de l'Everite", que todavía tiene una única fábrica, la de Bassens cerca de Burdeos, entra en contacto con PAM y propone venderle el control de su negocio. PAM no rechaza la propuesta, pero tampoco la acepta y entra en relación con Eternit para estudiar el porvenir de los tubos de amianto-cemento, tanto en el mercado de agua a presión como en el de saneamiento[22]. Finalmente, se llega a un acuerdo en 1932...PAM, deseando tener músculo frente a Eternit, acepta la propuesta del Señor Bindschedler, y toma el control de Everite el día 9 de febrero 1933. En ese mismo momento PAM adjunta una fábrica de asbesto-cemento a la de tubos de hormigón que ya existía en Dammarie-les-Lys. Además, PAM compra a Dalmine, otro italiano, una patente para producir tubos de amianto-cemento.

En 1932, en Estados-Unidos, nace una reglamentación relacionada con las condiciones de trabajo del amianto. En ese mismo tiempo se crea la primera empresa de asbesto-cemento en México.

En 1933, en España, la familia Roviralta vende su fábrica de Cerdanyola a la Eternit francesa[23], dando así nacimiento a una nueva Eternit.

En 1934, Eternit pone al día la coloración de pizarras por esmaltado.

En 1935, Chile vive el nacimiento de la empresa Pizarreño, muy probablemente asistida técnicamente por Eternit Suiza.

---

[21] Fuente: Eternit and the Great Asbestos Trial" por "The International Ban Asbestos Secretariat (IBAS).

[22] Recordemos: los tubos de presión se destinan al transporte de aguas limpias. Los de saneamiento se destinan a las aguas negras.

[23] Miguel Sánchez: Ecología Política N°37, Salud y medio ambiente

En 1937, Eternit en Prouvy *(Norte de Francia)* crea un Servicio Social que lleva consigo una Mutua Interna y Árbol de Navidad. En el mismo tiempo un italiano crea Brasilit, otro grande del futuro, cerca de Sao Paulo.

Simultáneamente, británicos y canadienses ponen en evidencia la toxicidad del amianto, mientras que en Cerdanyola del Valle los sindicatos obreros se sublevan[24] y participan activamente en la guerra civil española.

En 1938, PAM, reúne Everite y Economite bajo la denominación de "Sociétés Réunies Everite-Situbé"[25].

En 1939, comienza la segunda guerra mundial:

Eternit Suiza dispone de su propio pabellón en la Exposición Nacional de la Confederación.

Eternit Francia toma definitivamente el control de la Société du Fibrociment y de los revestimientos ELO de Poissy, lo que le convierte en el primer fabricante de amianto-cemento del país. Dispone ya de 1500 concesionarios en el territorio nacional. Desde el año anterior, el gobierno francés previendo los problemas futuros, pide a Eternit, cuya principal fábrica se ubica cerca de la frontera con Bélgica, que considere un posible repliegue hacia el Sur, lo que demuestra la importancia dada al producto amianto-cemento por las autoridades del país[26].

Eternit adquiere un terreno en Vitry en Charoláis, próximo a Macon.

Cuando empieza la guerra, el gobierno francés presiona Eternit para que pongan en marcha el proyecto de Vitry en Charoláis. El resultado

---

[24] Articulo: "La fábrica de Uralita (1907-1997) El 9 Nou, SABADELL, 31-07-2000 página 13

[25] La mayoría de las informaciones relacionadas con la historia de la fabricas de tubos de PAM, más tarde Saint-Gobain, provienen de los archivos personales y de la memoria de Alain Sabouraud, antiguo responsable del Departamento de Investigaciones y Desarrollos de Everite.

[26] Catálogo de la exposición organizada por el Museo Theophile Jouglet d'Anzin en 1995 para dar a conocer las Industrias de la región de Valencienne.

se concretará poco antes del final de la guerra. Definitivamente, la gran máquina de tubos prevista arrancará en marzo 1944, con personal "no movilizable" desplazado de las fábricas de Thiant y de Poissy, o sea poco tiempo antes del desembarque de los aliados en Normandía.

En ese momento Eternit Francia posee ya 7 máquinas de placas entre Prouvy y Poissy, así como dos máquinas de tubos de 3 metros de largo, más una de hasta 4 metros.

En 1940, se funda en Paris la SMA «Société Minière de l'Amiante» (*Sociedad Minera del Amianto)* con el propósito de explotar la mina de Canarí en Córcega, cuya existencia se conoce desde la segunda mitad del siglo XIX, debido a un inventario ordenado por…Napoleón III. Según lo que se sabe, el capital de la sociedad procede de Eternit Francia en un 65%, el resto se reparte entre Bélgica, Suiza e incluso España. Tal compromiso se puede entender habida cuenta de las estrechas relaciones entre las diferentes Eternit. La historia de esa mina de Canarí justifica un copioso libro entero por sí sola. Con mucho ingenio lo hizo el Señor Guy Meria[27]. La escasa producción de amianto en Europa durante esos años se destina esencialmente a las necesidades militares. Tal como ocurrió en la primera gran guerra los productos de amianto-cemento se aprovechaban para construir rápidamente edificios ligeros, por ejemplo, garajes para los vehículos del ejército alemán.

La guerra no interrumpe el negocio. Hacia 1941, Eternit Suiza[28] crea tres fábricas en Colombia. Notemos que esa decisión quizás no esté desvinculada con la presencia de una mina de amianto chrysotile, grados 6/5/4, a cielo abierto en ese país latino - americano, cerca de Medellín.

---

[27] "l'Aventure Industrielle de l'Amiante en Corse" Guy Meria, ediciones Alain Piazzola, Ajaccio, año 2003

[28] La legendaria neutralidad de la Confederación Helvética la dispensa de participar en la guerra.

Frente a la escasez de materias primas, la Eternit francesa incluso piensa en recuperar amianto de los residuos y se interesa por la mina de Córcega, de la cual hablaremos con más en detalle. También considera seriamente la instalación de una nueva fábrica en Marruecos en donde compra un terreno y monta una sociedad, pero las circunstancias demorarán bastante su realización.

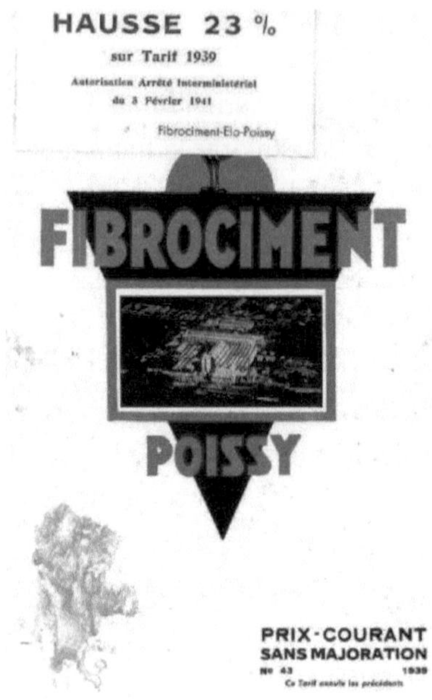

01-008. Subida de precios: 23%!

Durante todo ese periodo los aprovisionamientos son muy difíciles. Se busca substitutos al amianto. Algunos se descubren con más o menos éxito: celulosa extraída de paja, mata de patatas, hasta juncos de las orillas del Rio Garona como en el caso de la fábrica de Bassens.

La escasez de materia prima desde el principio de la segunda guerra mundial permite subidas de precios que ciertamente no se aceptarían hoy, tal como se puede notar en la imagen adjunta.

Antes de abandonar la época, tomemos unos instantes en compañía de Yves Ferry, antiguo empleado de "Fibrociment de Poissy" quien nos cuenta sus recuerdos de 1936: *"A la edad de 13 años, después de dejar la escuela y de ser contratado en las fábricas de Fibrociment ELO en Poissy, mi primera tarea fue en el almacén general dirigido por el Señor Bidault. Yo trabajaba ocho horas al día y mi jornada comenzaba sobre mi bicicleta para ir a buscar diez litros de leche fresca en la finca Morizet, situada en el Piquenard. Colgaba esa preciosa carga en dos bidones de 5 litros repartidos en cada lado del manubrio de mi bicicleta, para llevarlos a la Señora Sinot en la sala de la cantina "comedor de la fábrica", quien se daba prisa en hervir esa leche frescamente ordeñada. Esa preciosa bebida se distribuía a las obreras y a los obreros muy expuestos a los polvos de amianto. Mi tarea continuaba bien por encargos exteriores o por la distribución del correo de los talleres. En todos los casos, volvía a coger mi bicicleta"[29].*

---

[29] Guy Delas : "Les Établissements Industriels du Fibrociment à Poissy ».

II AMIANTO

Un milagro del calor, de la presión y del tiempo.

Imperio Romano,

Durante el Imperio Romano, destacadas personalidades impresionaban a sus invitados echando manteles al fuego y sacándolos intactos y blancos. Historiadores romanos apuntaban que ciertos esclavos tosían y se morían jóvenes. ¡Habrían tejido amianto ¡.

Carlomagno,

Se cuenta que el emperador Carlomagno, que conocía muy bien la Historia Antigua, impresionaba a los temibles guerreros que le visitaban, echando al fuego una capa tejida de hilos de amianto, que luego sacaba intacta. Los enviados de los reinos rivales, testigos del fenómeno, volvían a toda prisa hacia sus jefes para informarles que no se debía de ningún modo guerrear contra un monarca tan poderoso.

Marco Polo,

En el siglo XIII, durante su largo periplo, Marco Polo cruza una sierra dentro de la cual existe una veta de amianto. La llama "salamandra", recordando el mito del animal que no se quema cuando lo echan al fuego. Aprovecha para testificar que la salamandra no puede ser un animal, pues nadie puede sobrevivir en el fuego y establece una descripción concreta del producto….

Formación del amianto:

(Documento Johns Manville[30])

"En lo más profundo de la corteza terrestre, en una época geológica muy lejana, ocurrió un gigantesco fenómeno subterráneo. Masas rocosas fueron sometidas a un tremendo empuje hacia arriba, quedando deformadas por altas temperaturas y fuertes presiones. Seguidamente, agua caliente saturada de minerales se precipitó sobre ellas, lo que ocasionó que las características de dichas rocas sufrieran un lento proceso de modificación a lo largo de un dilatado periodo de tiempo.

Más tarde - millones de años después - tuvo lugar un nuevo empuje hacia arriba. De nuevo, aguas calientes cargadas de soluciones minerales se precipitaron hacia las rocas que una vez más sufrieron importantes modificaciones, pero con una gran diferencia, porque ahora tenían numerosas fallas y las aguas calientes las penetraron en profundidad.

De esta manera, el agua disolvió ciertas partes de las rocas, ya modificadas dos veces, transformándolas en soluciones saturadas. Cuando el agua se enfrió, las rocas se cristalizaron. Finalmente, las grietas, y las hendiduras formaron una red venosa de fibras cristalizadas que se dispersaron entre las masas de las rocas vecinas".

Así escribe el geólogo, se formó el amianto en un laboratorio natural subterráneo, un milagro del calor, de la presión y del tiempo".

La palabra milagro no es demasiado fuerte para describir a esta notable fibra mineral. Su nombre en los idiomas anglosajones y germánicos es por si solo un índice de su carácter de resistencia, pues la palabra "Asbest[31]" de origen griego, significa: "que no se consume" o "que es

---

[30] Publicado en el sitio Web de Johns Manville, uno de los gigantes de la industria de la construcción en EEUU del cual hablaremos más adelante.

[31] Si el español y los idiomas latinos suelen utilizar ahora la palabra "Amianto" más por alguna conveniencia, los anglosajones y los germánicos favorecen las palabras "Asbest" o "Asbestos".

indestructible". Como todos sabemos, el amianto no puede arder. Es inmune a la putrefacción, la herrumbre y la descomposición. Aguanta el calor y la acción de productos químicos corrientes. No existe ninguna otra fibra - natural o artificial - que tenga las mismas características.

Pareciera que la naturaleza había tenido un humor generoso cuando creó el amianto, pues se encuentra repartido en muchos países del mundo y se conocen hasta una treintena de variedades. No obstante, únicamente seis de ellas presentan un interés económico, y una sola, el crisotilo, es tan superior a las demás que por sí misma representaría hasta el noventa por ciento del total de la producción mundial de todas las fibras naturales.

Canadá ha sido el mayor productor de amianto crisotilo y las fibras procedentes de Quebec han sido famosas por su alta resistencia a la tracción, su rara flexibilidad y su extrema fineza.

02-001. Piedra de amianto (recogida por Emilie Roulland, nieta del autor en la mina de Asbestos, Canadá en 2016).

Muchas de esas fibras son, de hecho, tan resistentes como los hilos de acero. No obstante, son suaves y sedosas y a la vez tan finas que unitariamente algunas de estas sólo se puede observar, mediante microscopios potentes.

ASBESTOS – "Asbestos es una ciudad ubicada en la MRC[32] des Sources, en Estría, Quebec, Canadá. Sus habitantes son Asbestinos".

¡No, no sueñen! Asbestos es realmente el nombre de una ciudad canadiense cuya historia les invito a conocer:

En 1879, en un lugar situado a unos cien kilómetros de Quebec y de Montreal, unos niños encuentran y se llevan a su casa una extraña piedra. La enseñan a sus padres quienes acuden al punto del descubrimiento con herramientas y el propósito de extraer algunas otras.

De repente se dan cuenta de que son del mismo tipo que aquellas explotadas en el municipio vecino de Thedford. Son verdosas, atravesadas por bandas gris-blancas, que al rascar con la uña dejan escapar fibras suaves al tacto: ¡Asbestos!

De este descubrimiento, nacerá una fabulosa historia, como solo pueden generar las enormes necesidades de la industria moderna[33]. Ese lugar entonces no es nada más que una aldea llamada simplemente: "la Mina". El comienzo de la explotación es lento y difícil.

En 1881 se abre la primera escuela en casa de un particular y al año siguiente el primer almacén para el aprovisionamiento ordinario, lo que marca el nacimiento del pueblo.

El año 1895 ve la creación de "Asbestos & Asbestic Corporation" de capital británico. La producción llega a 175 toneladas semanales gracias a la adquisición de trituradoras.

---

[32] MRC des Sources une 7 municipios : Asbestos, Danville, Saint-Adrien, Saint-Camille, Saint-Georges-de-Windsor, Han-Sud y Wotton.

[33] La mayoría de las informaciones relacionadas con la historia de la ciudad proceden del libro: "ASBESTOS", cuyo autor, Fraile Fabian, tuvo un papel fundamental en el asunto de la Educación durante unos cuarenta años, en la época del desarrollo de la ciudad.

II Amianto

El 17 de junio de 1898, una explosión causa tres muertos y el 22 de marso de 1900, un incendio destruye la casi totalidad de la empresa. En 1899 el lugar es oficialmente reconocido con el nombre de Asbestos

La mina cuenta con 550 hombres y la escuela con 96 alumnos, pero una sola maestra. No hay Ayuntamiento y los 7 concejales municipales se reunían en casa de uno de ellos. Esta situación duraría hasta el año 1909.

En 1901 la producción se restablece y alcanza las 210 toneladas por semana.

En 1907/1909, la escuela cuenta con 124 niños, 103 niñas y 4 maestras.

En 1910 se inicia la construcción de un acueducto, de desagües, y la puesta en marcha de un servicio para prevención y combatir incendios. Un poco más tarde se instala el teléfono, que es gestionado por el cura en la única parroquia existente.

El 6 de enero de 1911 una nueva explosión se produje en la mina. Una piedra proyectada rebota sobre un poste y mata a una niña de seis años y medio, hija del alcalde del momento.

Una huelga de ocho días permite a los obreros de acceder prácticamente a sus demandas. Los archivos de la época mencionan graves estragos debidos al alcohol y se implantan todo tipo de medidas para limitar esa tendencia.

En 1940 empieza la construcción de alojamientos baratos. Es la primera vez que esto ocurre en la "Belle Province"[34]

Poco después de comenzar la segunda guerra mundial, una corbeta de la Marina Canadiense es bautizada con el nombre de Asbestos. Los asbestinos confeccionan un vestido de hilos de amianto que ofrecen a la plantilla.

La corbeta efectuaría siete travesías de escolta entre Tierra Nueva e Irlanda antes de ser desarmada en Sorel en 1945 y vendida a la

---

[34] "Belle Province»: sea Bella Provincia, nombre frecuentemente atribuido a la provincia de Quebec tanto por los canadienses como por los franceses.

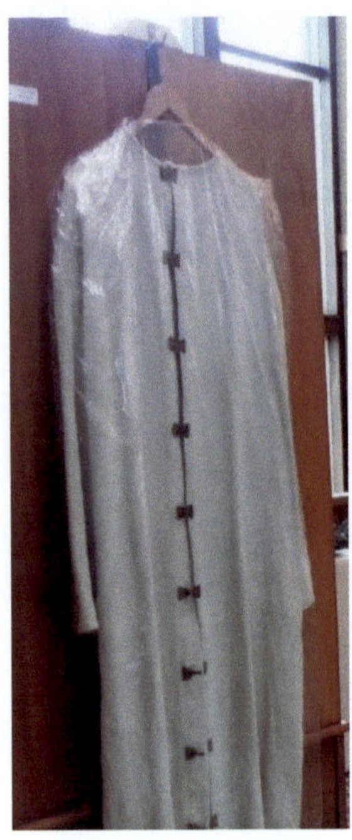

02-003 Vestido de hilos de amianto preparado por los habitantes de Asbestos para los marineros de la fragata Asbestos.

República Dominicana. Lamentablemente naufragaría en el trayecto hacia su nuevo país de destino. Su campana, fue regalada a la ciudad, que la mantiene todavía hoy en la entrada de la sala del Consejo Municipal. En 1947 se erige un monumento funerario en memoria de los hijos de la ciudad fallecidos durante las dos guerras mundiales: 8 durante la primera, 13 durante la segunda.

A partir de 1948, la ciudad vende sus calles al precio de 1$ por unidad a la Compañía, luego pide préstamo para reconstruirlas en otro lugar. El sistema dura hasta 1969, acumulando una monstruosa deuda pública.

El 14 de febrero de 1949, a la media noche en punto, los obreros de cuatro minas de la comarca, todas propiedades de empresas americanas o anglo - canadienses, empiezan una huelga, que duraría hasta el día 30 de junio. La mayoría de los mineros son de lengua francesa, la huelga es ilegal, pero será una de las más largas y violentas de la historia del país.

Las reclamaciones de los sindicatos se apoyarían en varios puntos:

-Eliminación del polvo de amianto dentro y fuera de las fábricas,

-Aumento de los salarios en cinco céntimos por hora,

-Extra de cinco céntimos por hora nocturna trabajada,

-Creación de un fondo de seguridad social administrado por los sindicatos,

II Amianto

-Aplicación de la "Rand Formula"[35]
-Doble salario por los domingos y días de descanso trabajados.

Todas las reclamaciones se rechazarían en bloque.

El gobierno de la "Belle Province"[5] apoyaría a las empresas y pide a la policía que proteja las minas. Tradicionalmente próximo a la Iglesia Católica, deja de solidarizarse con ella, ya que parte de sus miembros apoyan a los huelguistas. La población y la prensa también son bastante favorables al movimiento. Pierre Eliott Trudeau, entonces periodista y futuro Primer Ministro, cubriría los eventos exponiéndolos con un punto de vista bastante favorable.

Pasadas seis semanas, Johns-Manville contrata los servicios de esquiroles y algunos obreros cruzan los piquetes de huelga. La huelga se vuelve violenta y nuevas fuerzas de policía se envían a la zona. Verdaderos enfrentamientos estallan entre mineros y fuerzas del orden, centenares de huelguistas son arrestados. El 14 de marzo, una explosión destruye parte de la línea del ferrocarril privado de la Johns Manville Corporation. El día 16, vuelca un jeep y un pasajero resulta herido. El día 18, un ejecutivo de la empresa es sacado de su casa y seriamente agredido.

El 5 de marzo, el arzobispo de Quebec pronuncia una homilía muy favorable a los sindicatos, invitando a los católicos a ayudar a los huelguistas económicamente. El Primer Ministro pide a la Iglesia que traslade al arzobispo a Vancouver por su apoyo a los huelguistas. El arzobispo se resiste, y es enviado de capellán de un hospital en Columbia-británica.

El 5 de mayo los huelguistas intentan cerrar la mina de Asbestos y cortar las carreteras de acceso a la ciudad. Las tentativas de la policía para forzar las barricadas fracasan, pero los huelguistas retroceden ante la amenaza de disparos de la policía con munición real. El día siguiente

---

[35] La Rand Formula es una ley destinada a impedir que un individuo sindicalizado pueda irse del sindicato apenas obtenidos las ventajas de salario para evitar de pagar su cuota.

se decreta el Riot Act[36] y se efectúan detenciones masivas. Los mineros detenidos son golpeados y sus líderes seriamente maltratados.

Después de estas detenciones, los sindicatos deciden negociar. El nuevo arzobispo de Quebec actúa como mediador. En junio los obreros aceptan volver poco a poco al trabajo. Las avanzadas son pocas. Consiguen solamente un pequeño aumento salarial y muchos de ellos nunca recuperarían sus puestos.

Esta huelga, que ciertamente no hubiera durado tanto tiempo sin el apoyo moral y económico de parte de la población, fue un elemento importante en la evolución del Quebec. El futuro Primer Ministro canadiense Eliott Trudeau, escribió un libro, "The Asbestos Strike" en donde la presenta como fuente del Quebec moderno.

En 1953 la iglesia de Asbestos celebra el décimo aniversario de la "Liga Obrera Cristiana" que fue al origen del sindicalismo en el Quebec.

En 1956, se instala un gran "molino" de 14 pisos, naturalmente equipado con la maquinaria más moderna, que es bendecido solemnemente por el arzobispo de Sherbrooke en presencia del Primer Ministro Maurice Duplessis. Ese nuevo molino tratará 625 000 toneladas de fibras al año, y Johns-Manville pronto sería el mayor productor de amianto de América.

En 1957, por fin, se distribuye el correo a domicilio y unos 1300 buzones desaparecen de la oficina postal en esta ocasión.

En 1959, la ciudad otorga una beca de 2000 $ a una joven dotada para la música, con el fin que se vaya a Paris a cursar estudios musicales.

En 1960, el Sindicato Nacional Católico celebra sus 25 años y se felicita por haber contribuido ampliamente a mejorar las condiciones de vida de los obreros a lo largo de sus 25 años de existencia.

El 25 de mayo de 1962, una fuga de gas propano provoca una gigantesca explosión que destruye dos casas, causando la muerte de cinco niños y de tres adultos.

---

[36] Riot Act: ley autorizando la dispersión por fuerza de manifestantes considerados como perjudiciales por el orden público.

II Amianto

Durante el año 1970, la Johns Manville Corporation planea ampliar todavía más su campo de explotación. Para evitar los riesgos de hundimientos cada día más evidentes, el consejo municipal ordena que varias tiendas sean cerradas. Al mismo tiempo, la ciudad prevé la construcción de viviendas de bajo precio y a largo plazo. La Compañía informa disponer de suficientes refugios para hacer frente a casos de urgencia.

En los primeros días de 1971, la ciudad es blanco de comentarios poco amables por parte de la prensa canadiense y americana a propósito de las grietas y de las fallas al margen de los hundimientos del suelo. El 21 de enero, el Almacén Continental se derrumba, provocando daños al acueducto y al alcantarillado.

El día 22, la estación de servicio Total se hunde a su vez y los edificios vecinos crujen por todas partes. El día 24, comienzan a mudarse de edificio las sedes de negocio, instalándose en locales provisionales, mientras que los ingenieros vigilan cuidadosamente los movimientos del terreno. Se activa la construcción de las viviendas de precio barato. Al final son 151 viviendas privadas las que se construyen en muy poco tiempo, dando lugar al nacimiento a un nuevo barrio.

En ese mismo año de 1971, la Johns Manville Corporation adquiere nuevos camiones de los llamados "de 200 toneladas". Las siguientes cifras nos dan idea de lo que son esos monstruos:

-largo:	13 metros
-ancho:	6,20 metros
-alto:	12 m *(volteo levantado*
- volteo:	40 m^3
-aceite motor:	757 litros
-combustible:	3000 litros.
-refrigeración:	416 litros
-anticongelante: 300 litros

02-005.Camiones gigantes de C. Johns- Manville.

Estos enormes camiones, junto a la nueva maquinaria, redujeron el número de obreros, por lo que la población de la ciudad empezó a disminuir, aunque la producción se mantuvo a su más alto nivel.

A principios de 1975, cuando las autoridades municipales abordaban la lucha con las de la mina, se produce un nuevo deslizamiento del terreno, que reactivaría la historia todavía no cicatrizada del suceso semejante ocurrido cuatro años antes. La actividad era todavía intensa, pero ya con menor interés. El futuro era incierto y la ciudad seguía su despoblación a pesar de los esfuerzos de los políticos.

A finales del siglo XX, en el momento de celebrar sus cien años de existencia, Asbestos cree todavía tener un futuro glorioso gracias a la explotación prevista de los desechos almacenados en cantidades gigantescas en su suelo. Prevén extraer magnesio, producto que tiene una enorme demanda mundial.

Desgraciadamente para la ciudad, la conjunción de la ecología y de los precios de oferta del magnesio chino acabaría definitivamente con ese gran sueño en los años 2012/2013[37].

En 2012, Canadá, después de más de cien años de explotación y de sesenta millones de toneladas de amianto producido, prohíbe definitivamente su extracción y empleo.

Es interesante destacar que los habitantes de la ciudad tienen tendencia a negar la toxicidad del producto que les dio su nombre y no vacilan en reflejar su enorme nostalgia de los tiempos pasados.

Para acabar este asunto con una nota más optimista, echemos un vistazo a la foto del pozo a cielo abierto, ahora convertido en un precioso lago de color azul.

---

[37] A quien desea conocer más detalles sobre la historia de esa ciudad, se le recomienda la lectura de: "asbestos 2eme édition revue et corrigée" por fraile Fabián y "asbestos filon d'histoire" por 3 historiadores Rejean Lampron, Marc Cantin y Elise Grimaud, publicado por transcontinental en 1999 año del centenario.

02-006. Antiguo pozo de la mina, convertido en lago de bonito color. Fotografía Emilie Roulland.

Canadá no es el único país en tener una ciudad llamada con el tristemente famoso nombre de "Asbest". Rusia, hoy todavía muy grande productor y exportador de amianto, tiene en Siberia en la vertiente oriental de los Montes Urales, una ciudad de 700 000 habitantes, de aspecto floreciente, llamada Asbest. Contar su historia no nos aportaría nada nuevo. Pero si citaremos a Tim Povtak, talentoso periodista y escritor americano, quien escribe:

"No es raro aquí que los recién casados se hagan alegres fotografías sobre una plataforma panorámica, desde la que se ve el pozo de una mina de amianto a cielo abierto más grande del mundo, obteniendo así fotografías con un fondo pintoresco y prometedor. Tienen una visión bien diferente del amianto".

Es muy grande la tentación de pensar que la negación de realidad es muy similar a lo encontrado en la ciudad de Asbestos de Canadá.

La lectura de un artículo de Nicolas Badiotel en el periódico francés "La Croix" del 25/04/17 está llena de informaciones complementarias.

¿Y en Francia me preguntarán? Si en Francia también hay minas.

A finales del siglo XIX, el estado francés pide un inventario de las riquezas mineras del país. En Córcega, un pastor de Canarí *(norte-oeste de la isla)* descubre una roca fibrosa, la lleva al alcalde del pueblo quien proporciona la información. La roca se identifica como amianto y se registra su presencia en el lugar. En Château - Queyras *(departamento de Hautes-Alpes)*, en 1928 se descubre un yacimiento, pero apenas se explotó hasta el año 1940. En 1942, se requisa, y a partir de 1947, cuando las muestras enviadas a Canadá para su análisis revelan la calidad de los amiantos, el yacimiento se desarrollaría. Aunque explotado a cielo abierto, la altitud - cercana a 2500 m- requiere obras de infraestructuras enormes: la construcción de una carretera vertiginosa de 12 kilómetros de longitud, de un teleférico para transportar el mineral desde la mina a la fábrica ubicada 1000 metros más bajo y de una central hidroeléctrica para el suministro de energía[38]. A pesar de estas enormes inversiones, la mina no tendría una muy larga vida de explotación.

Durante la segunda guerra mundial, las dificultades de aprovisionamiento de productos importados llevan a los industriales y al gobierno a buscar recursos explotables dentro del territorio nacional. Por eso, la mina de Canarí (Córcega) ya mencionada pero bastante desatendida, llega a ser muy interesante. Eternit y Everitube - Situbé junto a otras empresas francesas, belgas, incluso alemanas, intentan unirse en el seno de la "Société Minière de l'Amiante", SMA, para explotar dicha mina. Pero la verdadera explotación arrancaría hasta los años de la post - guerra. Muy pronto se observa que los amiantos procedentes de ella son de menor calidad que los de países tradicionalmente proveedores tales como Canadá, Rusia o Rodesia, ahora de vuelta al mercado. Los accionistas rechazan las nuevas inversiones requeridas y por ese motivo, la mina y la planta de tratamiento cierran en junio 1965, dejando tras ellas un páramo industrial de carácter bastante escandaloso, tal como atestiguan numerosos artículos de prensa y documentos de todo tipo que tratan el asunto. Ese punto es particularmente bien expuesto en el libro de Guy Meria ya citado.

En la mayoría de los países, es de destacar la enorme lentitud por parte de las autoridades en exigir a los industriales que implanten serias acciones para proteger a sus empleados, aunque los peligros fueran ya conocidos desde hacía ya mucho tiempo. Eso se explica por el poder

---

[38] Estas informaciones, tal como las del parágrafo siguiente se deben a" l'Aventure Industrielle de l'Amiante en Corse" por Guy Meria, Ediciones Alain Piazzola 2003.

de los "lobbies", no solo en la industria del amianto-cemento, sino de todos aquellos que utilizan amianto: automóvil, construcción, ferrocarriles, artilleros etc.

Una teoría nacida en los países anglo - sajones y adoptada con especial éxito en Francia, se abre paso a partir de los años 1970, bajo el nombre de "explotación controlada", y defiende que al respetar las normas implantadas los riesgos son prácticamente inexistentes. Las peleas entre industriales, servicios oficiales de prevención, médicos y abogados son interminables. Se acude a los tribunales, los pacientes fallecen y las familias lloran, pero nada ayuda. Los años pasan y la situación empeora.

En Francia, el uso del amianto no se prohíbe hasta enero de 1997. Tendremos la ocasión de volver largamente sobre el tema al tratar de la crisis del fibrocemento.

El chantaje de los industriales a la "pérdida de empleos" también es un leitmotiv *(idea que se repite)* ante los parlamentarios, los ministros y los jefes de gobiernos en la mayoría de los países. Por ello tarda en llegar la prohibición del uso del amianto a pesar de las pruebas irrefutables de su toxicidad a largo plazo, incluso a muy largo plazo.

Por otra parte, vale la pena destacar que los industriales y los ejecutivos de las fábricas afectadas que el autor pudo encontrar y entrevistar, tienen la sincera convicción de haber trabajado respetando las normas vigentes en sus países. Un documento de Robert L. Virta, publicado por "USGS science for a changing world" expone aclaraciones relacionadas con el amianto en el mundo desde 1900 hasta 2003.

En cuanto a decidir si la principal responsabilidad corresponde a los Industriales o a los gobiernos, no cuenten conmigo para resolverlo. No me siento ni justificado, ni capacitado de hacerlo.

"El diagnostico de una patología ligada al amianto, es una prueba de intoxicación, pero no permite fechar ni la exposición, ni la contaminación" estimó el Ministerio Público de París el 13 de junio de 2017 en sus

requerimientos, conocidos por "AFP" y revelados por "LE MONDE[39]". En ese mismo mes de junio 2017, el Tribunal de Torino (Italia), pospone a diciembre 2017 la continuación del juicio de Stephan Schmidheiny...en 2013 el primer juicio lo había condenado a 18 años de cárcel por haber provocado un desastre ambiental de forma voluntaria, en relación con las fábricas de amianto-cemento del grupo" Eternit Spa Genoa". Luego, la Corte de Casación lo había absuelto en diciembre 2014.

El medio francés "Conso Globe-La Planète Vívante", lanza una advertencia en ese mismo mes de junio 2017 escribiendo:

"¡La Producción mundial de amianto vuelve al alza!

Hoy, ciertos países en fuerte crecimiento desarrollan sus economías mediante un reforzamiento de sus industrias de explotación o de transformación del amianto: buscan nuevos mercados utilizando ese material, resulta que el volumen total de la producción mundial de amianto, que iba reduciéndose fuertemente debido a la diminución de consumo de los países más industrializados, conoce desde hace pocos años, un nuevo auge pese al claro consenso científico internacional sobre los peligros de ese producto".

---

[39] AFP: Agencia Francesa de Prensa. LE MONDE: diario de tarde muy conocido en Francia y cercano a "El País".

II Amianto

Principales tipos de amianto de uso industrial

Grupo Mineralógico	Variedades	Composición Química	Propiedades	Principales Yacimientos
Serpentinas	Crisotilo	Silicato de magnesio hidratado	Gran flexibilidad de fibras. Refractario Impugnable por ácidos.	Canadá Rodesia Rusia (Ural)
	Pierolito		Fibras poco flexibles	Poco frecuente
Anfíboles Variedad rómbica	Antopilita	Silicato de magnesio y calcio	Quebradiza	EEUU (Massachussets)
	Tremulita	d°	Más quebradizo Menos resistente al calor. Inatacable a los ácidos	Italia, África, Balcanes
Anfíboles Variedad monoclínica	Actinolita	Silicato magnésico férrico, cálcico.	Quebradiza	América del Norte
	Crocidolita	Silicato férrico sódico.	Azul, flexible, Baja resistencia al calor, Resistente a los ácidos	Cap.
	Amosita	Hiero, magnesio, cal con arcilla	Fibras largas que se pueden tejer.	Transvaal

III TÉCNICAS DE FABRICACION Y PRODUCTOS

> *"En Las noches de victoria, uno se imagina que jamás, jamás nunca más habrá derrota, y en las noches de derrota, se imagina que no habrá nunca, nunca más victoria. Pero cuando: uno es un viejo soldado, Doña Jeanne, se sabe de qué va el tema [...]. Después de tantas derrotas que llegaban después de victorias, y también he visto tantas victorias que llegaban después de derrotas que yo no creo jamás que es el final".*

Charles Péguy[40],

En el origen, los inventores y primeros emprendedores eligen el nombre "amianto-cemento" sabiendo que el amianto y el cemento son los dos componentes esenciales del producto. Con el paso de los años el término de fibrocemento, muy probablemente copiado de la empresa "Les Etablissements Industriels de **Fibrociment** de Poissy", se convertirá en el nombre corriente para el gran público, incluso cuando ciertos

---

[40] Charles Péguy, «Jeanne d'Arc -Les Batalles 1897», dando esta lección a Jeanne d'Arc por la voz de uno de sus viejos compañeros.

fabricantes se abstienen de utilizarlo para diferenciarse de la competencia. Más tarde, cuando se haga desaparecer el amianto para sustituirlo por fibras sintéticas, o más a menudo por celulosa, se usará el nombre de "fibres-ciment" que también encontrará dificultades para imponerse, al menos en Francia. celulosa, se usará el nombre de "fi-

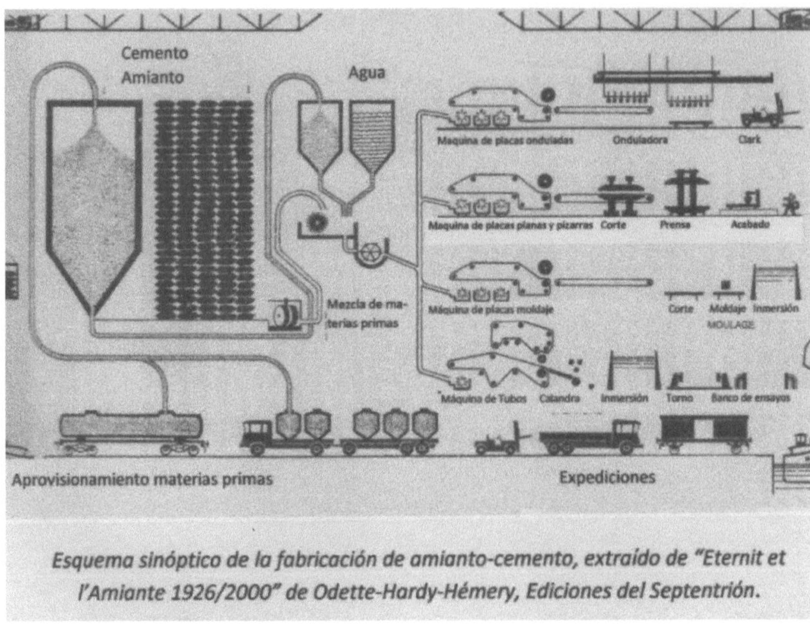

Esquema sinóptico de la fabricación de amianto-cemento, extraído de "Eternit et l'Amiante 1926/2000" de Odette-Hardy-Hémery, Ediciones del Septentrión.

bres-ciment" que también encontrará dificultades para imponerse, al menos en Francia.

Excelente resumen de fabricación de los principales productos en amianto-cemento, presentado por Kurt Hünerberg, director de la Compañía de Aguas de la ciudad de Berlín, Profesor Honorario de la Universidad Técnica de Berlín, en su libro: "Tubos de Amianto-Cemento" publicado en 1968 en Berlín y Nueva-York, traducido al Frances por Paul Junkheer, Director Honorario de S.A. ETERNIT en Bruselas.

III Técnicas y productos

Los procesos de fabricación de placas planas, pizarras, placas onduladas, tubos, moldeados, todos tienen un punto en común: la preparación de la "sopa", es decir de la pasta de amianto y cemento, que va a ser diluida a más o menos 100 gramos de materia seca por litro de agua a la llegada al cilindro tamiz. Se entiende que concentración y adyuvantes pueden variar según las posibilidades de aprovisionamiento en cada momento. Costos, situaciones políticas, y calidades disponibles influyen en ciertas opciones. En lo que concierne al cemento, el de Portland es el prácticamente elegido por todos, por la buena y simple razón de que está disponible en casi todos los lugares. Además, este cemento se beneficia de un endurecimiento rápido, no de un secado rápido, fenómeno particularmente interesante para los moldeados y para la rotación de los separadores metálicos, de las que tendremos ocasión de volver a hablar. Tiene también la ventaja de ser tolerante en lo que concierne a las variaciones de las condiciones de fraguado de lo que será igualmente tratado más adelante.

El amianto procedente de minas repartidas por todo el mundo ha sido ya extraído en origen de las rocas en donde estaba confinado de forma natural. Llega a las fábricas generalmente en sacos de yute, más tarde de polipropileno, a menudo perforados

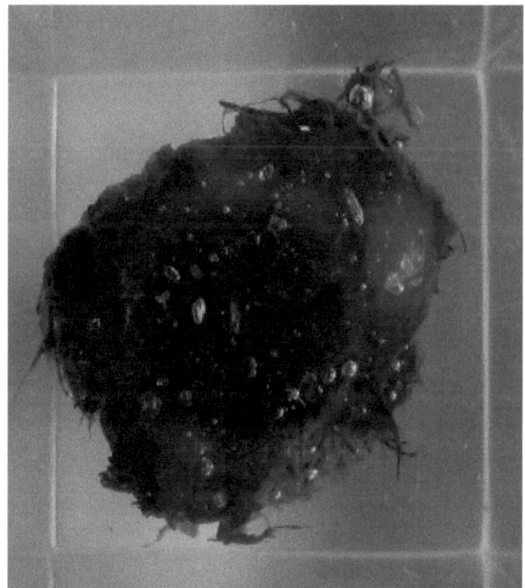

03-001. Muestra de amianto. Archivos privados.

por los ganchos de las varias manipulaciones sufridas durante de los largos trayectos. *(Se cuenta incluso que ciertas entregas se hicieron a granel en chalanas o en contenedores, provocando la recogida de fibras sin precaución por los obreros encargados de transferirlas hacia los puntos de almacenamiento).*

Hacia 1970, se implanta un sistema que permite la apertura de los sacos en recintos cerrados. El amianto sale por un lado directamente a la mezcla en preparación o a los silos de almacenamiento. Los sacos vacíos salen por el otro lado a una máquina que los tritura. Estos últimos vuelven a la mezcla algo más tarde sin pasar por el aire libre.

Antes de incorporarlo a la pasta, el amianto debe de ser desfibrado, es decir hay que separar las fibras las unas de las otras puesto que están aglomeradas de forma natural, cuidando mantenerlas enteras.

Solos los amiantos de buena calidad permiten un rendimiento económicamente aceptable, lo que exige una permanente búsqueda de calidad por parte de los fabricantes, justificando así los viajes de identificación a los países productores. Este estado de hecho genera incluso alianzas entre competidores dentro del marco de una política de búsqueda de precios ventajosos, sin que por ello perjudique la calidad.

Un elevado número de equipos fueron inventados por los responsables de las minas de amianto y por los industriales para llevar a cabo el tratamiento de las fibras, que es determinante para el desarrollo del proceso y la calidad de los productos acabados.

El más antiguo es la "pila holandesa" habitual en la industria papelera. La finalidad de la operación es la de desprender los pequeños bastones o astillas resultantes de la aglomeración del amianto bruto en un gran número de fibras. Se procura escrupulosamente no romper las fibras con el fin de mantener enteramente su longitud, elemento esencial para la resistencia de los futuros productos. Pero el equipo más utilizado para esta primera etapa "molienda" es el tradicional molino "meuleton" que es un conjunto de 2 grandes piedras circulares y basculantes que se trasladan sobre una superficie igualmente de piedra dentro en una cabina hermética impulsadas por un eje motriz, pasado un tiempo se expulsa el amianto o mezcla de estos, seco o humidificados para el control de polvo pasan hacia otras etapas.

Una segunda operación, ya efectuada la molienda, es la desintegración de los grupos de fibras que presentarán ya menor adherencia entre ellas. Esta operación, puede ser realizada mediante diversos equipos.

Para una mezcla seca se emplean procesos de ventiladores que giran a alta velocidad dentro de recintos herméticos, donde las corrientes de aire proyectan las fibras violentamente sobre las paredes cuidando de que no se rompan o proyectándolas contra discos rotativos de cuchillas de impacto "Willow", algunos algoritmos expertos recomendaban valores dados por lo diferentes parámetros de tratamiento de las fibras en el sistema, como: flujo de aire y de fibras, número de martillos, velocidad y otros, el control del polvo debe ser bien controlado.

Un tercer proceso para mezcla de fibras en medio acuoso de baja consistencia se conoce como refinación, que inspirado también en la industria del cartón con despastilladores o refinadores modernos generan propiedades más finas y adecuadas en las fibras.

La preparación de la pasta de amianto, cemento y otros agregados se realiza en forma muy controlada con dosificaciones moderadamente precisas para introducirlas en equipos con agitadores de media o baja intensidad. Todas estas operaciones son estrictamente controladas mediante tomas de muestras, que se analizan en los laboratorios de las empresas habitualmente situados cerca de los lugares de fabricación con el fin de que los resultados se conozcan rápidamente y permitan un buen control del proceso.

Otra operación importante que se realiza en los laboratorios de las fábricas consiste en determinar las características intrínsecas de los amiantos. Una de la más importantes es calcular su valor técnico *(VT)* o unidades de resistencia *(UR),* dato que como otros es básico para determinar la cantidad de amianto que se debe mezclar con el cemento y agregados, para obtener la resistencia final deseada en el producto. La mezcla con una gran cantidad de agua *(recordar que, lo más frecuente es de 1% sin el cemento)* se realiza respetando reglas parecidas a las de la industria papelera, o más bien de la del cartón. Varían un poco según las fabricaciones que se quieran realizar y las materias primas disponibles, pero hasta este punto se puede decir que los procesos son muy parecidos. El esquema general presentado en la segunda página de ese capítulo resume muy bien los tipos de fabricación más corrientes. Las páginas siguientes describen las grandes familias de productos, cada uno necesitando una maquinaria especifica.

Placas.

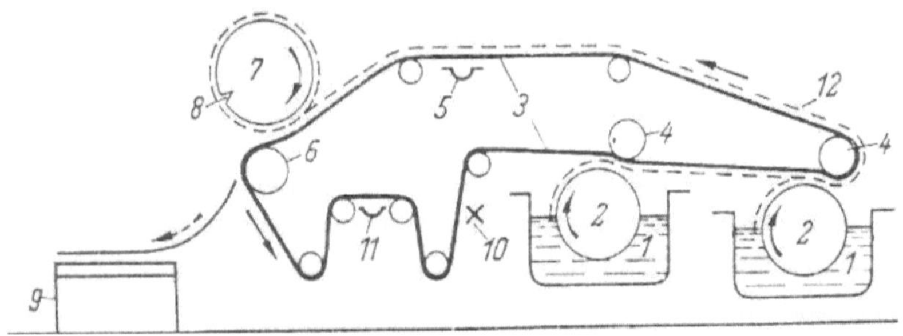

00-000 Prototipo Máquina Hatschek.

III   Técnicas y productos

Aquí es donde la idea de Ludwig Hatschek se revela genial (*ver principios en pag.12*). Mezclando amianto y cementos diluidos hasta el extremo en una máquina de cartón que se empleaba en la empresa paterna para producir porta vasos de cerveza, descubre e inventa así un maravilloso procedimiento que el mundo entero explotaría bajo múltiples formas.

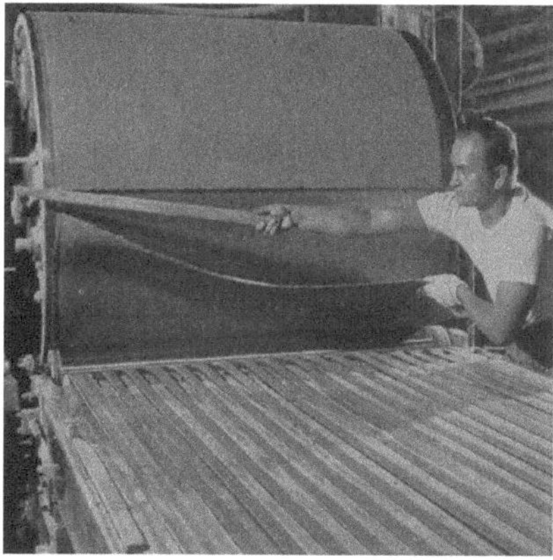

02-004 Corte manual de una placa. *Cortesía de InspectAPedia.*

Cuando la hoja primaria sobre el fieltro desplazándose en continuo alcanza el cilindro de formación metálico de superficie más liso que el fieltro, se adhiere por diferencia de capilaridad. La hoja formada, al llegar al espesor requerido de la placa, se corta del formador y cae sobre el transportador de salida (9) que la lleva hacia la etapa siguiente.

El fieltro[41] sigue su camino para volver a los tamices. Antes pasando por un sistema de limpieza constituido por uno o varias regaderas y bateadores para impactar y remover las incrustaciones de partículas depositadas en el fieltro, pasando inmediatamente por una o varias cajas de vacío para succionar y eliminar el exceso de agua, antes de tomar una nueva hoja primaria al pasar sobre los tamices.

Las aguas excedentes cargadas de residuos de amianto y cemento del sistema se recuperan en grandes tanques y se reinyectan en continuo como agua de proceso y agua de lodos que generan un circuito cerrado

---

[41] 41 Fieltro: tejido circular, hecho a medidas y cualidades específicas, conocido únicamente de quienes los fabrican y de quienes los utilizan. El autor vendió miles de estos a los "fibro-cementeros" en más de cuarenta países.

mediante sistemas y controles apropiados, aquí radica una de las características fundamentales del buen aprovechamiento de los recursos para mantener un ambiente sustentable libre de desechos de proceso, el sueño de tantos ecologistas e industriales del ramo de las últimas décadas del fibrocemento moderno.

Con el paso de los años y su utilización por numerosas empresas, las máquinas se perfeccionan mediante la instalación de nuevos cilindros tamices, de cajas de vacío, de métodos de control automático de la humedad de hoja (*siccidad*[42]), del sistema de mecanización del corte - inicialmente manual como se puede ver en la foto N°03-004, y de otros parámetros que permiten aumentar la velocidad de fabricación, en definitiva, producir más metros cuadrados y obtener mayor calidad del producto acabado.

Además de la velocidad se adaptó el diámetro del cilindro de formación al largo deseado de las placas a producir, que pueden ahora alcanzar hasta más de los 7 metros de desarrollo para productos especiales. Los progresos serán particularmente importantes en los años 1980, cuando se aplican la gestión y el control informático de los parámetros, muchas veces derivados de la industria papelera. No solo mejoran la productividad, sino también la regularidad y la calidad de los productos.

A pesar de todo eso, el sistema inicial se mantiene todavía en el siglo XXI, incluso con la sustitución del amianto por otras fibras naturales o poliméricas y materias primas alternas.

Las placas obtenidas al salir del cilindro de formación van a recibir varios tratamientos según el uso al que se destinan.

---

[42] Siccidad: porcentaje de humedad en el producto en formación.

Placas planas

Las placas planas no son las más sencillas de fabricar.

En opiniones expertas de fabricantes y constructores con amplia experiencia en los mercados de la construcción las opiniones son claras, estos productos planos deben ser absolutamente planos, sin protuberancias, a escuadra y cortes rectos, totalmente predecibles por su comportamiento, todo esto preferentemente por encima de las normas, que sin duda podría ser la diferencia de los productos de mayor éxito del mercado.

Siguiendo con los sistemas de corte, estos han evolucionado, considerando el momento de corte, nos concentraremos en comentar solo el corte en fresco a la salida de la Hatschek utilizando discos de acero rápidos, de afilado preciso, que perduraron en el tiempo, es a la entrada de las nuevas tecnologías con el ingreso de fibras de reemplazamiento del amianto como las celulosas y las fibras poliméricas, pero también con agregados de alta confiabilidad y dureza como las sílices, carbonatos y otras, en que los nuevos sistemas de corte deben competir con esas características, así surgen nuevos sistemas como discos de acero con revestimiento de insertos de carburo de tungsteno o el corte por chorro de agua a muy alta presión mayores a 15,000 PSI con boquillas de zafiro.

Regresando a las placas frescas, estas después del corte son apiladas, separándolas unas de otras con placas metálicas perfectamente planas, con acabado liso e inoxidables, llamadas según el país "intercalaires o moldes planos o separadores metálicos", a juicios de expertos siempre es preferible asegurar la planeidad, lisura y escuadreo de c/u de estas placas de amianto-cemento o fibrocemento antes de continuar los procesos de la fabricación.

Cuando las placas de amianto-cemento se destinaban a hacer pizarras, estas eran sometidas a una fuerte compresión en una gran prensa alcanzando las 400 atmosferas y perdiendo alrededor de un 10% del agua que posteriormente darán una baja absorción, buena resistencia mecánica y baja sensibilidad a la intemperie, cualidades obviamente muy apreciadas para aplicaciones al exterior sobre todo en techados o recubrimientos verticales expuestos.

Podemos para las Placas Planas orientarnos hacia el curado en autoclave contando desde luego con una formulación adecuada del producto. Eso les permite reducir varias semanas de "curado" y por lo tanto poder comercializar el producto mucho más rápidamente, sobre todo en una época en la que el costo de la energía no era todavía un problema. Recordemos que hasta 1974/75 había menos preocupación del costo de las facturas de la energía eléctrica, veamos entonces algunos pasos de logística final:

El estufado de las Placas Planas es realizado con los intercalaires en un ambiente interior entre 40°C a 50°C de calor húmedo favorecido por la reacción exotérmica del cemento por períodos de entre 8 a 12 horas hasta alcanzar un endurecimiento que permita su desmoldeo.

El desmoldeo, consiste en separar las placas planas y los intercalaires, para retirar estos y regresarlos al proceso, seguido por un nuevo apilado de lotes bien perfilados de Placas Planas sobre rejillas intercalarías de inoxidable, que permitan el paso del vapor y la eliminación de las condensaciones para un proceso más uniforme.

El auto clavado, consiste en la alimentación de los lotes de placas planas con rejillas intercalarías de inoxidable, para una estancia de 12 a 16 horas de auto clavado con vapor saturado a 170°C en un ciclo muy controlado, salidas de la autoclave los paquetes de placas planas con rejillas intercalarías son llevadas a una zona de reposo y empaque.

El empaque consiste en la puesta en paquetes de las placas planas y su almacenamiento para disposición a la expedición y el retorno de rejillas intercalaires hacia la zona de desmoldeo.

03-005 Aula prefabricada en Francia, años 1960. Archivos privados.

Generalmente este es el caso de las placas reservadas para exteriores como Paneles Sándwich, SIPS, etc. como ejemplo destinados a construcciones agrícolas o prefabricadas, tal como las que se utilizarían en numerosas escuclas, particularmente en la Francia de los años 1960/70.

El porcentaje de productos auto clavados es muy variable según los países: relativamente marginal en Europa, es predominante en América del Norte y en Australia, por ejemplo, en Australia, el fabricante James Hardie utiliza grandes proporciones de arena sálica y otros agregados, porque confiere al producto ventajas en el proceso de auto clavado y su comportamiento en obra.

Placas planas y pizarras: Un defecto de las pizarras artificiales de la época de acuerdo a la opinión de nuestro amigo francés es su aspecto grisáceo debido al color del cemento

03-006. *Casas cubiertas de pizarras mediados siglo XX, Centro-oeste de Francia. Archivos privados.*

Los fabricantes no cesan de buscar soluciones para colorear las pizarras de forma duradera. Desde los primeros años, se incorporan pigmentos minerales en la pasta, mayormente óxidos de hierro, pero las coloraciones obtenidas son bastante pálidas, tanto por el contenido de este en la formulación, como por su costo elevado, color que se desvanece con el tiempo debido a las proliferaciones cálcicas. Para hacer frente a este inconveniente se añade pintura, ésta tiende a desaparecer entre los cinco y los diez años. Entretanto, el producto se envejece, la coloración inicial en la masa se encarga de compensar parcialmente y el resultado es finalmente aceptable. A lo largo de los años, los grandes fabricantes multiplican las investigaciones para conseguir soluciones sostenibles, por ejemplo, con negro de humo integrado en la pasta, o mejorando la calidad de las pinturas, sin alcanzar jamás la perfección. Alrededor de 1970, uno de los fabricantes, por motivos del impacto del costo, adopta el negro de humo "negro de carbón" como coloración en la masa de las pizarras, reemplazando así el habitual óxido de hierro, y se pinta la superficie.

Unos años más tarde, la pintura una vez erosionada, el fabricante se da cuenta que la coloración va desapareciendo. Se descubre que el negro de carbón, por no unirse íntimamente con el cemento, se encuentra eliminado, "desteñido" por los intercambios higrométricos con la atmosfera. Los clientes se quejan y es necesario volver a pintar. Durante años, los subcontratistas se enriquecen con ese trabajo inesperado que cuesta una fortuna a la empresa productora. Entonces se decide volver al óxido de hierro. De nuevo por motivos de ahorro, se limita el proceso a la alimentación de pigmento solo al último tamiz, es decir casi el 33% para una máquina de 3 tamices, o sea el que conforma la capa externa, manteniendo al mismo tiempo el negro de humo en toda la masa, pero con menor dosificación, es decir toda una lucha.

Otro fabricante aplica una técnica llamada de la "siembra-superficial "que consiste en espolvorear una mezcla colorante sobre la superficie, directamente sobre el fieltro durante la última vuelta del cilindro de formación, sea sobre la capa visible de las pizarras. El sistema parece dar mejores resultados.

Por supuesto los proveedores de negro de humo no se quedan parados y en los años 1980/90, proponen nuevos productos de comportamiento más estables con el cemento.

En Niderurnen, Suiza, a partir de los años 1930, Eternit desarrolla un proceso que, mediante el paso por un horno eléctrico, permite obtener una superficie esmaltada. El paso por el horno cierra los poros de la placa, impidiendo así el efecto devastador de la nieve que pule los tejados cuándo resbala al derretirse. Diez años después de su colocación, la pizarra mantiene su brillo.

Es lógico pensar que la idea del paso por el horno haya dado lugar al nacimiento de un producto plano, destacable por la calidad de su superficie: el "Glasal", que será uno de los productos estrella de Eternit, sobre el que hablaremos largamente más adelante.

Las placas planas también se emplean como recubrimiento de paredes interiores o exteriores. Sus propiedades de aislamiento son muy apreciadas cuando otras materias primas empleadas en la construcción de los muros no son lo suficientemente aislantes. En ese caso las placas no necesitan estar comprimidas, al contrario, su porosidad se revela como una verdadera ventaja ya que permite, incluso en épocas de crisis, la construcción de edificios baratos en un tiempo muy reducido, o en países considerados como pobres. Tendremos la ocasión de presentar ciertos ejemplos.

La coloración de las placas onduladas presenta más o menos las mismas dificultades que las pizarras. En Eternit, desde 1920, se aplicaba un recubrimiento de color directamente sobre las placas frescas al salir de la máquina Hatschek, lo que recuerda a un *"fresco"*, quedando bastante alejado del esmaltado. Las investigaciones relacionadas con esa coloración se desarrollaron rápidamente en todas las empresas dinámicas. Por ejemplo, en un proceso aplicado en Canadá por Johns Manville con su sistema llamado "en seco", que nos describe J.P. Guerber en su glosario del Amianto-Cemento. El procedimiento consiste en colocar una capa de mezcla amianto-cemento-sílice en seco sobre una banda transportadora. Se humidifica con muy poca agua, se comprime varias veces entre rodillos y si es necesario se añade una capa coloreada. Los paneles se cortan a medidas distintas y salen con una rigidez suficiente para transportarlos hasta la autoclave. Bastara solo con rebabarlas (corte burdo) y dejarlas madurar.

 La preparación de la pasta es similar a la de las otras máquinas, pero en lugar de los tamices giratorios la pasta es simplemente depositada en la superficie del fieltro por medio de un distribuidor, calibrado el espesor por un rodillo cortina o rodillo ecualizador según esquema y foto que siguen.

III   Técnicas y productos

1° Tiempo: Fabricación de la placa

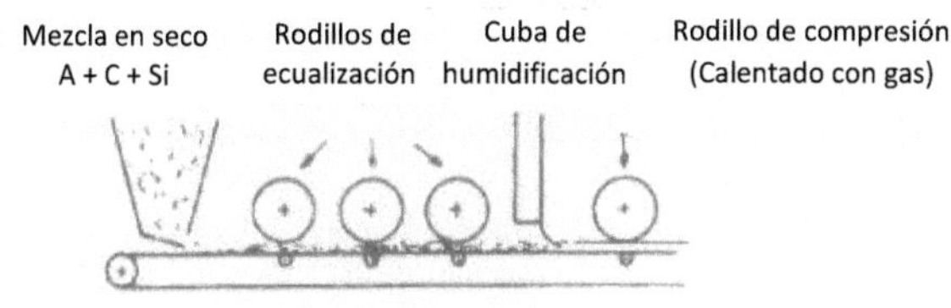

2° Tiempo: Deposito de la capa colorada

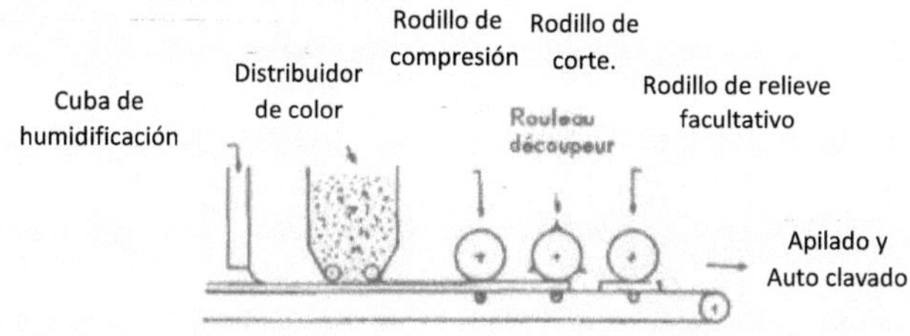

03-008. esquema de coloración en dos tiempos. Archivos personales.

Una variedad de máquina llamada "Flow-on" o "de alimentación positiva" es utilizada por ciertos fabricantes, sobre todo para los productos de moldeado.

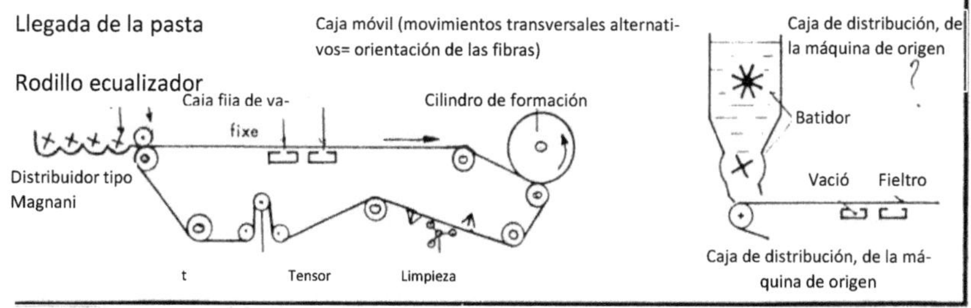

03-009 Maquina "Flow-on" clásica dicha de alimentación positiva.JP Guerber.

En la foto adjunta de una máquina reciente, llaman la atención:

03-009 bis. Maquina: "Flow-On" reciente de marca Wehrhahn. Cortesía de Wehrhahn.

-Abajo a la derecha, el distribuidor que envía la pasta sobre el propio fieltro, las bandas claras ligeramente diferentes corresponden a la disminución de la cantidad de agua contenida en la pasta al pasar ésta sobre las cajas de vacío. - En el extremo, el cilindro de formación sobre cual se enrollan las hojas primarias que, pegadas las unas con las otras, forman la placa que se cortará una vez alcanzado el espesor requerido.

III Técnicas y productos

Placas onduladas.

Ciertamente son las más conocidas del gran público, particularmente en Francia donde tuvieron un gran éxito a lo largo del siglo XX e igualmente podríamos hablar del mundo entero. Se encuentran en los tejados de las fábricas, en los cobertizos tanto en ciudades como en el campo y a veces también como revestimiento en enormes edificios, donde lo menos que se puede decir es que son realmente poco estéticas. Según el país o la región de producción se suelen denominar por el nombre de sus fabricantes: Eternit, Everite, Uralitas, Duralita, Mexalita, etc.

Al principio se fabricarían en las mismas dimensiones que las chapas onduladas metálicas, lo que las hace muy populares. Rápidamente se hace necesario adoptar otras dimensiones. Además, son las más baratas y perdurables de todas las cubiertas existentes en la época cuando aparecen en el mercado. Colocarlas es mucho más fácil y rápido para el montador que las pizarras o las tejas y, al contario de las placas metálicas, no se oxidan. Un simple traslape de una onda, o media onda, es suficiente para asegurar la estanqueidad de la cubierta. La contrapartida es que el montador debe de tener siempre una mayor precaución y siempre una pasarela móvil para el montaje y su cuerda de vida. Entre las ventajas descubiertas propias de las cubiertas de placas onduladas de fibrocemento figura su capacidad para retener el agua de condensación, capacidad debida al carácter hidrófilo del amianto y a la porosidad de los productos del cemento. Si un establo se cubre con chapas metálicas, cuando el ganado entra por la noche genera calor, provocando evaporación que tiende naturalmente a condensarse debajo del techo. Si el techo es metálico al enfriarse por la noche el agua cae sobre los animales. Si la cobertura es de placas onduladas de fibrocemento estas tienden por naturaleza a absorber el agua y no la devuelven antes del día siguiente, cuando el ganado ya ha salido.

La necesidad de conseguir productos de cobertura baratos para edificios industriales y agrícolas, es claramente lo que anima a la fabricación de tales placas.

03-011.Obreros preparando la ondulación. Fuente BTSR.

De nuevo las primeras se producen en Niederurnen -Suiza- en 1912.

En cuanto a su fabricación, esta empieza exactamente como la de las placas planas, excepto que la composición de la mezcla cemento-amianto debe adaptarse a las necesidades específicas para dar las diferentes formas. La plasticidad de la pasta y el porcentaje de humedad a la salida de la máquina requiere investigaciones y puestas a punto bastante complejas, mediante ajustes de las presiones de formación y de secado de las cajas de vacío de la máquina Hatschek, con el propósito de que en la etapa siguiente la placa admita las deformaciones a las que será sometida sin perder sus cualidades de resistencia mecánica ni de estanqueidad. Al salir del cilindro de formación son depositadas sobre moldes metálicos calibrados y engrasados. Estos moldes ya no son planos, sino ondulados y sirven de soporte para efectuar los desplazamientos necesarios hasta el acabado. En los primeros tiempos, los obreros tenían que participar en el moldeado manual que en parejas requería coordinación o por decir un gran ritmo, empleando barras tubulares de material ligero, que aproximadas a las formas y largo del molde metálico aseguraban la ondulación precisa.

Las primeras se fabricaron con ondas pequeñas *(placas mini-onda),* con un radio de curvatura tan corto que la estructura de la pasta resultaba agrietada durante la ondulación. Además, no aguantaban las fuertes presiones, lo que perjudicaba su desarrollo, sobre todo en zonas de fuertes nevadas. Por eso durante un cierto tiempo se consideraron como un producto de segunda calidad. Hay que destacar que tuvieron éxito en Gran Bretaña y Holanda a partir de los años 1920 y solamente a partir de los años 1932 en Suiza. ¿Por qué? Simplemente por la climatología. El clima oceánico, húmedo y bastante suave, les conviene mejor que el de un país alpino donde el deshielo de la nieve resultó ser muy nocivo para las primeras fabricaciones.

Alrededor de 1970 el director francés de una fábrica alemana de fibrocemento, que posee una casa en las Alpes, hace colocar placas onduladas traídas de su fábrica sobre un armazón antes de colocar las tejas. Los montadores alpinos se burlan, pero pronto la técnica se revela eficaz cuando se derrite la nieve, pues el agua filtrada, que habitualmente suele manchar los techos interiores, fluye hacia los desagües mediante los canales de las placas. En la misma época, Eternit y Everite lanzan nuevos productos con ese destino, productos que tienen mucho éxito en los países de cobertura tradicional de tejas. Pasando los años también evolucionan las técnicas. La automatización generalizada durante el siglo XX permite mantener los costos de producción estables, compensando las subidas de salarios tan frecuentes en ciertas épocas.

Esta automatización, desarrollada con mucho talento por los ingenieros, da vida a un impresionante juego de movimientos, perfectamente sincronizados gracias a ventosas, sistemas de ondulación y transferencias que se repiten frente a los ojos desorbitados del visitante, eso sí con un ruido ensordecedor. El hecho de pasar a un radio de curvatura de las ondas más grande y de aumentar el espesor de las placas a 6 mm, permite diferenciarse favorablemente de las chapas metálicas y será un factor determinante de fiabilidad y éxito comercial.

03-012. Placas onduladas con decenios de puesta. Archivos privados.

El desarrollo industrial de una gran variedad de accesorios contribuirá también a mejorar los resultados, favoreciendo el interés por este producto en numerosos países. Desde los primeros años, los industriales informan de la extraordinaria durabilidad de las nuevas placas onduladas. La verdad es que muchas cubiertas de amianto-cemento, incluso

03-013. Cabaña de pescadores recubierta de placas de amianto-cemento.
Archivos privados.

imaginando su antigüedad debido a los musgos que las cubren, siguen siendo totalmente impermeables 60 o 70 años después de su instalación.

Inicialmente de madera, al igual que otras muchas, esta casa (*Fig.03-013*) de pescadores cerca de Arcachon *(Sur-oeste de Francia),* tuvo sus paredes revestidas de placas planas de fibrocemento procedentes de la fábrica Everite de Bassens (*Cerca de Burdeos*) en los años 1960. La cubierta es de placas onduladas de mismo origen. El autor tuvo la ocasión de encontrar personas que viven desde hace más de 50 años en estas casas, sin ningún daño aparente por su salud.

Una variante de placas onduladas se desarrolla en la segunda mitad del siglo XX. Al parecer, Brasil es el país de origen de esa novedad, que conocerá parientes en Europa con el nombre de "maxi-placas" o "super-ondas" según países.

Alcanzará un largo de hasta 8 metros, se presentará según esquema a mano alzada y foto de una variante propuesta en Brasil.

Su espesor de unos 8 mm, alrededor del 30% más que el de las placas clásicas, con una altura mucho mayor que las placas convencionales hacen incrementar su momento de inercia dicen los expertos, lo que proporciona una mucho mayor rigidez y resistencia, que permite utilizarla como cobertura de naves industriales y agrícolas o como techados autoportantes en aparcamientos para coches o limitando al mismo tiempo el número de soportes para facilitar las maniobras de vehículos. En Francia conocerá un éxito bastante limitado, se fabricará sólo una decena de años. Al contrario, tendrá un gran éxito en varios países tropicales y ecuatoriales. Para fabricar tales placas, es necesario que la máquina Hatschek esté dotada de un cilindro de formación de gran diámetro, bastante impresionante. En España son fabricadas bajo el nombre de "Canalondas" por Uralita en su fábrica de Getafe, o por placas "Estructurales en México, estas se caracterizan por una composición de ondas y alturas, largos varios por ejemplo de hasta 8 metros, un ancho útil de cobertura de aproximadamente 0,90 metros, un espesor máximo de 8,50 mm y un peso total de 142 kilos Sin embargo las dimensiones y diseños varían de país en país, son concebidas para cubrir espacios que disponen de sólo dos puntos de apoyo situados en las extremidades.

. A todo esto, instalarlas requiere de personal capacitado por su peso y una fragilidad característica ante maniobras desafortunadas.

Son muy utilizadas en el medio rural para proteger espacios destinados al ganado, a máquinas agrícolas o para almacenar el forraje, entre otras muchas

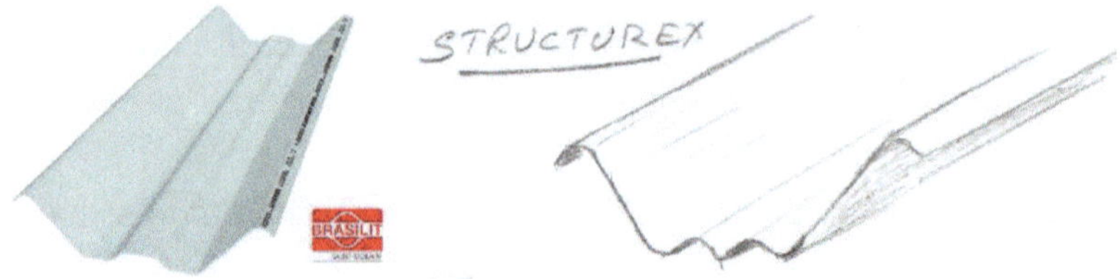

03-014. Placas especiales de hasta 8 metros de largo. Web Brasilit y archivos

aplicaciones. Resultan también muy útiles en caso de tejados con poca pendiente. En los aparcamientos para automóviles permiten una buena utilización del suelo, limitando el número de puntos de sustentación. Anecdóticamente, es interesante notar que, a finales de los años 1970, cuando se prohibió el almacenamiento interno del amianto azul, en la fábrica de Uralita de Alcázar de San Juan se construyó, detrás de la nave principal, un cobertizo externo con estas placas para almacenar dichas existencias.

En cuanto a las líneas dedicadas a ondulaciones, deberíamos haber hablado de un sistema mencionado por J.P. Guerber, director del Centro de Investigaciones y Desarrollo de Dammarie-les-Lys de 1962 a 1969, en su "Glosario del Fibrocemento". Entonces con su permiso vamos a reproducir aquí el esquema y los comentarios, esperando la indulgencia de los lectores.

Onduladora de correa R.C.M.

La pasta fresca se trae sobre un tren de correas que la soporta el punto de los futuros cumbres de las ondas. Las correas convergen. La ondulación es terminada cuando la ventosa de "retoma" deposita la laca sobre la intercalaría

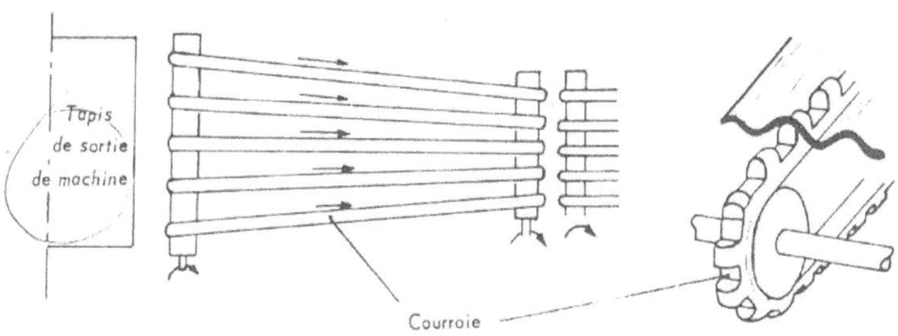

InspectAPedia®

Para quien quisiera enriquecer su conocimiento del asunto, aconsejamos una visita a las páginas web de

Amianto, Aplicaciones Industriales, D.V. Rosato, engineerii Newton MA, Reinhold Publishing Co., NY, 1959, Library of

Catalogo No. 59-12535. Full text available online at ASBESTOS, ITS INDUSTRIAL APPLICATIONS, ROSATO 1959 [https://inspectapedia.com/hazmat/Asbestos_Rosato_Preface.php]

Tubos

> *"Fabricar y vender tubos, era permitir a los hombres vivir".* Roger Martin[43], *"Patron de droit divin"*

A mediados del siglo XX, con el desarrollo de los nuevos requerimientos para el transporte de aguas limpias o sucias y las gigantescas inversiones necesarias para la puesta en servicio, las investigaciones hacia productos más baratos que los tradicionales tubos de fundición de hormigón etc. están en plena actividad. Es el italiano Adolfo Mazza,

03-015 Lo fácil que es el transporte de tubos de amianto-cemento! Foto Uralita

---

[43] Roger Martin fue presidente del Grupo Pont-à-Mousson, luego de Saint -Gobain, después de la fusión de las dos grandes compañías, fusión en la cual tuvo un papel fundamental, lo que le dio a conocer mejor que nadie el mundo del tubo, incluso del tubo de amianto-cemento.

como ya se ha dicho, quien puso a punto la primera máquina capaz de producir tubos más ligeros y fáciles de manejar, pero sobre todo más baratos.

La publicidad adjunta de la firma Uralita de España nos ofrece un buen ejemplo de lo fácil que es transportar los tubos de amianto-cemento, desde luego si se cuenta con un buen camello y un experto camellero, como dirían los viejos amigos de las ventas en la época.

Si se observa el esquema[44] que sigue y si uno recuerda la máquina Hatschek que produce placas planas y onduladas, pronto se notará muchos puntos comunes a los dos sistemas.

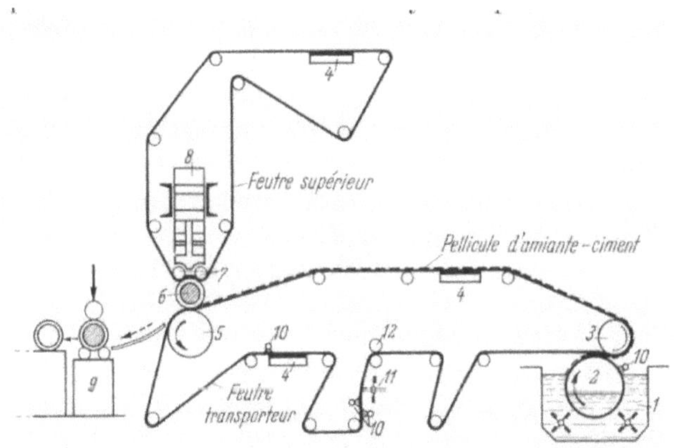

03-016. Esquema de una máquina de tubos MAZZA. BTSR diciembre 1940.
1 Cuba de materia prima. 2 cilindro tamiz (tina). 3 cilindro tomador. 4 caja de vacío. (cilindro de cabeza. 6 mandril. 7 rodillo de presión. 8 equipo de presión. 9 calandra. 10 pulverizador de agua.11 batidor de fieltro. 12 rodillo de secado.

La preparación de la pasta se realiza con la misma técnica, pero calidad y porcentaje de amianto tienen que estar elegidos y adaptados en

---

[44] Esquema debido al Boletín Técnico de la Suisse Romande, de diciembre de 1940. Varias imágenes contenidas en esta parte provienen del mismo documento.

función del tipo de tubo a producir: saneamiento, presión, bajantes de desagües o conductos para colocar cables…

En la parte inferior del esquema, se nota una sola tina (cuba) y su cilindro tamiz (2), en lugar de las tres o cuatro tinas de las máquinas de placas. La pasta "pescada" por el fieltro bajo acción del rodillo acostador (3), pierde parte de su agua al pasar sobre la caja de vacío (4) antes de enrollarse sobre el mandril (6).

Este mandril, contrariamente al formador de las máquinas de placas, tiene un largo muy superior a su diámetro, lo que no se ve en el esquema, pero se entiende fácilmente ya que el propósito es de fabricar tubos. Empiezan ahora los problemas y las complicaciones.

Separar el tubo todavía blando, flexible y frágil sin que pierda su forma cilíndrica resulta delicado. El genio de Adolfo Mazza consistió en añadir un equipo de compresión gracias a una instalación dotada de gatos, y que se reduzca esa compresión consistente en la instalación de pistones hidráulicos que reducen gradualmente la presión ejercida sobre el tubo a medida que aumenta su espesor.

Adolfo Mazza registro dos patentes relacionadas con su descubrimiento en 1922 y 1923. Por supuesto tuvo que adaptar el largo y crecer el diámetro del rodillo motriz, más acorde al esfuerzo y a las medidas de los tubos a producir. En los primeros años limitó la longitud a 3 metros y el diámetro a 20 centímetros.

La descripción que sigue corresponde a una máquina de la segunda mitad del siglo XX, ya que el autor nunca tuvo la ocasión de ver una máquina de la primera mitad y no consiguió encontrar ninguna persona capaz de describírsela. Una cosa es cierta, la automatización de las numerosas operaciones que son necesarias no podía en ningún caso estar tan desarrollada en la época en que Mazza concibió su primera máquina. Con el transcurso de los años, se van aumentando paulatinamente los largos y los diámetros de los tubos para satisfacer las demandas del mercado En los años 1970 aparecen grandes máquinas, ciertas de ellas dotadas de dos cilindros tamices, capaces de producir tubos de hasta 6 metros de longitud y 2 metros de diámetro. Con ellas nacerá un gigantesco desarrollo del tubo de fibrocemento empleado en múltiples usos. Pero volvamos al mandril propiamente hablando el alma del tubo sobre el cual se enrollan las sucesivas capas primarias hasta alcanzar el espesor necesario

. para cada tipo de tubo. Recordemos que, contrariamente al caso de las placas no se debe cortar y si mantener la forma cilíndrica, sin deformarla. Para lograr tal resultado, es preciso parar la maquina unos

06-017 bis. Vista frontal de una Maquina Mazza de tubos. Se pueden ver los dos fieltros, a la izquierda un tubo salido de máquina, pero todavía sobre su mandril. En primer plano, un carril con tubos frescamente desmandrilados.

instantes, levantar el equipo de presión, y sacar hacia adelante el mandril, sobre el que se ha formado el tubo.

Tan pronto como el conjunto "mandril-tubo" ha salido del equipo de compresión la máquina arranca de nuevo con otro mandril, que en los primeros años se introducía manualmente y luego de forma automática. Desciende el equipo de compresión sobre el nuevo mandril y comienza la llegada de la pasta. El fieltro recorre el sistema de lavado y secado y pasa de nuevo sobre el cilindro tamiz, en donde recoge una nueva capa primaria que transporta hasta el mandril en donde se forma un nuevo tubo. En la imagen adjunta *(Fig. 03-017)* se ven claramente los dos fieltros de la máquina Mazza. Entre los dos fieltros, a la altura de la cabeza del operario que controla el proceso, se aprecia el tubo en formación y por encima de su cabeza, un tubo ya salido de la máquina, pero esta está todavía en el mandril.

03-017. Maquina Mazza, a la vista los dos fieltros, el tubo en formación y el tubo ya salido en camino para el desmandrilado. BTSR diciembre 1940.

Así pues, el mandril todavía dentro del tubo, deja la zona de formación de la máquina y avanza poco a poco sobre una cadena de rodillos que le hacen girar permanentemente, hacia la zona de "des-mandrilado".

Empieza una nueva operación delicada: la extracción del mandril de su tubo sin perder éste su forma cilíndrica. Una boquilla metálica de punta aplastada conectada a una manguera con aire comprimido introduce aire entre el mandril y el tubo. Esa operación al girar el tubo en la calandra va a despegar uno del otro y de permitir la extracción del mandril al mismo tiempo que un falso mandril, más ligero y a veces de madera, se introduce dentro del tubo para impedir su deformación posterior.

En las modernas máquinas fabricadas a partir de los años 70, se sustituyó el uso del aire comprimido y el falso mandril por la llamada "calandra electrolítica". Consistía en hacer llegar a través de la pared del tubo, una corriente eléctrica continua de 400/500 voltios desde unas escobillas cilíndricas de grafito hasta el mandril. Esta operación tiene la virtud de separar levemente el tubo del mandril y facilitar su extracción mediante un dispositivo de arrastre conectado a un pistón hidráulico. El mandril extraído regresa al equipo de formación de la máquina, para volver a entrar en el proceso de fabricación. Pronto dará una nueva vuelta al circuito con el resto de los mandriles hasta completar la serie programada.

Así continua día y noche, salvo que un incidente venga a alterar el buen funcionamiento del proceso. Entonces, hay que detener la llegada de la pasta, limpiar de inmediato la instalación con agua a alta presión, para impedir que eventuales excesos de pasta empiecen a fraguar, devolverlos al circuito, detectar el origen del incidente y corregirlo antes de arrancar de nuevo. Mientras tanto el proceso continúa transportando el tubo hasta el horno de secado en donde permanecerá unas horas antes de pasar a la fase de la maduración. Esta última durara de 21 a 28 días al aire libre combinado con frecuentes riegos, o en enormes balsas de fraguado por inmersión en el agua. Además, el fabricante de un país lejano, en el caso de tubos para conducción de agua, utiliza una autoclave de vapor a 120° C durante unas 8 horas, que posteriormente se consideraría bajo, pero que mejora significativamente la calidad.

Una vez finalizado el fraguado comienza la fase de acabado, que consiste en mecanizar los extremos del tubo para que queden bien limpios y perfectamente calibrados a medidas correctas.

Como con otros tipos de tuberías para drenajes, a veces se cubre el interior de un revestimiento protector, por ejemplo, de bitumen, con el fin de evitar la corrosión debida al ácido sulfúrico contenido en ciertas aguas negras.

Mazza no es el único italiano que corre para la puesta a punto de sus máquinas para producir tubos de amianto-cemento. Su colega Magnani también desarrolló unas máquinas que, al parecer, sustituyeron a las de Mazza por todo el mundo, por lo menos en cuanto al número de ellas instaladas.

Magnani Maquina de Tubos (proceso antiguo)

Llamada Magnani T (T igual tela).

Maquiná alimentada de pulpa

Tubos sin hoja primaria.

Largo 3 a 4 metros.

Tubos de presión o no.

Encajado monolito.

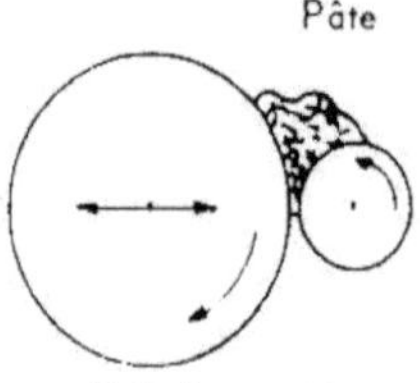

Máquinas que fueron mejoradas según necesidades y capacidades de los usuarios. En la primera mitad del siglo XX, se extiende la Magnani

T, bastante primitiva, entre varios fabricantes El esquema siguiente permite darse cuenta de su simplicidad. *(03-019. JP Guerber debajo)*[45].

Esta máquina sobreviviría en Francia hasta los años 1960. Está constituida de un mandril monolito con perforaciones en toda su superficie y con un recinto interior al vacío que succionará agua de la pasta servida en su exterior y la expulsará por su eje, está recubierto de una tela filtrante. Intencionalmente la pasta de más consistencia que la de la máquina Mazza se deposita entre el mandril y el rodillo motriz de perfil complementario que gira en sentido contrario, se adhiere al mandril, compacta hasta llegar al espesor deseado, se inyecta aire y se desfila el tubo fabricado, el curado es en estufa y posteriormente al ambiente, se maquinan las puntas.

En esta época el largo de los tubos producidos se limita a 3 metros y el diámetro a menos de 20 centímetros. Además, la calidad de los tubos es bastante deficiente debido a una orientación tridimensional de las fibras, que divide por dos la resistencia obtenida en la máquina Mazza donde las fibras se benefician de una orientación bidimensional *(El mismo tipo de máquina existió temporalmente para la fabricación de placas onduladas)*[46]

Algunas anécdotas interesantes surgieron del Mexalit de los 60 con esta máquina que llamaban Magnani antigua, misma que fue retirada al final de esa década en México.

Como no le falta imaginación Magnani, no se conforma con esta máquina tan primitiva. Desarrolla una segunda generación enriquecida

---

[45] Informaciones obtenidas del "Diccionario del Amianto-Cemento" de J.P. Guerber, año 1963. J.P. Guerber fue Director de Investigaciones en EVERITE, filial Fibro-Cemento de Pont-à- Mousson y luego de Saint Gobain. Se le deben numerosos datos contenidos en el presente documento, así como el vocabulario técnico específico de la profesión en los idiomas más comunes en Europa.

[46] Precisión debida a un antiguo responsable del Centro de Investigaciones y Desarrollos de Everite.

con muchas de las modificaciones y mejoras aplicadas por los propios usuarios, perfectamente adaptadas a la fabricación de tubos de pequeños diámetros. Conocerá una carrera exitosa. *(03-020 JP Guerber debajo).*

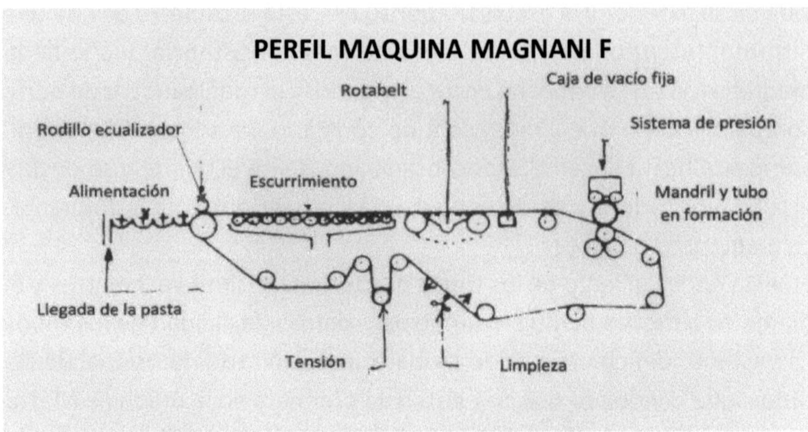

Llamada Magnani F *(F como fieltro)*. Sus características son las siguientes: Alimentación positiva *(Distribuidor Magnani)*, Formación por monocapas, No segundo fieltro. Ancho total: más o menos 9 m.. Ancho fieltro: de 4 a 6 m.

DALMINE, otro inventor italiano concibe una máquina que emplea una técnica muy especial. El mandril no se limita a dar vueltas sobre sí mismo tal como en las demás máquinas, sino que también se desplaza paralelamente a su eje. El vocabulario de los fabricantes, muchas veces se revela muy gráfico, se hablará de "bandas de Panterillas"[47] Esta máquina conocerá un éxito, al parecer, bastante limitado.

---

[47] (Fig.03-019) Bandas de Panterillas: sistema de bandas enrolladas en espiral sobre las piernas de los soldados franceses, especialmente durante de la primera guerra mundial. Se destinaban a protegerles del frio y a demorar el cansancio de las piernas,

PERFIL MAQUINA DAL-

Mandril con desplazamiento longitu-

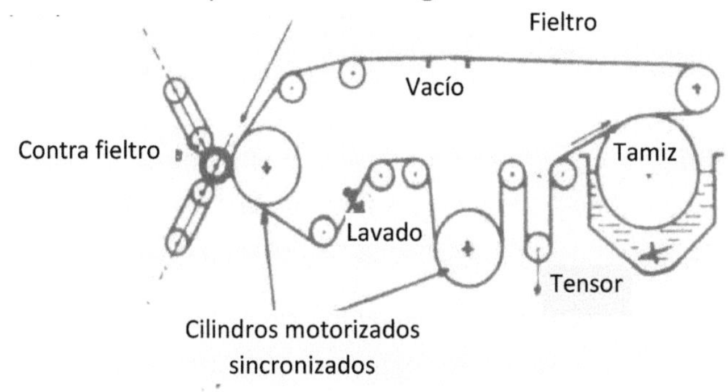

03-021 bis. Máquina Dalmine.JP Guerber.

La ventaja que se pretendía con a esa máquina era de permitir la fabricación de tubos de largos diferentes. De hecho, el movimiento del mandril genera una disposición helicoidal de las hojas primarias, justificando el parecido con las bandas de panterillas de los militares. Los tubos producidos de esta forma tenían una flexibilidad notable, aunque manteniendo una resistencia de tensión bastante buena. Existieron tales máquinas de uno, dos y hasta seis fieltros, pero sin conseguir cadencias de producción suficientes para una buena rentabilidad. Basta decir que su vida resulto rápidamente acortada. Everite francesa empleo una de estas durante unos años en su fábrica de Dammarie-les-Lys *(cercana a Paris).*

Para tubos que no necesitan alta resistencia mecánica, aparecen incluso fabricaciones copiadas de las del moldeado, pronto hablaremos de ellas. En ese caso, se enrollaba manualmente la pasta fresca sobre

---

en una época cuando los soldados tenían que caminar largos y cansados recorridos, a menudo en condiciones muy penosas.

un mandril y se soldaban los dos lados para unirlos. Ese proceso algo primitivo también tuvo una vida corta.

Otro inventor, llamado Himanit, diseñó una máquina según el esquema que sigue. Fue el fruto de una patente suiza, poco frecuente entre los fabricantes de tubos de amianto-cemento y trabajaba sin hoja primaria. Tal como lo muestra el dibujo, la pasta se deposita a granel sobre el fieltro y luego se enrolla sobre el mandril. Un rodillo que soporta el fieltro está dispuesto sobre un dispositivo que, mediante volteo, permite envolver o desenvolver el mandril.

(Esta máquina tiene la particularidad de poder también fabricar tubos de hormigón)[48].

PERFIL MAQUINA HIMANIT

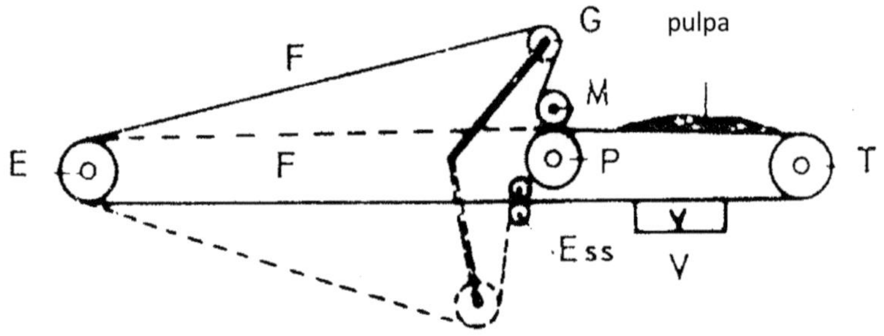

03-022 Máquina Himanit   *F: fieltro- E: accionamiento - M: mandril T: tensión - P: presión - E: extracción del agua-V: vacío. JP Guerber.*

Se comenta que esta máquina tiende a retornar en nuestro siglo XXI para productos sin amianto. No tuve oportunidad de averiguarlo.

---

[48] Esquemas y detalles relacionados con esos tipos de maquina se deben al Diccionario de J.P. Guerber

Por último, no teniendo por definición limites el genio de los ingenieros, cada empresa gusta de modificar las máquinas una vez terminada la garantía del proveedor estando convencida de haber diseñado la mejor herramienta del mundo.

03-023.   En esa foto de la Maquina AT3 de la fábrica de Andancette uno puede perfectamente ver los dedos agitadores de la caja de distribución, típicos de las máquinas "Flow-on". El tamiz es prácticamente invisible, los iniciados adivinarán su presencia. Archivos personales.

Ciertos fabricantes de amianto-cemento llegaran a producir sus propias máquinas con el propósito de suministrarlas a sus filiales, incluso de venderlas en otros continentes. Los destinatarios a su vez se encargarán de perfeccionarlas.

Así se puede ver en la fábrica de Andancette (*Francia, a unos 100km al sur de Lyon*), una máquina de 3 metros de ancho, instalada en 1965, equipada de una doble alimentación: tamiz en la parte baja, distribuidor en la parte alta

Según los propios usuarios, la alimentación por arriba (distribuidor Magnani o de alimentación positiva) prácticamente nunca sirvió como sistema dúplex. Es preciso añadir que solo existía como seguridad, pues se trataba de la primera máquina de tubos con tamiz de la empresa Everite.

Una aplicación especial de los tubos de amianto-cemento aparece en la segunda mitad del siglo XX, particularmente en España, pero muy probablemente también en otros países en donde la naturaleza demanda importantes sistemas de riego, necesitando transportar agua a largas distancias.

Fig. 03-024. Canal de riego constituido de grandes tubos cortados en dos según líneas diametralmente opuestas. Archivos personales.

Tubos de gran diámetro, de 800/1000mm, se cortan en dos partes iguales según dos líneas diametralmente opuestas. Colocadas una tras otra, selladas e instaladas sobre soportes adecuados de hormigón, forman largos canales que recorren las llanuras agrícolas, llevando el agua donde se requiere. Así permiten a la horticultura española, asociada con los invernaderos de plástico, que también aparecen por esa época, participar activamente en el desarrollo del país gracias a las exportaciones de frutas y verduras a toda Europa, a veces muy a disgusto de los productores de los países vecinos, naturalmente con el sol la evaporación es muy alta con la consecuente pérdida de agua, lo que pronto ocasionará el abandono del proceso.

Los 4 estados de fabricación de tubos de presión Amianto-Cemento de Kurt Hünerberg

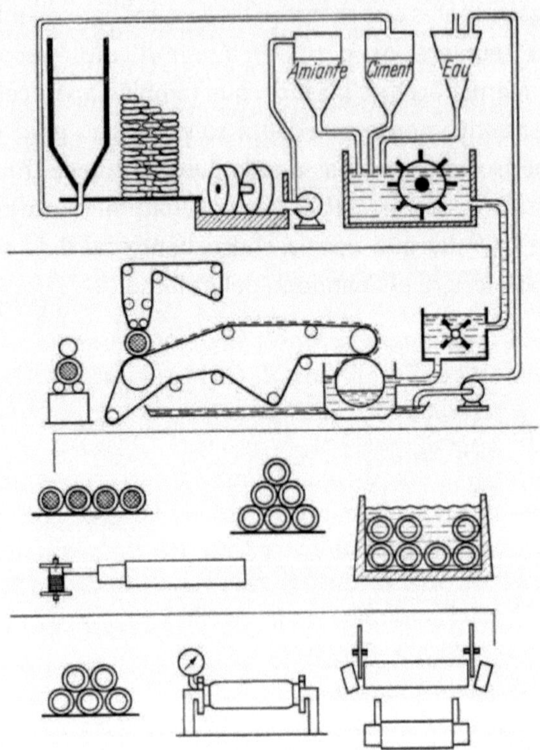

03-025. Esquema simple que ofrece un buen resumen del ciclo de fabricación de tubos de amianto cemento. Extraído de "Tubos de Amianto Cemento" de Kurt Hünerberg, Berlín 1950.

Unión de los Tubos

Una vez terminada la maduración, queda aquí por definir el sistema de unión de los tubos para realizar un ensamblaje lo más rápido y fácil posible, asegurando una estanqueidad perfecta y duradera.

Para ello, es preciso mecanizar las extremidades del tubo y al mismo tiempo elegir bien el tipo de unión.

Para unir los tubos que se destinan a la conducción de agua se debe utilizar un manguito, o cople, del mismo material, compuesto de un aro cilíndrico, que se ha obtenido de un tubo de amianto-cemento cuyo diámetro interior es compatible para el acoplamiento de un tubo de la misma clase considerando los anillos de estanqueidad de los tubos a unir, de una longitud entre 10 y 30 centímetros y con su cara interior mecanizada en forma precisa para alojar las juntas o anillos que garantizan su estanqueidad y los anillos separadores que protegen los extremos de los tubos también mecanizada . Las juntas de estanqueidad y los anillos separadores suelen ser de caucho de muy buena calidad y normalmente son suministrados por proveedores externos certificados.

03-026. Tubos con sus manquitos listos para entregar. Fuente desconocida.

Los tubos que se destinan a la construcción, tales como bajantes de desagües o conducciones de cables, suelen fabricarse con acoplamiento tipo campana que permite el ensamblaje macho/hembra y cuya estanqueidad se consigue pegándolos con resinas epóxicas. Así el montaje en obra es muy sencillo. Ciertas instalaciones requieren codos, derivaciones, reducciones, etc. que la industria del amianto-cemento produce y tiene perfectamente catalogadas.

Algunas empresas, tal como Uralita en España, utilizan manguitos o coples de fundición equipados con juntas tóricas de caucho, que se emplean para unir tuberías de pequeño y mediano diámetro.

Los tubos destinados a instalaciones enterradas en zanja suelen suministrarse separadamente de sus manguitos o coples, pero listos para colocarlos manualmente en la obra, bien con un tensor o empujando con alguna máquina auxiliar tipo excavadora.

Los trayectos rectos admiten fácilmente una presión de agua elevada. En casos de trayectos curvos que por su ángulo no requieran otro tipo de accesorios, que también suelen ser de amianto-cemento, es necesario asegurar los acoplamientos mecánicamente. Sin esta precaución, el riesgo de desacople bajo la presión del agua sería muy alto, lo que se debe evitar a cualquier costo.

Dadas las rigurosas normas a respetar para la instalación de tuberías en zanjas, los fabricantes de tubos se ven obligados a difundir especificaciones de trabajo muy detalladas y a veces a organizar sesiones de formación para que sus prescripciones sean totalmente respetadas. Esas sesiones muchas veces se convierten en seminarios, con ágapes muy apreciados por los asistentes. Ciertos fabricantes llegan a ofrecer becas de formación para los jefes de obra en escuelas especializadas de las que suelen ser los fundadores y generosos mecenas.

En adelante se muestran ejemplos de uniones de las más comunes en el siglo XX para tubos de presión.

Uniones tubos de presión

Las uniones alternas corrientemente utilizadas con tubos de presión de amianto-cemento son los siguientes *(extraídas de J.P. Guerber" Léxico del Amianto-Cemento")*

1/ Unión o Junta Guibault, compuesta de un anillo de fundición, de dos contra - bridas de fundición y de dos contra - bridas y de una junta de goma.

Máximo ángulo de desvio posible: 5° por ⌀ 100 mm
4° por ⌀ 150 mm
3° por ⌀ 250 mm

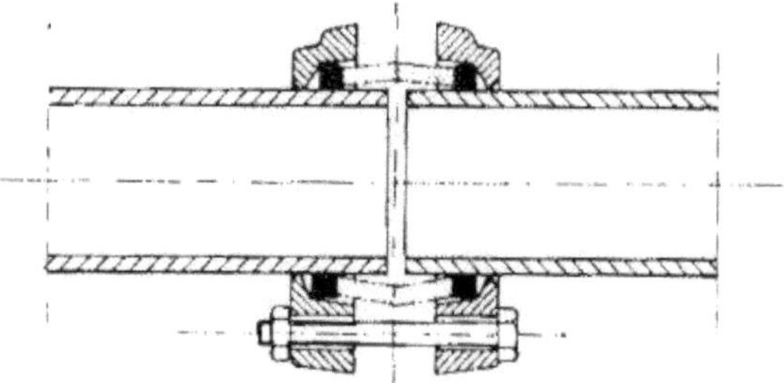

03-023 bis Unión Guibault

2/ Unión Everitube, compuesta de un manguito o cople de amianto-cemento y de 3 juntas (2 de sello y una central de protección de la punta del tubo)

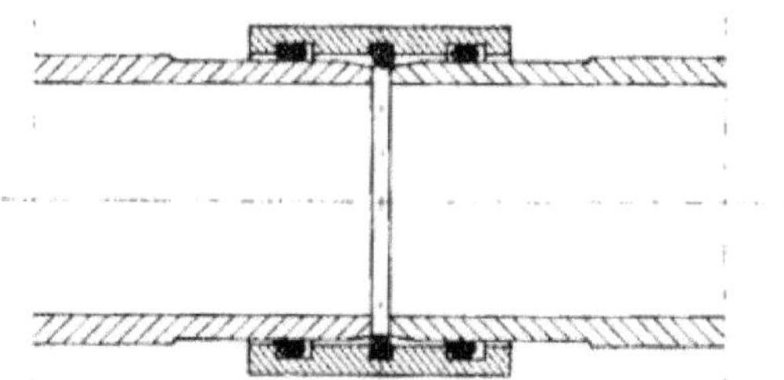

03-023 ter. Unión Everitube

3/Unión Brasilit, compuesta de un manguito o cople de amianto-cemento, (con piezas para alinear tubos y coples) y dos arandelas tóricas de goma.

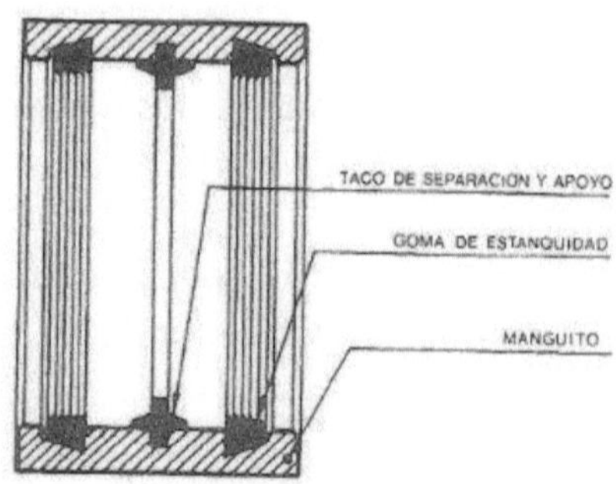

Fig.03-023 sexto. Junta RKT

4/Manguito o Cople RK.

Muy utilizado por Uralita en España y por varios fabricantes en otros países. Es una unión compuesta por un aro cilíndrico de fibrocemento de hasta 35 cm de longitud, que está mecanizado interiormente para poder alojar las 2 juntas circulares de estanqueidad y las piezas separadoras que permiten alinear los tubos y obtener cambios de dirección de hasta de 5 grados por cada tubo.

Se han realizado pruebas por el Instituto Veritas con presión externa hasta 7kg/cm² sin que aparecieran signos de humedad a través de la junta

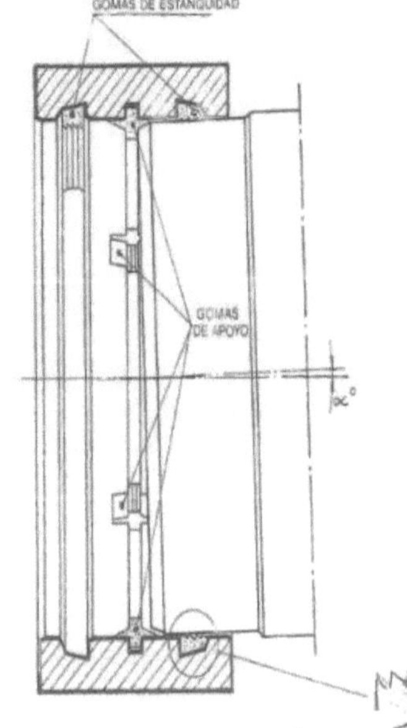

03-023 quinto. Unión RK

5/Manguito o Cople RKT

Una variante del manguito RK es el manguito o cople RKT (T por Tracción) utilizado en la instalación de emisarios submarinos o en terrenos de elevada pendiente. Consistía en practicar en el espesor del tubo y del manguito una canal o ranura para alojar una varilla de nailon que, por cizalladura, evita que se desacoplasen los tubos.

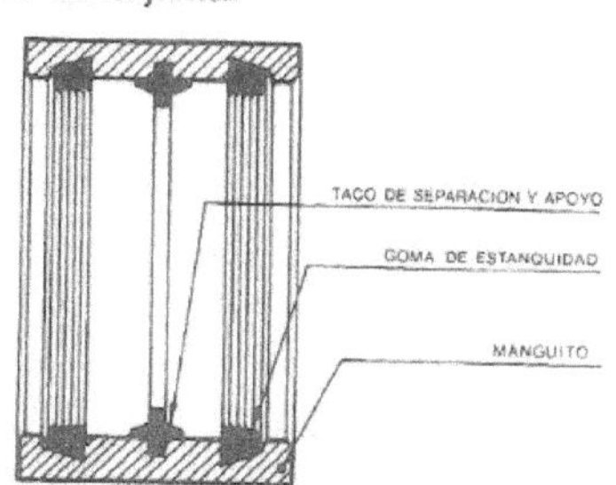

Fig.03-023 sexto. Junta

Aunque hubo tentativas de emplear tubos de amianto-cemento en construcciones de autovías, autopistas o líneas de trenes de alta velocidad, no encontraron gran éxito.

Según me contaron ingenieros metidos en el tema en varios países, la resistencia al aplastamiento de esos tubos amianto-cemento bajo el alto peso de camiones o trenes no permitió un largo empleo del producto. En Francia al parecer, hubo experiencias para drenaje. En una de las fábricas, se concibió un sistema mecanizado para crear hendiduras en tubos de drenaje, pero dichas hendiduras se tapaban rápidamente y el proceso fue abandonado al poco tiempo.

Unos me hablaron de empleo de tubos de fibrocemento en construcciones de autopistas en Asia, pero no pude conseguir ninguna información fiable confirmando el caso. Una vez más, Kurt Hünerberg nos ofrece su largo conocimiento del asunto y nos cuenta:

"Las obras de tubería que cruzan líneas de ferrocarril o carreteras de tráfico intenso suelen alojarse dentro de ductos de protección".

Los tubos de amianto-cemento pueden utilizarse como ductos de protección, así como tubos de transporte introducidos dentro de los ductos. Instalaciones suelen realizarse mediante el sistema llamado hincado de tubos

Catalogo PAM 1984:

En el cuadro siguiente, se presenta un extracto de un catálogo de Pont-à-Mousson de 1984, que muestra referencias de un sistema completo

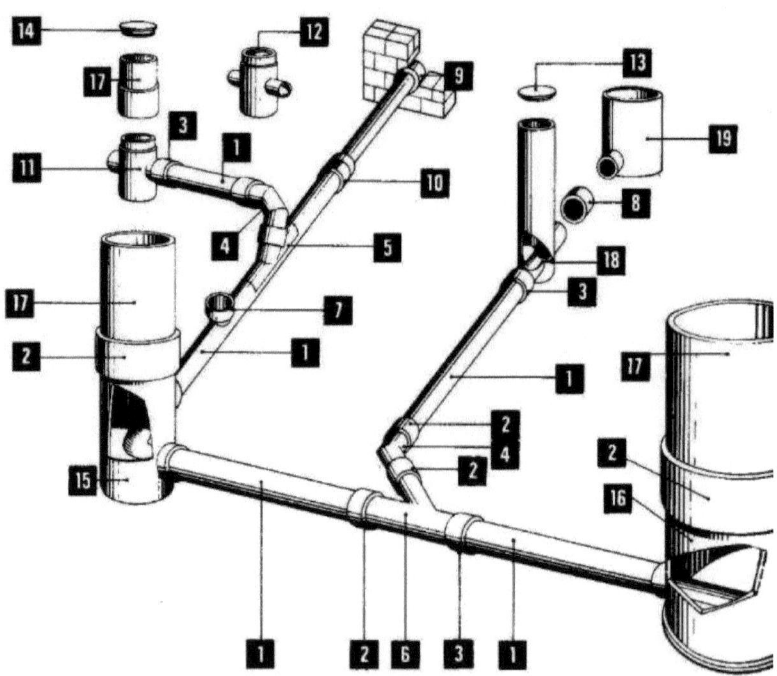

de canalizaciones, boca de hombre y varios accesorios de amianto-cemento para saneamiento y disponibles para consulta.

1 tubo de extremos brutos o fresados	10 cono
2 manguito" F" o "T"	11 taburete
3 manguito EVERMETIC	13 tapa simple
4 codo	14 tapa
5 conexión con plaqueta	15 hueco de limpieza-600mm
6 conexión simple	16 hueco visitable-800/1000
7 conexión de acceso	17 alto de visita
8 manguito de cerrar	18 caja de conexiones directas
9 manguito para pegar	19 hueco de conexión Ø 600

(La maquinaria de base para este trabajo es una micro tuneladora). *Los tubos se colocan en los ductos sin ninguna liga con estos. Se calcula la distancia entre soportes de tal forma que se respeten los límites permitidos de los esfuerzos de aplastamiento y flexión.*

Instalaciones de líneas de tuberías de amianto-cemento siguiendo los códigos de instalación, cruzando debajo de líneas de ferrocarril y carreteras de tráfico intenso se hicieron en muchos lugares, sin que se conozca ningún caso de incidentes de mal comportamiento de las tuberías.

Una vez leído los comentarios de Kurt Hünerberg llegamos a la conclusión que el caso queda claro, que sin duda cualquier tipo de tubería o línea de tuberías, mantiene clases y límites certificados de comportamiento bien identificados en las normas y los manuales de los fabricantes, y que estos bien difundidos dan a los ingenieros los recursos para prevenir una instalación conveniente, así los tubos de acero, concreto y fibrocemento entran en clases disponibles para estas aplicaciones de condiciones de alta exigencia por condiciones externas.

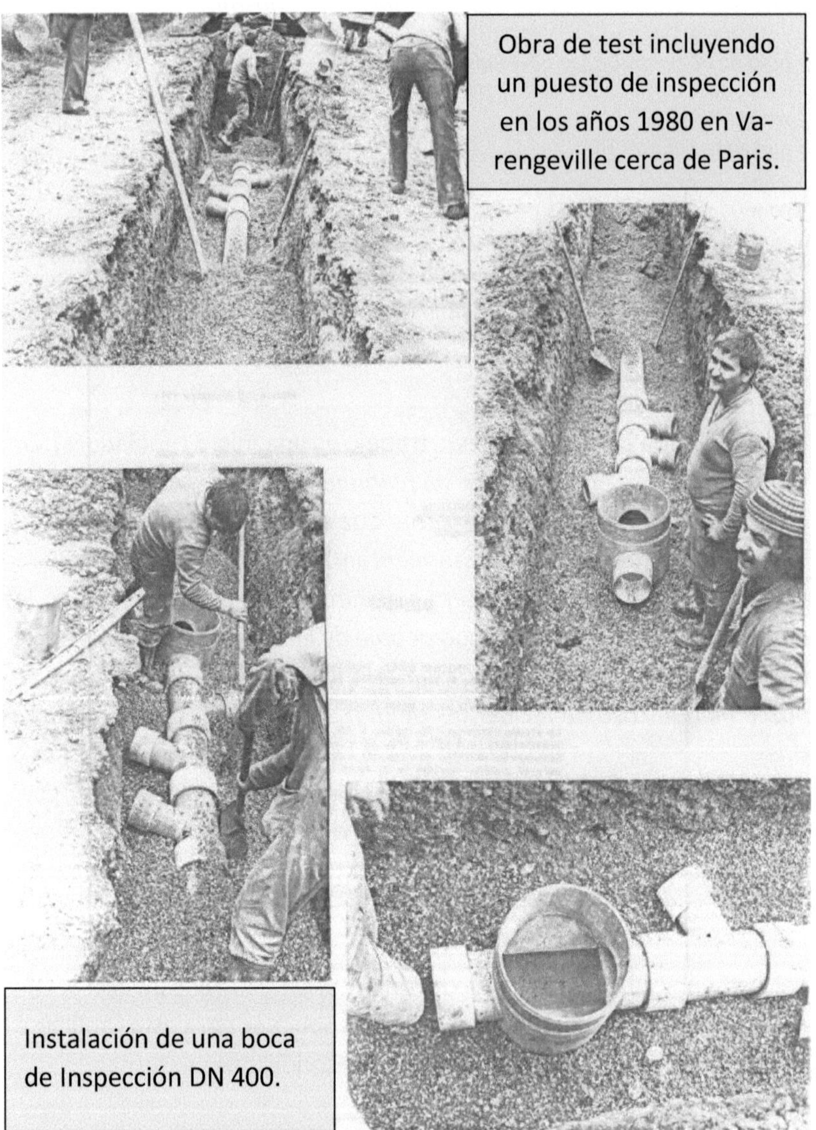

Obra de test incluyendo un puesto de inspección en los años 1980 en Varengeville cerca de Paris.

Instalación de una boca de Inspección DN 400.

SANEAMIENTO

POZOS DE CONTROL DE FI-
BROCIMENTO PARA REDES DE
SANEAMIENTO.

La ausencia o la insufi-
ciencia de estanqueidad
de ciertas redes: un
grave problema que preo-
cupa los poderes públi-
cos por motivo de las
incidencias económicas y
ecológicas, entre las
cuales se destacan:

-Sobre carga inútil de
las estaciones de depu-
ración, por aguas para-
sitas generando un au-
mento importante de los
gastos de energía que
grava de forma pesada
los presupuestos, a me-
nudo frágiles, de las
colectividades.

-Polución del medio am-
biental y especialmente
de las capas de agua
subterránea, fuentes
principales de agua po-
table.

-Esa falta de estanquei-
dad de las redes de sa-
neamiento resulta de la
ausencia de estanqueidad
en los puntos de visita
y mantenimiento.

Esos pozos de control en
fibrocemento, prefabri-
cados con elementos de
tubos de saneamiento es-
tándar, preparados y pe-
gados en la fabricas,
garantizan una estan-
queidad perfecta de las
obras y de sus conexio-
nes con la red, bajo una
presión interior o exte-
rior de 1 bar.

Los pozos de limpieza DN
600 se pueden emplear de
forma corriente en lugar
de los pozos de visita
tradicionales, hasta una
profundidad de agua, de
metro y medio. Para pro-
fundidades superiores
EVERITUBE propone el uso
de pozos DN 800

El uso de piezas de en-
lace estándar para las
conexiones a la red y el
poco peso favorecen,
además de una colocación
instantánea, la recupe-
ración inmediata de las
zanjas, (particularmente
apreciable cuando se
trata de colocaciones
debajo de la calzada).

Obra de puesta de tubos en las calles de Hamburgo poco después de la segunda guerra mundial.

Un montador prepara la puesta de una unión en un conducto de gran diámetro destinado a estar sumergido.

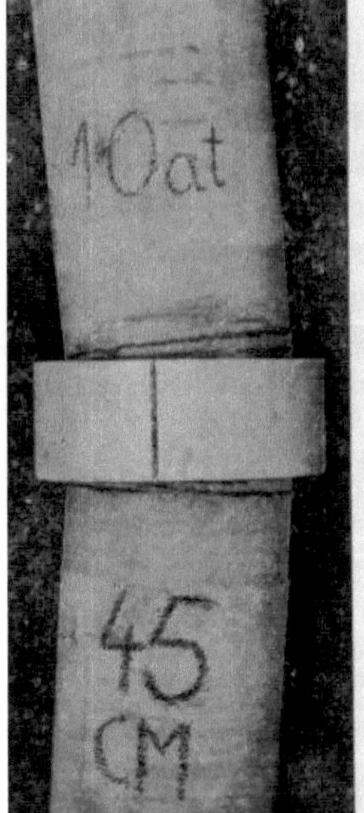

Junta RK. Las rayas negras indican la penetración en el manguito cuando los tubos son alineados.

Deflexión de 7° produciendo 610mm sobre el alineamiento

Obra de gran diámetro con uniones

La pasta fresca, que sale del cilindro de formación de la máquina Hatschek o "Flow-on"[49], es muy maleable, tal como hemos podido ver con la fabricación de las placas onduladas. La idea de moldear estas placas frescas para producir todo tipo de accesorios aparece como lo más natural.

El método consiste en recoger las placas directamente a la salida del formador. Se enrollan una a una sobre un rodillo de madera generalmente que dos obreros llevan a una mesa de trabajo sobre la cual el moldeado se puede realizar en condiciones aceptables.

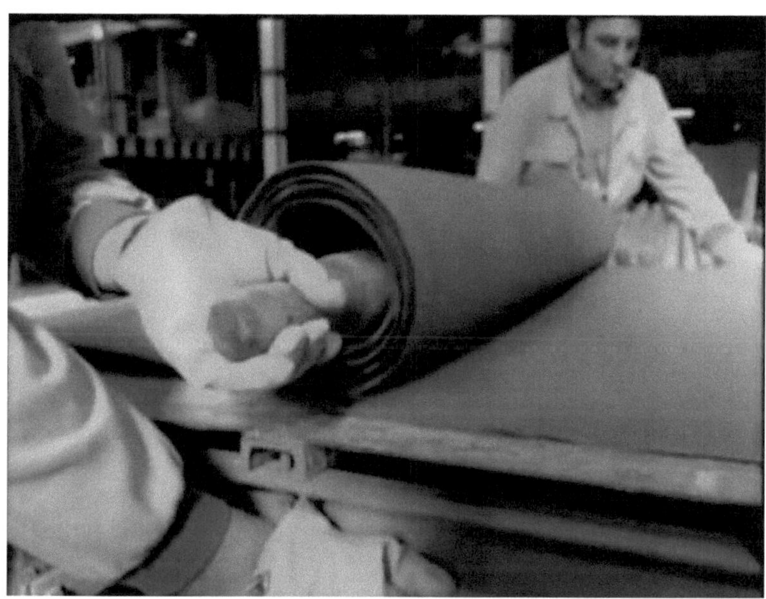

03-033. Dos obreros recogen pasta fresca para trabajar en moldeados. Video José Guimovart

---

[49] «Flow-on», palabra internacional para hablar de las máquinas de alimentación positiva.

Moldeados

En los primeros tiempos el moldeo no es más que una actividad auxiliar. Se necesita suministrar piezas moldeadas como accesorios para las pizarras y placas onduladas. Fabricar placas onduladas y venderlas a los instaladores *"está bien, pero además es necesario acompañarlas de accesorios"*, en concreto caballetes, limas[50], remates, salidas de chimeneas, etc.

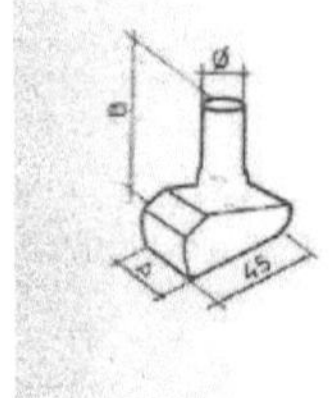

Salida de humo

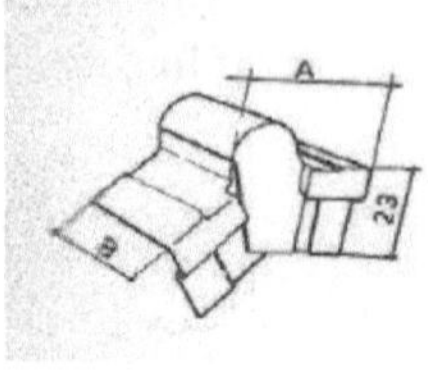

Remate de piñón paramento

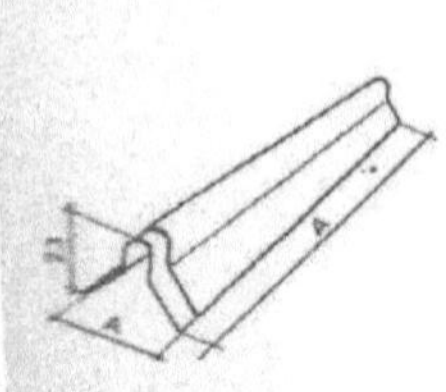

Remate esquina

Techado de placas onduladas con sus caballetes

---

[50] Las "limas" son piezas lisas de 1 metro de longitud, dobladas a 90º que servían de cierre lateral entre el tejado y la pared vertical del edificio. Era un remate embellecedor que facilitaba la terminación del tejado y su acople a la pared.

Las fabricaciones en serie de productos moldeados se inician en Gran-Bretaña y Países-Bajos en donde Eternit conoce sus primeros éxitos, quizás debido a la ausencia de corrosión por lluvia al contrario de lo que ocurre con la lámina galvanizada. Este primer éxito genera el desarrollo de algunos productos moldeados de acompañamiento.

Las primeras piezas moldeadas no ligadas a la venta de placas son pequeñas cajas para siembras, realizadas en Suiza en 1914. Poco después se añaden macetas, jardineras, tubos sanitarios, así como conductos para cables y ventilación.

Siempre que el porcentaje de agua esté bien dosificado la pasta fresca se presta admirablemente a todo tipo de recortes y moldeados. Utilizando un patrón, o a veces un tipo de suaje con la forma del objeto que moldear, se corta de la pasta fresca con prensas una cantidad igual a la superficie desarrollada de la pieza a

03-035. Moldeado manual

03-036 Moldeado interior.

03-037 Soldadura con martillo neumático.

fabricar. Ciertos objetos que necesitan una superficie interna perfectamente lisa y calibrada exigen un molde interior. Otros, de formas bastante irregulares requieren además moldes exteriores, aunque solo sea para facilitar el desmoldado.

El molde interior se compone muy a menudo de varias partes, ver imagen anterior, la del centro es cónica para permitir un fácil desmoldado. El molde exterior está compuesto de dos partes que se pueden retirar como cortezas, una vez que la pieza ha endurecido. Para ciertas piezas complicadas se puede necesitar la utilización de moldes compuestos de hasta más partes.

Los modelos son de yeso, madera, amianto-cemento, u otras materias, aprobado este se obtienen moldes de amianto-cemento o metálicos. Las piezas necesitan una o varias soldaduras de la misma pasta. Las extremidades de la pasta se rebajan a mano con el fin de evitar irregularidades de espesor en la zona del empalme, y después se sueldan propinándoles fuertes golpes. En caso de piezas grandes como la funda de base cuadrada de la imagen se emplea un mazo de madera para golpear las soldaduras o por medio de martillos neumático cuya superficie de golpe es muy rugosa para machacar bien la pasta. Así se obtiene un entramado de las fibras de amianto tan perfecto que la resistencia de la soldadura es equivalente a la de la zona de fabricación normal. Una vez finalizado el fraguado, el empalme es a menudo invisible. Durante cierto tiempo existió una variante de esa técnica utilizando un globo inflable para ayudar a compactar.

La resistencia de las piezas varía según el perfil. Cuanto más sencilla la pieza, más resistente, al contrario, cuanto más compleja más frágil. A veces el moldeado requiere que se añada agua y pequeñas cantidades de cemento espolvoreado para lograrlo.

La ejecución de este trabajo requiere una organización adaptada, pues la operación debe realizarse antes de que transcurran unas dos horas desde la toma de la hoja de la máquina Hatschek o Flow-on, es decir antes de que el cemento empiece a fraguar. Si las piezas pequeñas y delicadas se fabrican a menudo por mujeres, las más grandes necesitan a veces la fuerza de varios hombres para que el trabajo esté acabado sin daño a la estructura del producto.

Se puede decir que esta industria tiene un punto común con una fundición, en el sentido que ambas necesitan mucha atención, información, imaginación, así como buena destreza, sensi-

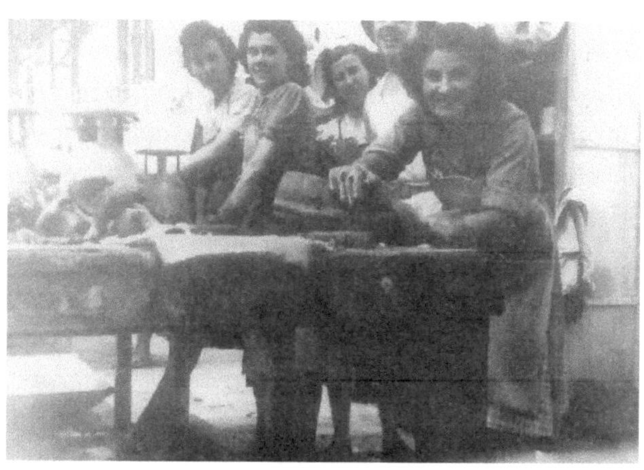

03-038.Taller de moldeado de la fábrica Everite de Bas-

bilidad y experiencia para una mejor visión de las piezas a producir[51]. Para tener el punto de vista de un obrero, dejemos hablar a un antiguo empleado de esta actividad, quien nos cuenta sus recuerdos de los años 1940, cuando trabajaba en Uralite, en la fábrica de Higham, Kent (Gran Bretaña).

"Fabricábamos macetas que provocaban muchos desechos que se enviaban al sistema de reciclaje. Las hojas de fibrocemento húmedas se enrollaban sobre una especie de larga barra o rodillo, que dos obreros

---

[51] Explicaciones e imágenes relacionadas con esos moldeados se deben mayormente a un artículo del Ingeniero H. Frey de la Eternit Niederurnen (Austria), publicado en el Boletín Técnico de la Suiza Francesa de diciembre 1940. Si las técnicas descritas son las de Eternit, se puede apostar sin mucho riesgo que las de la competencia eran bastante vecinas.

transportaban hasta su puesto de trabajo, allí desenrollaban la hoja sobre una gigante mesa de alrededor de 6 pies de ancha y 8 pies de larga. Las cortaban y las moldeaban a las formas dentro de moldes de madera, ayudándose con espátulas metálicas.

"Entonces, los moldes pasaban la noche en estantes.

"El día siguiente, se llevaban los moldes a las mesas de trabajo donde el fibrocemento, medio endurecido, era rebabado mediante cuchillos y enviados los sobrantes a un molino, luego volvían a los estantes.

"Al día siguiente del rebabado, desmoldaban las macetas y las dejaban en el suelo alrededor de la zona de trabajo, en donde se quedaban para secar y endurecerse.

"Todavía un día después, las macetas secadas se podían limar, una vez lijadas, con todos los bordes suavizados, se lijaban y alisaban con talco para pulirlas bien, y luego entregarlas al almacén.

"Por supuesto todos esos recortes y lijados provocaban un polvo de amianto que se repartía por las mesas de trabajo, en el suelo, sobre nuestras prendas y dentro de los talleres abiertos y cerrados de la fábrica, ante una limpieza limitada de los trabajadores en la zona. De hecho, ya había polvo en todas partes y los directores no hacían mucho en cuanto a limpieza.

"En caso de huelga, nos mandaban abrir los sacos de amianto que debíamos rasgar para vaciarlos en la tolva, en una zona cerrada donde el polvo de amianto y las fibras cubrían a la vista la maquinaria, incluso las paredes. Había hasta media pulgada en el suelo. El ambiente estaba lleno de polvo. En ningún momento British Uralite nos propuso ninguna protección ni nos habló del peligro"[52].

A partir de los años 1960, los fabricantes buscan soluciones para reducir los costos de mano de obra, particularmente altos con los moldeados.

---

[52] A History of Higham by Andrew Roots, Mike Print (Canterbury) Ltd 2011

III Técnicas y productos

Dos empresas italianas, y una española desarrollan sistemas para moldeados mecanizados. Consisten más o menos en inyectar bajo presión, pasta de amianto-cemento de alta consistencia en un molde cuya pared exterior era filtrante (*tela + tamiz + lámina perforada*) conectada a un sistema de vacío. Se comprime la capa formada mediante un diafragma de caucho diseñado para seguir las formas del molde en el cual se envía aire comprimido. Entonces queda solo que desmoldear, dejar madurar y pulir.

Las prensas más conocidas son las de la marca Sambuco. En Francia, le Fibrociment de Poissy y Eternit, estos tuvieron varias, pero servían esencialmente para moldeados de sección pequeña y de forma sencilla, sin complicaciones para desmoldarlos.

 Globalmente, los resultados parecen haber sido moderados, incluso ciertos países tal como España y Brasil lo emplearon extensamente. En ese principio de siglo XXI, un inventor canadiense registra un patente. De momento, no sabemos si encuentra cualquier éxito con su invención.

Antes de abandonar los productos de moldeados, interesémonos por un artículo poco conocido por los europeos, excepto en los países de la cuenca mediterránea, pero muy frecuente en países poco favorecidos por el agua disponible o por la escasez de redes de distribución de este bien tan valioso.

En España, por ejemplo, Uralita y otras muchas empresas de fibrocemento, fabricaron millones de depósitos, de distintas formas y capacidades, destinados a almacenar agua para todo tipo de usos industriales, agrícolas, ganaderos, domésticos, etc.

Es en México en donde encontré los "tinacos" por primera vez. Así llaman allí a estos grandes depósitos que se pueden ver en los tejados de las casas en muchísimos lugares. Son grises, algunos se pintan pues hasta finales del siglo XX su principal materia prima era amianto-cemento.

Las compañías distribuidoras del agua limitan frecuentemente la presión y sus entregas a unas pocas horas por día y por barrio, momentos que se aprovechan para llenar los tinacos. Un ingeniero amigo mío que trabajó muchos años en una gran empresa mexicana, nos revela algunos conceptos de los procesos de fabricación de tinacos de amianto-cemento que en la época con tres y cuatro firmas y con 5 ó 6 fábricas en un país de buen crecimiento, la producción podría alcanzar hasta más 150,000 tinacos por año, destinando enormes áreas y personal para su fabricación, ya con objetivos claros de orden y control

PROCESO MANUAL

Formas.
Muy diversas… Cilíndricos, cuadrangulares, mixtos, otros.
Máquina.　No
Moldes.　Bipartidos de AC, acero o aluminio.

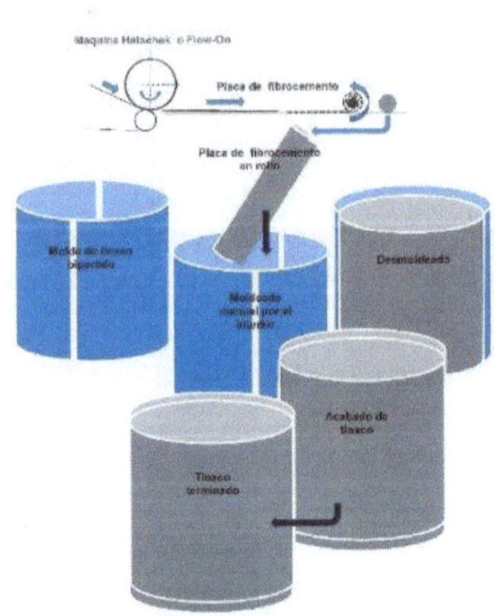

Material.　A partir de placas frescas planas de AC recuperadas manualmente de máquina "Hatschek" o máquinas de alimentación positiva "Flow On" Se distribuyen segmentos de placas frescas de AC del espesor deseado al interior de cada una de las dos partes del molde, se compactan estas placas frescas manualmente siguiendo la forma del molde. Se juntan las dos partes del molde y se pegan con material extra compactando.

Se retira el tinaco del molde a las 24 horas, se hace el acabado (eliminación de asperezas), su curado es al ambiente externo a 14 días con rocío de agua.

PROCESO MECANIZADO.

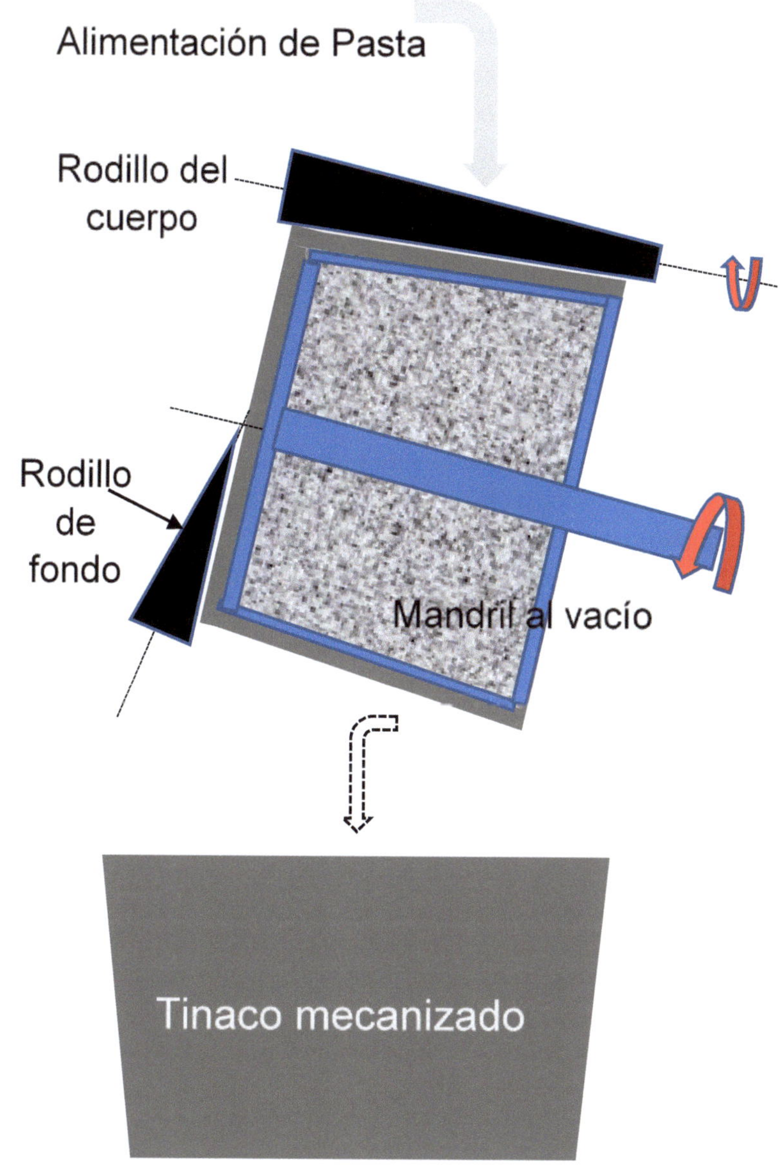

Empresas entonces del Grupo Saint Gobain de los 90 en América, intercambiaron experiencias y desarrollaron nuevos procesos de fabricación de tinacos mecanizados de amianto-cemento, para reemplazar paulatinamente el mercado los tinacos moldeados por tinacos cónicos de grandes tapas cilíndricas, capaces de reforzar el liderazgo de la rama.

Entretanto la cara de la base externa será igualmente compactada por otro rodillo cónico del largo del radio de la base. Al llegar al espesor requerido se detiene el bombeo y sigue girando para lograr el pulido externo, el tinaco compactado plenamente se detiene

El modelo de máquina se inspira en los procesos "Magnani", empleando un cuerpo rotatorio de acero perforado y forrado de una tela filtrante, este cuerpo al vacío, sobre un eje levemente inclinado deja una generatriz de contacto con el rodillo de compresión prácticamente en la horizontal, la pasta a alta consistencia es entonces dosificada por bombeo y distribuida manualmente a todo lo alto sobre el cuerpo del molde auxiliada por un rodillo cónico.

III   Técnicas y productos

Generales del proceso

Para terminar con las nociones técnicas relacionadas con el amianto-cemento, echemos de nuevo una mirada al esquema general exponiendo los circuitos enteros de fabricación de los varios productos, desde la llegada de las materias primas, hasta la salida de los productos acabados. Se notará que toda la parte izquierda relacionada con la preparación de la pasta es común a todos.

El cuadro siguiente resume los cuatro grandes tipos de productos:
-Placas planas, -Placas onduladas, -Moldeados, -Tubos

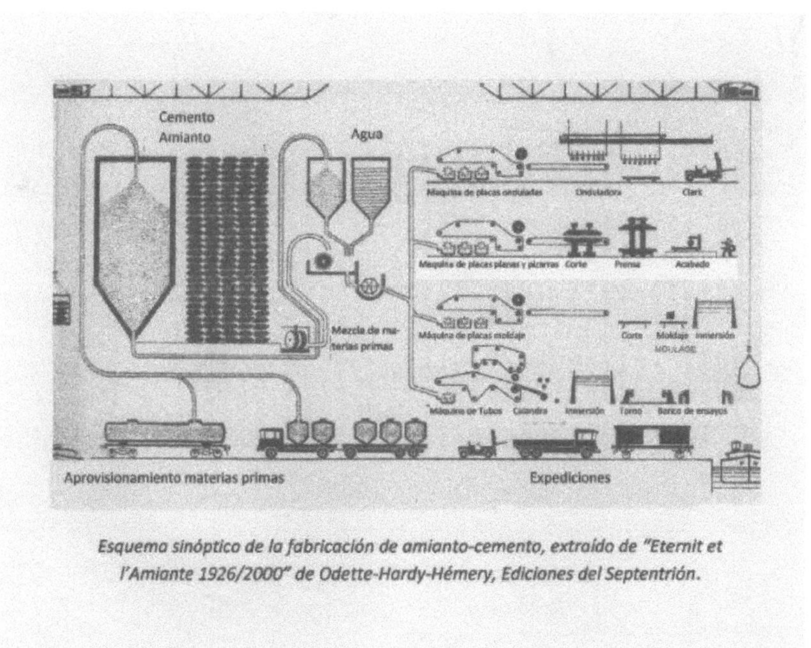

Esquema sinóptico de la fabricación de amianto-cemento, extraído de "Eternit et l'Amiante 1926/2000" de Odette-Hardy-Hémery, Ediciones del Septentrión.

IV **EXPLOSIÓN UNIVERSAL**

Aunque los paneles decorativos y de fachada han existido desde antes de la segunda guerra mundial, solo fue después de 1945 cuando su fabricación se convirtió en una floreciente industria.

1945, la segunda guerra mundial se termina. Europa está en ruinas y ciertos países de otros continentes no están en mejor estado. Es urgente la reconstrucción: medios de comunicación, edificios públicos, red de distribución de agua, viviendas.

Las fábricas también han sido duramente afectadas por los bombardeos. Es el caso, entre otras la fábrica de Bassens *(cerca de Burdeos)*, a pesar de su situación convenientemente elegida lejos de las zonas

04-001 Everitube Bassens en 1945 cuando se acaba la guerra.

de combate durante la primera guerra mundial. En consecuencia, será una de las primeras reconstruidas. Se llama todavía "Sociétés Réunies Everite Situbé". Desde el principio de 1946, recupera poco a poco su producción. Máquinas y materias primas son difíciles de conseguir, habida cuenta del estado general del país, pero aun así la recuperación es muy rápida. Si esta fábrica contaba con 500 empleados en 1939, pronto llega a los 1160 y las máquinas modernizadas ayudan a mejorar considerablemente la calidad y la producción.

En el norte de Francia igualmente se afanan para volver a poner las máquinas en condiciones. Es lo que ocurre en Thiant donde Eternit duplica rápidamente su producción de antes de la guerra, sin que por ello lleguen los beneficios, habida cuenta de la inflación general y de las inversiones requeridas. Las condiciones de trabajo son todavía bastante difíciles. Instalan especialmente dos máquinas de tubos de 5 metros. Al mismo tiempo acondicionan los talleres para responder mejor a las necesidades de almacenamiento y a tareas de mantenimiento. Las condiciones de trabajo siguen siendo penosas. *"Los obreros llevan zuecos, y el corte de la placa cuando se alcanza el espesor, se hace manualmente con una especie de espada"* escribe Jacques Decret en un memo por cuenta del museo de Anzin[53] a propósito de Eternit y con motivo de una operación de conservación del patrimonio de la región. Debido a las dificultades de aprovisionamiento y a la demanda creciente del mercado de la reconstrucción, desde 1947 franceses e italianos se unen para desarrollar la mina de amianto de Canarí en Córcega. Alcanzará una producción considerable, pero el amianto procedente de esta mina es de una calidad mediocre lo que provocará su cierre a partir de 1965[54]. Dejará atrás numerosas víctimas y un paisaje lamentable que los vecinos quisieran ver desaparecer, a pesar de que, aquí también, se aprecia cierta nostalgia de la época en la

---

[53] Anzin, ciudad del norte de Francia, de la zona de nacimiento de la Eternit francesa.

[54] "Aventura Industrial del Amianto en Córcega" publicado en 2003 por Guy Meria por ediciones Alian Piazzola, rica en aclaraciones sobre el amianto, Córcega y la historia industrial de los siglos XIX y XX.

que se ofrecía trabajo a un gran número de personas número de personas.

En la Francia continental durante el mismo periodo, Eternit perfecciona las continental durante el mismo periodo Eternit perfecciona las técnicas de pintado de las placas y de extracción de los mandriles de los tubos.

Loup Esparguillère, en "Le Monde.fr del 02.09.2015" escribe: *«La Fábrica de amianto de Canarí en el Cabo Córcega (norte de la isla), cierro definitivamente sus puertas el 12 de junio 1965. Cincuenta años más tarde, ese paramo industrial y su cantera continúan, año tras año, de engullir millones de Euros de dinero público, gastado con la única finalidad de limitar las amenazas sobre el medio ambiente»*

"En el acantilado, a orillas de la carretera pintoresca del Cabo Córcega, entre mar y montaña, los antiguos edificios de la empresa hoy parecen difíciles de desamiantar, o incluso de dinamitar. "Sí

destruimos ese lugar se lamenta el alcalde de Canarí, Armand Guerra reelegido en 2014, quien ha trabajado en las oficinas de la Fabrica de 1959 a 1964. Dejar el edificio tal como esta es la única forma de protegerse del polvo toxico".

1946 también ve la creación de Canacit en Venezuela.

En 1947/49, Eternit Suiza, en su fábrica de Niederurnen, lleva a cabo ensayos y nuevas medidas estrictas sobre sus tubos relacionadas con la hidro-electricidad, pues se teme una carencia de tubos por ese tipo de actividad.

En 1949, Eternit Francia toma una participación en Dimatit de Marruecos, cerca de Casablanca.

En 1950, Eternit Austria edita un catálogo completo de muebles de amianto-cemento.

Everitube-Situbé, desde su fábrica de Bassens que emplea ahora a 1300 personas, vende parte de sus producciones en lo que Francia llama todavía "el Imperio", especialmente Indochina y países africanos. Esas ventas se consideran como exportaciones.

El 10 de mayo 1950, PAM[55] crea en Cuba, la Sociedad "Perdurit" donde máquinas Magnani se instalarán en 1953. La empresa será nacionalizada poco después de la llegada al poder de Fidel Castro en 1959, lo que no impedirá a PAM venderle máquinas y conocimientos unos años más tarde.

El famoso arquitecto francés Le Corbusier utiliza grandes cantidades de productos de cobertura y de revestimientos de amianto-cemento en la realización de sus proyectos.

Siempre en 1950, un especialista de PAM, cuyo apellido fue imposible conseguir con certidumbre, escribe una publicación sobre el amianto-

---

[55] PAM: (recuerde) forma familiar de llamar la "Société Pont-à-Mousson" por sus miembros.

cemento en Francia y en el resto del mundo en el que, además de notables informaciones técnicas, aparece este comentario:

"Francia se beneficia de una situación privilegiada en lo que respecta a materias para la construcción, de los cuales dispone ampliamente. Desarrollar un material artificial no parece una necesidad prioritaria, y por consiguiente el amianto-cemento no debería presentarse con un futuro tan prometedor como en países menos favorecidos.

"No obstante, las aplicaciones del amianto-cemento consiguen en nuestro país un desarrollo considerable, y en esa época la producción francesa se puede estimar a entre 80 000 y 100 000 toneladas

	En M²	en Toneladas
«Consumo interior:	9 634 300	87 500
Exportaciones	610 700	5 500
Total:	10 245 000	93 000

"Los países en donde se produce hoy amianto-cemento son los siguientes:

Bélgica	*Suecia*
Inglaterra	*Estados-Unidos*
Austria	*Canadá*
Checoslovaquia	*Brasil*
Francia	*México*
España	*U.R.S.S.*
Italia	*Japón*
Suiza	*India*
Alemania	*Australia*

El 8 de diciembre 1950, Josep Cuvelier, fundador de Eternit Francia fallece. Los empleados de la empresa le rinden un reconocimiento muy grande por su enorme visión industrial y su elevada consideración social. Su hijo Guillaume Cuvelier le sucede. Continua la obra de su padre y nuevas máquinas se instalan a los pocos meses.

En 1952/1953, Roger Martin, entonces subdirector de PAM, trabaja en paralelo para contrarrestar a Eternit Francia, que tiende a acentuar su posición dominante, apoyándose en el control cada vez más fuerte que adquiere la Eternit Suiza sobre los demás países europeos. En ese ambiente, PAM previendo el futuro desarrollo del amianto-cemento, y de otras industrias consumidoras de amianto, pero insatisfecho con las "pequeñas minas" de Canarí en Córcega y de Bom Jesus en Brasil, se ve obligado a buscar nuevas fuentes de aprovisionamientos. Unos años más tarde, esas investigaciones alcanzarán el éxito con el descubrimiento de la mina de Cana Brava en Brasil por un joven ingeniero contratado expresamente para ese propósito. Tendremos ocasión de volver a comentar este tema y el nacimiento de "Productos Mexalit" en México ese mismo año, también bajo el liderazgo de PAM, cuando hablemos del continente americano.

En 1954, por iniciativa de Philippe Paul Cuvelier de la gran familia de las "Fonderies de Pont-à-Mousson" y de sus famosos tubos de fundición centrifugada, Everitube-Situbé filial del grupo desde 1933, se convierte en" Everitube".

Esta razón social se mantendrá hasta los años 1985/86, cuando J.M. Coulon, Director General, decida volver al nombre de Everite que se mantendrá hasta el final de la vida de la industria del amianto-cemento en 1997

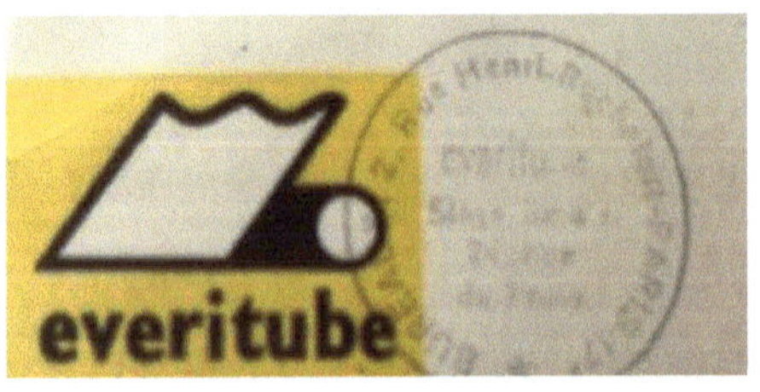

En 1953/1954, el invierno resulta particularmente frio en Europa y en Francia. La miseria es todavía muy grande. Un sacerdote, "l'Abbé

IV Explosión universal

Pierre" (*Padre Pedro*) desde una cadena de radio periférica exhorta para que no se deje morir a nadie de frio en el país.

Una gigantesca ola de solidaridad responde a esta llamada. Campos de alojamiento de urgencia, parcial-mente levantados con materiales de amianto-ce-mento, se cons-truyen en muy poco tiempo. La perseverancia de ese sacerdote en su lucha contra la

04-004. Campo de alojamiento de urgencia establecido cerca de Paris, parcialmente de amianto-cemento, recupe-rado del ejército americano. Internet.

miseria le proporcionará celebridad y admiración en el país entero. *(en el siglo XXI se cita todavía frecuentemente su nombre, y su acción sigue presente en la actualidad)*. Además de su intervención mediática, busca industriales susceptibles de ayudarle en la rápida construcción de alojamientos prefabricados baratos, pero de una calidad correcta. Los empleados de Eternit oyen la llamada y deciden ofrecer una hora de su trabajo a la obra. La Dirección se suma al gesto de los obreros y el 9 de diciembre 1954 Padre Pedro será recibido en la fábrica de Prouvy *(Norte de Francia)*. En su ejemplar N.º 36 la revista "la Semana del Norte" dedica un largo artículo al acontecimiento, que permitió la construcción de setenta casas separadas en los suburbios de Paris[56]. "El Campo de las

---

[56] Fuente: Catálogo de la Exposición organizada por el Museo Jouglet d'Anzin en 1995 para dar a conocer las industrias de la región de Valenciennes.

familias de Noisy-le-Grand" acogió a más de 252 familias de obreros y personas sin hogar, procedentes de toda la "Île de France"[57], incluso de las provincias en donde se instalaron tiendas del ejército americano e iglús, especie de chabolas de fibrocemento.

Este mismo año, Eternit crea la" SERT» Société Eternit de Recherches Techniques» *(Sociedad Eternit de Investigaciones Técnicas),* con el propósito de concretar y materializar su voluntad investigadora. Y las fundaciones se multiplican por todas partes:

El 15 de noviembre 1955, ve el nacimiento de AZET en Wanne-Eickel, cerca de Düsseldorf, que se convertirá cuatro años más tarde en "Wanit Gesellschaft für Azbest Zement Erzeugnisse"[58] de capital compartido al 50% entre el francés PAM y el Alemán Thyssen. Producirá placas y tubos. Es de destacar que desde los años 1980 estará en la vanguardia de las investigaciones tendientes a la sustitución industrial del amianto por otras materias primas. Pocos años antes de su desaparición a manos de Eternit estuvo a punto de ser adquirida de nuevo por Saint-Gobain, pero ese último proyecto fracasó in extremis. Entretanto la ciudad también había cambiado de nombre, Wanne-Eickel se convirtió en Herne.

En 1956, Eternit Francia crea una fábrica en Caronte *(cerca de Marsella)* donde instalan una poderosa máquina capaz de hacer tubos de hasta 6 metros de largo.

El mismo año, el inglés "Cape Board" registra la marca Asbestolux cuya licencia adquirirá Everitube poco después. Ese producto, derivado de la "marinite", marca registrada por el americano John Manville, se fabrica en una maquina Hatschek, tal como las otras placas de amiantocemento. Está compuesto en un 20% de amosita *(amianto de la familia de los anfíboles)*, en un 70% de aglutinante, constituido a su vez por cal

---

[57] "Île de France": nombre de la rica zona que rodea la capital francesa.

[58] Esta empresa fue una de las que tuve la ocasión de visitar muchísimas veces hasta su desaparición en 1987.

grasa y silicio, a partes más o menos iguales. El último 10% es cemento blanco para facilitar el desmoldeo a las 24 horas y el apilado sobre plataformas para su paso por la autoclave. Por el elevado porcentaje de amosita se obtiene una densidad de 0,8 k/dm^3, es decir casi la mitad que en las placas onduladas[59]. Ese producto totalmente incombustible tiene un gran éxito en las bóvedas de los cielorrasos o plafones, en los tabiques e incluso en las puertas cortafuego.

En Argentina, las empresas Fortalit y Monolit se unen dando nacimiento a Monofort que más tarde pasará a manos de Eternit y después a Everitube para desaparecer años después.

En Caracas Venezuela, Canacit existe ya desde varios años, pero su ubicación urbana y pesados errores de gestión causarán quiebra pocos años más tarde.

En este mismo año 1956, la "Société du Fibrociment de Poissy ", desde hace tiempo bajo el liderazgo de Eternit Francia, abandona su ubicación histórica y se muda a Triel *(en la misma zona, a orilla del Rio Seine)*. Aprovechan el cambio para desarrollar su especialidad, los moldeados decorativos interiores, de los cuales hablaremos más en detalle en la parte dedicada a "Fibrocemento, Arte y Arquitectura". En 1957, Eternit Francia aprovecha la sinergia con "Fibrociment de Poissy" para

04-005 Nevera de asbesto-cemento. Le Bon Coín.

---

[59] Los detalles de composición del Asbestolux se deben a un antiguo responsable del Centro de Investigaciones y Desarrollos de Everite Francia.

abandonar también su sitio de Poissy, establecerse en Triel produciendo muebles de cocina y cuartos de baño con placas de amianto-cemento, así como neveras. Esas ultimas tienen un gran éxito entre los carniceros, chacineros, así como en bares.

En los años 1950, PAM no dispone de ninguna fábrica en el Medio-Oriente, lo que lleva uno de sus directivos a entablar negociaciones con la Fundación Pahlavi, directamente bajo dependencia del Sha, negociaciones que culminan con el nacimiento de Iranit en octubre 1957[60]. De esta sociedad tendremos la ocasión de hablar largamente en la parte "Panorama por países" cuando tratemos de asuntos propios de ciertos países.

En 1958, PAM moderniza la fábrica de Dammarie-les-Lys traspasada de Everite desde hace poco.

Durante ese tiempo, Eternit y PAM unen sus fuerzas para intentar poner a punto un nuevo proceso de fabricación. Esta tentativa da luz al "Centro de Estudios para la Máquina de Formación". Un prototipo se construye en Dammarie, pero acabara en un total fracaso, justificando el abandono de las investigaciones en este proyecto.

Dentro de PAM, hasta 1960, el tema de las investigaciones relacionadas con el amianto-cemento se queda en manos de las fábricas las cuales tienen prácticamente total libertad de actuación. Pero a partir de ese año se crea, en Dammarie-les Lys, un centro especializado llamado "SERAC", *(Servicio de Estudios e Investigaciones del Amianto-Cemento).* Después de unos años y tras varias reformas, el centro, empleados, locales y aparatos, son incorporados a Everitube, tomando el nombre de "Fábrica Piloto". En el lenguaje casero se llamará habitualmente U.P. "Usine Pilote" Como principales herramientas de trabajo se instalan dos máquinas de laboratorio de amianto-cemento, que

---

[60] Fuente : Roger Martin, "Patron de droit divin".

permiten realizar todo tipo de investigaciones y ensayos, sin perturbar las producciones industriales.

A comienzos de los años 1960, para cumplir con las obligaciones contraídas por el gobierno en el pacto escolar establecido como consecuencia de la enorme afluencia de jóvenes alumnos provenientes del "baby-boom", y poco después con la llegada de los "Pieds-noirs"[61] a la metrópoli, se hace indispensable construir rápidamente nuevas escuelas. Esa necesidad lleva a los servicios de obras públicas a buscar un sistema de pabellones modulables, fáciles de construir y eventualmente transportables de un lugar a otro.

04-006. Eternit, Aulas prefabricadas. Web Eternit.

---

[61] Pieds-noirs (*o pies-negros),* en Francia, corrientemente se llaman así los franceses nacidos en el Magreb y llegados a la metrópoli después de la independencia de los países de África del Norte.

En este contexto, tres arquitectos innovadores, los Señores Reubsaets, Thibaut y Gilles, diseñan un pabellón de construcción rápida llamado RTG según las iniciales de los diseñadores.

Durante esa época, el amianto, debido a sus muchas cualidades, es una materia prima empleada en infinidad de productos. Por lo tanto, es lógico que estos edificios contengan amianto-cemento, con una proporción entre 10 y 15% de amianto. Innumerables aulas de ese modelo se instalan para hacer frente a la oleada de alumnos.

Además, con la llegada del espumado de poliestireno, se emplean a menudo placas planas de amianto-cemento para la fabricación de tabiques sándwich aislantes. Esos paneles son muy utilizados en los edificios escolares de los cuales acabamos de hablar. Tienen un papel únicamente de relleno, sin reforzar las estructuras, contrariamente a lo que veremos luego. Ese método será rápidamente abandonado en Europa, a favor de otras técnicas consideradas superiores. La idea resurgirá en América, especialmente en México donde conocerá un gran éxito que ampliaremos en la parte dedicada a ese país latino americano.

En 1961, Eternit Francia adquiere una participación en SICOAC de Túnez.

En 1962, la mina de Amianto de Canarí es la empresa más importante de Córcega. Eternit construye la Fábrica de Saint-Grégoire, cerca de la ciudad de Rennes (Bretaña).

1963 ve el nacimiento de una fábrica de amianto-cemento cerca de Saigón. Francia se ha ido de Indochina hace casi diez años, *(Indochina se convirtió en Vietnam y Saigón se llama Hô-Chi-Minh City)*. También nace ese mismo año Aramit en el Pakistán Oriental, ahora Bangladés.

Según Kurt Hünerberg, existen en ese año 1963, 173 fábricas de tubos de amianto-cemento en el mundo… En 1964, Everitube pone en marcha una nueva fábrica de placas en Descartes *(Centro-Oeste de Francia)*. El mismo año, Eternit Suiza instala de nuevo su pabellón en la

IV Explosión universal

Exposición Internacional de la Confederación Helvética. En ese mismo año, Roger Martin, presidente de Pont-à-Mousson desde hace poco, en compañía de un impresionante séquito, inaugura a lo grande la fábrica de tubos de Chihuahua *(Norte de México)*. Ágapes memorables se hacen con ese motivo[62]. Siempre en ese año 1964, en Costa-Rica se funda Ricalit, que llegará a ser un actor fundamental en la industria del Fibrocemento en América Latina, asunto del cual hablaremos

. Es de suponer que esa enorme cantidad de instalaciones en Francia, en Europa y en los demás continentes, hacen trabajar con mucho gusto a los estudios de ingeniería, los constructores de máquinas, *(muchas veces alemanes, italianos o suizos)*, los fabricantes de fieltros y de telas metálicas para los cilindros tamices, los fabricantes de grúas, los transportes de toda clase, terrestres, marítimos, aéreos, sin olvidar las entidades bancarias que suministran los indispensables créditos. En resumen, ese fabuloso desarrollo de la industria que nos ocupa, participa activamente en la actividad generadora de lo que solemos llamar "la treintena gloriosa".

El decenio 1960/1970 ve la continuación de nuevas instalaciones en todos los lugares del mundo.

Eternit crea su filial Helenit en Grecia.

PAM lanza su fábrica de tubos en Andancette, a unos 100 kilómetros al sur de Lyon, en un sitio previsto para producir iperita en 1918, pero abandonado desde finales de ese mismo año por motivo del cese de las hostilidades. En el momento del arranque, la fábrica cuenta con una sola máquina de 3 metros de longitud.

1967 es el año de la puesta en servicio de la mina de Caña Brava descubierta pocos años antes en Brasil, de ella hablaremos al detenernos en ese país.

---

[62] Roger Martin, « Patron de droit divin » pagina 216.

Todavía en la misma época, PAM procede al lanzamiento de Iberit S.A. en Valladolid *(España)*, que ocasionará muchos problemas a PAM y a su presidente, tal como podremos ver en detalles en las páginas dedicadas a España.

En el Senegal, el presidente Senghor inaugura una fábrica con dos máquinas de placas en Sebikotane cerca de Dakar.

Las fábricas implantadas en el exterior no suelen pertenecer a una sola compañía. Por lo general sus propietarios son una agrupación de fabricantes como el americano John Manville, el inglés Turner Asbestos de Manchester, llamado las diferentes Eternit europeas y el francés PAM[63].

Son a menudo el fruto de "Joint Ventures" en las que a veces participa el Estado del país de implantación. Por otra parte, la mano de obra barata de varios países permite evitar el costo de la avanzada mecanización desarrollada en Europa. El industrial implicado mantiene habitualmente su liderazgo gracias a su "know-how"[64] de gestión y de explotación.

En 1967 Saint-Gobain se asocia con el americano CertainTeed[65] resaltando así el dinamismo del grupo francés atento a establecerse de forma eficaz y definitiva en el mercado del Nuevo-Mundo. Ese tema justificará también extenso comentario cuando hablemos de Estados Unidos.

En 1968, J.P. Guerber, responsable del amianto-cemento en el Centro de Investigaciones de Pont-à-Mousson, elabora un manual destinado a los jóvenes en prácticas donde se resumen: técnicas, vocabulario

---

[63] Odette Hardy Hemery, « Eternit et l'amiante, 1922-2000 ».

[64] Know-how: conocimiento.

[65] Roger Martin, «Patron de droit divin».

profesional en varios idiomas, esquemas de máquinas y procesos corrientes en la época[66].

Ese año, nace Amiantit en Dammam, Arabia Saudí.

En 1969, la fábrica Everitube de Andancette inaugura una nueva máquina de tubos de 5 metros que complementa la de 3 metros instalada 3 años antes.

Creemos interesante detenernos unos instantes para comentar algunos detalles de la vida interna de una empresa. El pequeño cuadro que sigue nos da una idea de los buenos y malos momentos que viven

04-007 Everite Andancette MTA5

los empleados según que el sobresueldo trimestral sea bueno o francamente malo.

---

[66] Muchas informaciones técnicas, a menudo ya olvidadas, expuestas en la obra provienen de ese documento de J.P. Guerber. Rindámosle homenaje.

Modo de cálculo del sobresueldo trimestral 1987					
Importe	Primero	Segundo	Tercero	Cuarto	Objetivo anual R.O.B.*
100F	22 M\F	27 M\F	32 M\F	37 M\F	118M/F
200F	24 M\F	29 M\F	34 M\F	39 M\F	126 M/F
300F	26 M\F	31 M\F	36 M\F	41 M\F	134 M/F

Claramente el importe de la prima que reciben está ligado al "Resultado Operativo Bruto" de la empresa, es decir de los pedidos registrados, de los costos de las materias primas, de la energía, de la mano de obra, pero también de la buena y acertada gestión realizada.
Por ejemplo: Objetivo total del año 134 millones de Francos de R.O.B alcanzado, cada empleado cobra 300F x 4 = 1200F
La prima es la misma para todos, independientemente del nivel jerárquico*R.O.B. = Resultado Operativo Bruto

En 1970, un acontecimiento de mayor importancia participará en la aceleración de aperturas de fábricas. **PAM y Saint-Gobain** se fusionan, dando lugar al nacimiento de un gigante industrial. Everitube pertenece al nuevo grupo.
Ese mismo año, un francés, director de la filial alemana de la cual hemos hablado ya, que posee una casa en los Alpes franceses, hace instalar placas onduladas de amianto-cemento sobre el armazón de madera del tejado antes de colocar las pizarras. Los montadores se ríen de él, pero pronto la técnica resulta ser sumamente eficaz en el momento del deshielo. No sabemos si ese señor fue el inventor del sistema bautizado como "Canalit", pero lo cierto es que goza de un gran éxito desde el primer momento

De hecho, se apoya en una práctica desarrollada por los antiguos griegos y romanos, conocida bajo el nombre de "tegula embrix". Consiste en recubrir el borde de una pizarra con el borde en forma de canal de la pizarra contigua. Este método aplicado a las placas onduladas alcanza su mayor éxito en los años 1970/90. En Everite se desarrollan

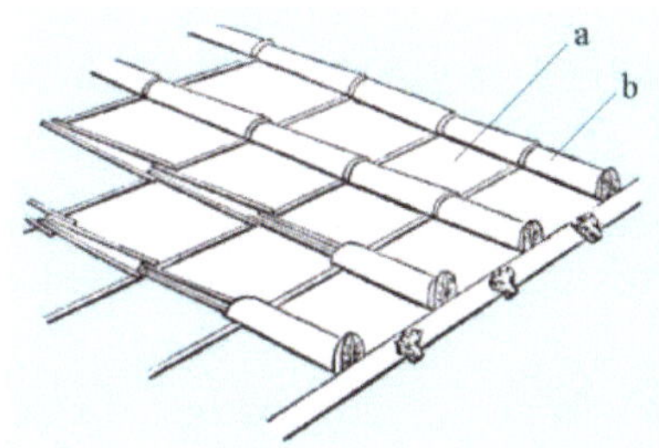

04-008/009. Sistema Tegula-Imbrex puesto a punto por los romanos y todavía utilizado. Internet.

dos modelos, "Atlantique" y "Méditerranée" adaptados respectivamente al perfil de ambas regiones.

Aseguran a la vez una perfecta estanqueidad, la reutilización de las pizarras de segunda mano, y el respeto del patrimonio, puesto que la presencia de esas placas es totalmente invisible una vez la obra terminada.

En esa época, Eternit lanza un producto con el mismo destino que también tiene un gran, éxito en los países con cubiertas tradicionales de pizarra.

En ese año 1970, Francia empieza a enfrentarse cara a cara con el problema del amianto y de la salud de los operarios que trabajan en contacto con la fibra. Eternit participa en la creación del AFA *(Asociación Francesa del Amianto)* y poco tiempo después en la del AIA *(Asociación Internacional del Amianto)*, organismos que reúnen a los principales industriales que utilizan amianto.

Con carácter indicativo, entran en esa categoría las industrias de la construcción, del automóvil, de los astilleros, del ferrocarril, de textiles, etc.… Cada dos años, la AIA organiza conferencias internacionales y el representante de Everitube será su presidente por un cierto tiempo. La línea que se defiende aquí es la del "uso controlado del amianto". Es una doctrina según la cual, por debajo de un cierto valor límite de número de fibras en el aire, no hay peligro para los trabajadores. Aún no ha llegado el momento de que la publicación del informe del INSERM[67] provoque un incendio de gigantescas proporciones

 A pesar de todo ello, el decenio 1970 sigue igual al anterior.

En la fábrica de Everitube de Descartes se inaugura un nuevo centro social en julio.

Poco después de la fusión entre PAM y Saint-Gobain, la Dirección General decide que los tubos de presión y de saneamiento *(los que se instalan en zanja)* serán comercializados por PAM y los destinados a la construcción, *(bajantes de desagües, tubería para drenajes, tubería ligera, rampa de basuras, etc.)* lo serán por Everitube. Los responsables de esta última están convencidos de que el equipo comercial de PAM favorece la venta de sus propios tubos de fundición, reduciendo así la producción de la tubería de amianto cemento. Esta situación no impide que, en 1971, Everitube abra una nueva fábrica de tubos sobre unos terrenos de Saint-Gobain en Saint-Étienne-du-Rouvray, cerca de Rouen, a orillas del rio Sena.

Al mismo tiempo, Eternit Francia abre también una fábrica de tubos en Terssac *(Sur-Oeste)* cerca de Albi.

 Este mismo año 1971, los hermanos Georges y Bernhard Alpstaeg crean Swisspor AG en Boswil con dos unidades de producción Kork AG y Baukork AG, estableciendo así las bases de un grupo de empresas destinado a ser, en

---

[67] INSERM: Instituto Nacional de Salud e Investigaciones Sanitarias.

un futuro próximo, uno de los grandes a nivel mundial.

Al año siguiente, Everitube abre una planta de tubos y placas onduladas en Saint-Eloy -les-Mines *(centro de Francia).* Las minas de carbón están cerrando en todo el país y es preciso disponer de puestos de trabajo alternativos para los antiguos mineros. Saint-Eloy-les-Mines no está lejos de las tierras del Ministro de Hacienda Valery Giscard d'Estain futuro presidente de la Republica, un arreglo con Saint-Gobain es muy bien captado. El primer director de la fábrica, un caballero alto y elegante, que recibió su formación básica al amianto-cemento en la fábrica de Bassens del grupo, no desempeñará su cargo durante mucho tiempo pues el amianto acabará pronto con él. Su superior jerárquico, que lo aprecia mucho, le visita en el hospital parisino donde está en terapia intensiva. En la puerta de la habitación la esposa del director invita al visitante a no manifestar su estupor ante el triste espectáculo que le espera. Años después, durante nuestro encuentro en el marco de la preparación del presente libro, se encontrará todavía muy impresionado por el recuerdo.

En 1973, Saint-Gobain entra realmente en el mercado americano mediante el aumento de su participación en el capital de Certain-Teed. Manteniendo su tradición, el grupo francés se convertirá en accionista mayoritario en 1976, y luego en 1988, conforme a sus vistas habituales, en accionista único.[68]

Ese mismo año en la Fábrica Piloto de Everitube, empiezan las investigaciones para descubrir fibras susceptibles de sustituir al amianto.

En 1974, Eternit produce 800 000 toneladas de amianto-cemento en sus fábricas francesas[69]. En Finlandia se funda LTM en la ciudad de

---

[68] Fuente: François Malye, «Amiante 100 000 morts annoncés ("El Amianto, 100 000 muertos previstos").

[69] Fuente: Catalogo de la Exposición organizada por el Museo Théophile Jouglet d'Anzin para presentar las industrias valencianas, incluyendo Eternit.

Lahti. Es una modesta fábrica de amianto-cemento que, rápidamente se especializará en revestimientos de fachadas y se convertirá en un exportador mundialmente destacado, sobre todo a Europa del Norte, Rusia y Medio Oriente.

La primera "crisis del petróleo" sucede en 1973. Mientras que Europa busca reducir el consumo del preciado líquido, recordemos la campaña publicitaria francesa: "la caza al despilfarro", los países productores empiezan a cobrar los beneficios. Es el caso de Argelia que, gracias a su gas, dispone de unos ingresos tan confortables como inesperados, lo que le permite adquirir entre otros, tres fábricas de amianto-cemento, a través de un consorcio reunido con el apoyo de la Sociedad General de Bélgica en Bruselas. Estas tres fábricas son idénticas, y se construyen en: Bordj Bou Arreridj, habitualmente llamado BBA según sus iniciales, ubicada cerca de Constantina, Meftah cerca de Argel, y Zahana en las afueras de Oran. Cada una tiene una máquina de placas, suministrada, instalada y puesta en marcha por Eternit, y una máquina de tubos de presión de 5 metros instalada en las mismas condiciones por Everitube. Los ingenieros franceses encargados de la asistencia durante la instalación y puesta a punto envidian a sus colegas argelinos por tener los últimos perfeccionamientos técnicos[70]. Les gustaría disponer de esa misma tecnología en Francia.

1974 también ve el nacimiento de ETERNIT SAPELE en Nigeria, creada por la Eternit Belga.

En 1975, Everitube obtiene un nuevo contrato en Cuba donde tres máquinas se van a instalar bajo el régimen castrista, lo que ocasionara

---

[70] Tuve la ocasión de visitar esas fábricas dos veces en el marco de la entrega de los fieltros. En 1976 pude apreciar lo moderno y avanzado de las máquinas, pero durante mi segunda visita, unos 18 meses más tarde, me quedé muy desilusionado al descubrir la falta de cuidado aportado al mantenimiento. Notamos de paso que los puestos directivos no se atribuían a los ejecutivos formados poco antes por los europeos, sino a "comisarios políticos", cuyas competencias se situaban en otros terrenos, bastante alejados de los requerimientos de las fábricas.

unas vicisitudes que mencionaremos en la parte "Panorama por países", abandonando el aspecto meramente cronológico. Todavía en este año, la fábrica de Fibrocementos de Poissy, ahora ubicada en Triel, está integrada a Eternit Francia.

Durante los siguientes años, el ritmo de nuevas instalaciones se reduce. Es preciso asimilar y manejar todo lo que se montó últimamente. Al mismo tiempo aumentan las dudas en cuanto al futuro del amianto cuyos perjuicios son cada día más evidentes. Los "Departamentos de Investigaciones" se activan para conseguir soluciones capaces de reemplazar la fibra milagro que está a punto de convertirse en la fibra maldita.

En 1976 sucede, un evento discreto, aunque importante: Stéphane Schmidheiny asume la dirección de la Eternit suiza. Se encargará de transformarla profundamente en pocos años. Su historia por si sola merecería una obra entera.

En 1978 Stéphane Schmidheiny funda "World Business Council for Sustainable Development": WBCSD[71]. Volveremos a hablar del asunto

En la misma época, el mercado del tubo de amianto-cemento empieza a deteriorase. Eternit Francia cierra su aun joven fábrica de Carronte, ya en 1979. En sus días de gloria había contado hasta 600 obreros[72].

El gobierno francés se sensibiliza con los problemas de medio ambiente. En el marco de esta sensibilización, se establece un acuerdo entre él y la industria del amianto-cemento, ya considerada como contaminante. Ese acuerdo conocido bajo el nombre de "rejet Zero" sea "vertido cero", que lo dice por sí solo sobre la cero tolerancia, se firma a lo grande el 17 de mayo 1980 con Michel d'Ornano, entonces

---

[71] WBCSD es una organización de más de 200 empresas de primer orden, dirigida por un CEO (Director General), trabajando juntas con el propósito de acelerar la transición hacia un universo sostenible.

[72] Fuente: «Lutte Ouvrière», 9 de agosto 2017 (Partido político francés de extrema izquierda).

ministro del Medio Ambiente. Las empresas se comprometen a realizar un cierto número de acciones experimentales, tal como el reciclaje de las aguas y de los sedimentos, que subvencionara el ministerio.

De hecho, cuando los vertidos de agua, la mayoría de las veces dirigidos al rio o al arroyo más cercano, provenientes de una actividad industrial son importantes y presentan un alto valor de PH, normalmente derivado de la misma naturaleza del cemento, el riesgo para la calidad del agua y de la fauna local es muy elevado. La industria del amianto-cemento, gran consumidora de agua y de cemento, no escapa a este fenómeno. Por consiguiente, es lógico que tienda hacia ese "vertido cero", lo que requiere grandes inversiones que justifican el compromiso financiero del Estado. A ese fenómeno se añade el problema de la celulosa cada día más presente en los procesos, que trae materias orgánicas, también negativas para los organismos vivos. Cada vez que existe el riesgo, las asociaciones locales de pescadores están muy atentas a las normas vigentes.

En Everitube, se elige la fábrica de Saint-Étienne du Rouvray (*próxima a Rouen*) para las pruebas a pesar de su próximo cierre. ¡Por una vez, los responsables franceses son considerados como pioneros del caso, ¡felicitémonos!

Al mismo tiempo, Stéphane Schmidheiny, presidente de Eternit suiza, informa oficialmente el final del uso del amianto en su Grupo, y su intención de transformarlo en el líder mundial de la eliminación industrial de la fibra.

Leamos ahora un fragmento de lo que nos revela en sus memorias llamadas:

"Mi trayectoria-Mi Visión":

"Cuando comenzó la polémica sobre los potenciales efectos nocivos del polvo de asbesto, el descubrimiento fue un shock para mí en muchos

aspectos. Yo mismo había estado expuesto a la inhalación de las fibras de ese material durante mi periodo de entretenimiento[73] en Brasil; donde acostumbraba a cargar bolsas de asbesto y a verter las fibras en el mezclador, respirando profundamente a cualquier esfuerzo.

Era incapaz de determinar por mí mismo el índice real del riesgo que implicaba la fabricación de productos con asbesto-cemento. Nuestros asesores consideraban que los estudios científicos tendientes a probar los efectos perjudiciales de ese material estaban llenos de contradicciones. Por mi parte, percibía que la falta de un claro consenso científico y técnico acerca del asbesto y la inherente impredecibilidad de sus efectos, tornaban imposible cualquier planificación y evaluación de riesgo confiable. Y más allá de estar preocupado por los riesgos para la salud de los empleados de las empresas del Grupo, llegué a la conclusión de que ese no era un negocio muy promisorio para estar".

En 1982, Everitube cierra su fábrica de Saint-Eloy-les-Mines que tiene una antigüedad de solo diez años. La situación es diferente en otros países y en otros continentes. Por ejemplo, el grupo español Uralita crea una filial para producir tubos en Riobamba, Ecuador, vende una máquina de tubos en Egipto y una de placas en Túnez. Cada una de esas operaciones implica la entrega de tecnología y el apoyo técnico para la puesta en marcha de las máquinas y quizás de la gestión.

En ese mismo año 1982, Francia asiste al nacimiento del CPA *(Comisión Permanente Amianto),* integrado por miembros independientes de muy[74]diversos orígenes. Recordemos que la industria del amianto-cemento dista mucho de ser la única que emplea esa fibra. El automóvil,

---

[73] Podemos pensar que el traductor de Stephan Schmidheiny, intentaba decir: "mi periodo de formación o entrenamiento"

[74] Fuente: Memo del Museo de Anzin.

los astilleros, la industria textil y la construcción en general, entre otros, forman parte de los grandes consumidores.

En la misma época, Everitube desarrolla una variante del Asbestolux, bautizada "EVERIFEU" *(nombre comercial inventado, en castellano pudiera traducirse por "Everifuego")*, reemplazando el amianto por celulosa sin que por ello disminuyan sus propiedades de aislamiento térmico y por muy sorprendente que parezca, sus propiedades de resistencia al fuego[75]. La marca "Everifeu" se registra en 1984 y genera la realización de un cierto número de obras. Pero para llegar a un desarrollo industrial importante, harían falta grandes inversiones sobre todo en la instalación de autoclaves, debido a las exigencias de la celulosa. Los financieros no están de acuerdo y consecuentemente el prometedor producto no encuentra el éxito que merece. Además, los productos a base de celulosa tal como el "Everifeu" tienen el inconveniente, en estado tierno, de consumir muy pronto los discos de corte. Otros fabricantes solucionarán el problema reemplazando los discos por la técnica de los chorros de agua de alta presión.

En 1984, el negocio del "Amianto-cemento" de Eternit Suiza es gestionado por Stéphane Schmidheiny y el negocio del "Cemento" por su hermano Thomas.

En 1985 Everitube pone en marcha una máquina de placas para pizarras. Esta nueva máquina, de marca Bell, está dotada de una prensa Simpelkampf de estampado, de 12000 toneladas, encargada de la compresión de las pizarras cortadas y apiladas sobre placas intercaladas metálicas. Además, tiene un sistema de carritos transportadores muy complejo que les da muchos problemas al nuevo director, a los empleados y al "Departamento de Obras Nuevas" del Grupo. El menor incidente de funcionamiento, habida cuenta de las caídas de cadencias de fabricación de las placas a la salida del cilindro formador,

---

[75] Fuente: antiguo responsable R&D de Everitube.

IV   Explosión universal

requiere una parada completa de la línea de fabricación, con todo lo que implica tal parada.

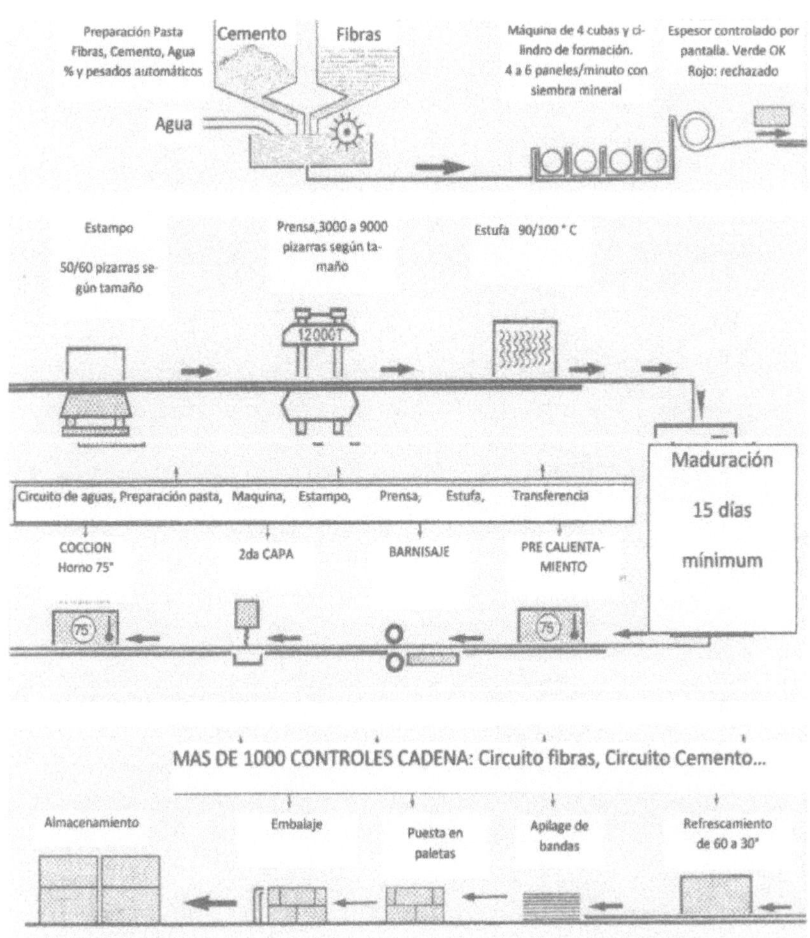

04-011. HX 1, Esquema general de funcionamiento. Archivos privados.

La puesta en servicio de esta máquina HX1 el 18 de septiembre de 1985 genera un informe propenso a introducir conceptos precipitados

NOTICIAS DEL GRUPO

Puesta en servicio de una nueva línea de pizarras

de Fibro-Cemento en la fábrica de Descartes de EVERITUBE

El 18 de septiembre, EVERITUBE puso en servicio, en su fábrica de Descartes (Indre et Loire), una nueva línea de fabricación de pizarras Armor S en fibro-cemento, de una capacidad de 40.000 toneladas, correspondiente a 2 millones de M² de techumbre, sea el 12% del consumo nacional de pizarras.

A nivel técnico, la ingeniería de esa línea, que corresponde a 70 millones de Francos, fue totalmente realizada por Everitube, con el apoyo de los mejores fabricantes de maquinaria de Europa.

Plenamente automatizada desde la preparación de la pasta hasta la puesta en paleta de las pizarras coloradas, esa línea que es la mas moderna de Europa en su sector de actividad, permitirá mejorar sensiblemente la productividad y ofrecer a las comarcas "pizarreras" (especialmente Bretaña y Países del Río Loire) productos de buena calidad a precios competitivos.

A nivel social,

A nivel social, la puesta en marcha de esa nueva línea necesitó un plano de formación original. Asi se dedicaron 8000 horas (900 000 Francos) a la formación del personal. Gracias a la introducción, por primera vez, de círculos de calidad en el seno del plano de formación y a la creación de grupos de sugerencias, la formación a esa nueva línea, llevara totalmente en el sitio, ha sido muy personalizada.

A nivel de protección ambiental, gracias a soluciones técnicas originales, esta nueva línea forma parte, al igual que todas la fabricas de Everitube, en el marco del "programa de rama de actividad" de la protección del medio ambiental firmado por la profesión con el Ministerio del Medio Ambiente.

La puesta en servicio de esa nueva línea super moderna de pizarras de fibrocemento, integrada en el plano global para mejorar la productividad de Everitube, confirma la competitividad de la fábrica de Descartes en la producción de materiales para la construcción.

El Señor Jean-Michel COULON, Presidente Director General de Everitube, inauguró esta nueva línea en presencia de Roger FAUROUX, Jean Louis BEFFA, Alain de METZ, de personalidades locales y de clientes de la empresa.

04-012, Noticias del Grupo. Archivos privados.

04-013. Maquina HX1 Cilindro formador y placa apenas cor-

Archivos privados.

04-014. Maquina HX1 Prensa Simpel-

04-015. Vista de los sistemas de mani-pulación de las placas.

04-016. Manipulación de placas.

04-017. Ventosas.

En los años siguientes, empiezan con esa máquina las pruebas de producción de "pizarras sin amianto" remplazando el amianto por una mezcla de celulosa y de fibras sintéticas. Se hace indispensable trasladar todo el sistema de tratamiento de la celulosa de Dammarie-les Lys hacia Descartes y aprovechar la ocasión para realizar algunas modificaciones.

Simultáneamente en 1990, el Departamento Comercial firma un excepcional pedido. El parque de atracciones de Disneyland está a punto de abrir y el tejado del Hotel Disney será dotado de pizarras de color rosa que se fabricarán en la nueva máquina de Descartes *(Imágenes 04-018 y 04-019)*. Es un "buen golpe promocional" para el producto "pizarras sin amianto", y sudor para el personal encargado de la puesta a punto y de la fabricación.

04-019. Pizarra sin amianto para Disneyland Paris. Archivos privados.

La totalidad del equipo de Everite no para de hablar de ese éxito comercial ni del esperado impacto del aspecto publicitario que este enorme y divertido proyecto les proporcionará. El proyecto es tanto más propicio en cuanto que la prensa nacional no para de referirse a la gigantesca inversión a realizar en este parque de atracciones, que atraerá a millones de visitantes. Incluso se va a construir una estación de TGV[76] para facilitar el acceso! En Everite, el Departamento de Compras aprovecha la ocasión para informar a sus proveedores que también van a aprovechar esa promoción y que por lo tanto deberían reducir sus

---

[76] TGV: tren de alta velocidad equivalente del AVE en España.

precios como agradecimiento a la empresa que les va "incrementar notablemente su fama"[77].

A pesar de esta hazaña comercial, tendremos la ocasión de ver que la fábrica beneficiaria de esas costosas modernizaciones no sobrevivirá a la crisis que incuba desde hace tiempo. Desde 1981, el australiano James Hardie se implica en la fabricación de productos de fibrocemento sin amianto. En 1985, abandona el amianto en sus productos destinados a la construcción y en 1987 procede igualmente en lo que a tubos se refiere.

04-018. Hotel Disney con techado de pizarras sin amianto de Everite
Descartes Archivos personales.

Mientras algunas instalaciones aprovechan las copiosas inversiones, otras desaparecen. Nombremos por ejemplo la fábrica de Bassens,

---

[77] Recuerdos personales del autor quien vivió la época como proveedor de Everite, efectivamente feliz de hacer partícipe a la empresa para quien trabajaba. Precisemos que los directivos de está compartían de lejos su entusiasmo.

que durante años fue emblemática, tanto para el Grupo Everitube como por la comarca de Burdeos. Fundada en 1917, cierra en el momento de celebrar su sexagésimo aniversario, después de ser modelo durante años e incubadora de ejecutivos que participaron ampliamente en el desarrollo del Grupo a lo largo del mundo. En 1922, contaba con 150 empleados, 500 en 1939, 1160 en 1955 y solo 280 al terminar su vida.

Un antiguo trabajador cuenta algunos de sus recuerdos de los años gloriosos:

Comenta, al parecer sin ser trascendental: *"En esos años, cuando había más trabajo del que podíamos hacer, se nos pedía que trabajáramos jornadas extras, esas jornadas extras se hacían necesarias a consecuencia de problemas imprevistos". Por ejemplo, un grave incidente en el funcionamiento de una de las máquinas requería largas horas de limpieza debido a que la pasta se había derramado en todas partes. Pero no nos contaban el tiempo real trabajado pues si la tarea estaba prevista desde las 18 horas a las 6 de la madrugada y el trabajo se acababa a las 11 de la noche, me iba a dormir a algún rincón de la fábrica y fichaba tranquilamente a las 6. Incluso tenía un compañero que, de esta manera, conseguía una doble nómina.*

Y añade: *"recuerdo a ingenieros que hacían cosas-extrañas. Es verdad que eran jóvenes. A veces, subían sobre la pasarela más alta de la zona de máquina y tiraban bolitas de pasta fresca a toda fuerza. Luego bajaban a recoger los trocitos y se los llevaban al laboratorio… ¿Me preguntaba a que podían jugar?*

Sin tener prueba, tengo buenos motivos para pensar que esos "juegos" de los ingenieros del laboratorio, tenían estrecha relación con el futuro producto "Evergranit" del cual se hablará en la parte dedicada a "Fibrocemento(s), Arte y Arquitectura".

A este antiguo trabajador, jubilado desde hace más de treinta años, se le ocurrió hacer algo extraordinario para celebrar el milenio. Y lo hizo.

De memoria construyó una maqueta de la máquina de placas, incluyendo el circuito completo desde los silos de preparación de pasta hasta el sistema de ondulación, sin olvidar ni el pupitre de mando, ni al obrero sosteniendo el chorro de agua para limpiar los restos de pasta fresca, ni tampoco el montacargas para llevar las placas terminadas hacia el almacén[78].

Luego colocó la maqueta sobre un remolque y la expuso en los pueblos cercanos a la fábrica desaparecida. Eso le supuso la estima de varios de sus antiguos colegas de trabajo y valiosos artículos en la prensa regional. Admitamos que lo merecía.

04-020 Maqueta máquina de placas hecha de memoria por un antiguo empleado
En Everitube planta Bassens. Archivos Bordeaux Métropole.

A pesar de los desarrollos que se sucedían en todas partes, no todo es color de rosa en el sector de la industria del asbesto-cemento. De vez en cuando, por ejemplo, una placa ondulada se rompe bajo el peso de

---

[78] El autor deseó que esta maqueta no desapareciera con su creador *(fallecido recientemente)*. De acuerdo con los herederos, y después de proponerla sin éxito al "Museo de Artes y Profesiones" y a los Archivos de Saint-Gobain, esta finalmente depositada en los Archivos de la Ciudad de Burdeos que aceptaron con mucho gusto guardarla en buenas condiciones.

un instalador. Resultando un accidente más o menos grave. Se presenta una demanda contra el fabricante y entonces se hacen investigaciones para reforzar la resistencia de las placas. Resulta necesario colocar refuerzos discontinuos en las placas onduladas mediante un dispositivo instalado detrás del formador de las máquinas, que los sitúe entre sus capas. Es preciso que ese refuerzo extra se coloque en el centro del espesor de la placa...Los problemas de sincronización no son sencillos.

En Eternit, se instalan flejes de polipropileno, mediante un sistema bautizado como "lanza-flejes". Se establece un acuerdo entre Eternit y Everite para que ese último pueda explotar el proceso. Un ingeniero de Everite, hoy jubilado, nos cuenta como participó en la instalación del sistema puesto a punto por Eternit y cedido por ésta a su competidor Everite.

"Efectivamente participé de forma activa en las pruebas de refuerzo de las placas onduladas de mediante flejes de polipropileno, según el proceso de Eternit: Consistía en colocar flejes en el fondo a lo largo de las ondas bajas de las placas frescas, a la mitad del espesor desde su formación. "Orientadores de flejes"

"Yo instale ese dispositivo a título experimental en una de las máquinas Hatschek de Dammarie-les-Lys. Funcionó bien, pero la utilidad del refuerzo era cuestionable: de hecho, cuando se colocaban las placas, nada conectaba los flejes con la estructura que las sustentaba, ya que las sujeciones se hacían en las cimas de las ondas. En caso de rotura la placa cedía bajo el peso del instalador, los pedazos caían alegremente y con ellos alguna vez el instalador, en consecuencia, se ofrecía una falsa seguridad.

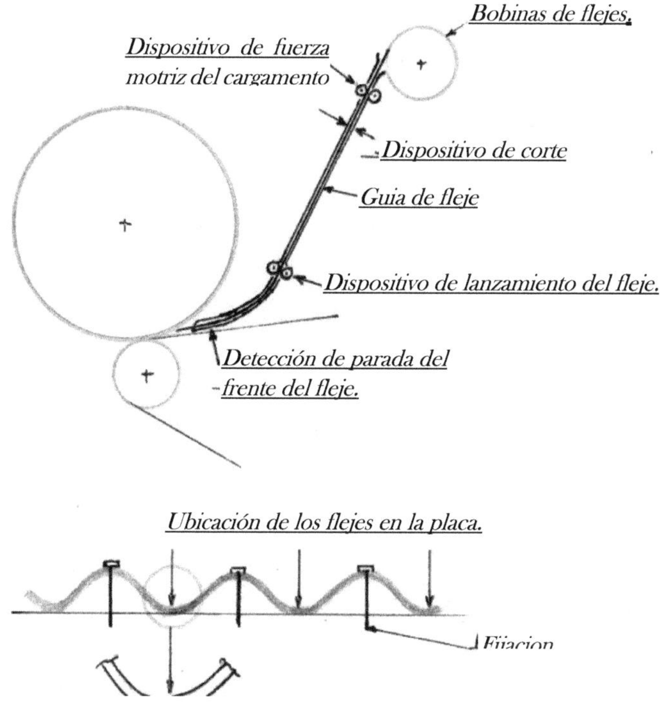

04-021. Esquema de lanza flejes. Archivos privados.

Paralelamente, varios fabricantes se han autoimpuesto la eliminación del término "amianto-cemento". En Francia, la denominación "fibrociment", la más común desde el inicio de la actividad y gracias a la iniciativa de los fabricantes, se sustituye por la de "fibres-ciment"[79],

---

[79] Esa diferencia, vigente en francés no me parece traducible en español. No veo otra forma de llamar la atención sobre el asunto que pasando de "fibrocemento" a"

justificando el título del presente libro con la "S" entre paréntesis después de "fibre(S)" en francés, y después del término cemento(S) en castellano Definitivamente ha llegado el momento de reemplazar el amianto, a punto de convertirse en la fibra prohibida, por otras fibras consideradas sanas o prácticamente "manejables" para la salud de trabajadores, usuarios y el ambiente, manteniendo la mayoría de las fortalezas de los productos con cemento, sin caer en la nuevamente nombrada reiteración de hecho.

La búsqueda de fibras alternativas se acelera, cada cual, escondiendo sus progresos del resto de los competidores, quizá por no dejar percibir sus inquietudes frente al futuro, pero, sobre todo, con la gran esperanza de ser el primero en disponer de un nuevo producto milagroso que permita la recuperación de la actividad y el inicio de un nuevo ciclo pletórico de promesas. Todos los inversores saben que la población del globo va aumentando, que el hábitat envejece y que muchos países no disponen de las materias primas naturales indispensables para albergar a todos los bebés que nacen y se convertirán en adultos demandantes de alojamientos.

Los Departamentos de Investigaciones trabajan al máximo, no sólo en Europa, también en América, en Australia, incluso en África del Sur, país gran productor de amianto.

En Everitube, "la Fábrica Piloto" es muy solicitada desde 1974/75, aunque las pruebas industriales solamente empiezan poco antes de 1980.

En 1984, la fábrica Eternit de Thiant, recibe el premio "Tecnología Limpia" de la mano de Huguette Bouchardeau, ministra del Medio Ambiente[80].

Al año siguiente, la fábrica de Saint-Gregoire recibe ese mismo premio.

En 1987, Everitube suspende la operación de las máquinas de tubos de sus fábricas de Bassens y de Dammarie-les-Lys.

---

fibrocemento<u>s</u>" para insistir sobre las diferentes mezclas que pueden constituir el producto.

[80] Fuente: Francis Malye, "Amiante,100 000 muertos anunciados".

IV Explosión universal

El mismo año, Wanit Gesellschaft für Asbestzementerzeugnisse, del mismo grupo Saint-Gobain, cierra sus puertas después de haber empleado hasta 750 personas al principio del decenio.
Se puede continuar así la lista de cierres en todos los sitios. Cierres que hicieron la felicidad de todos y posteriormente la desgracias de muchos.

"Lo propio de la apoteosis es, desgraciadamente, desembocar en el descenso".

Roger Martin, Patron de droit divin, página 169

V LA CRISIS

«Cientos de juicios. Miles de quejas. Es lo peor que podían temer todos aquellos que organizaron el uso controlado del amianto".

François Malye[81]

La crisis no llega de un golpe como un accidente de coche o el hundimiento de un crucero. No, se parece más a un dolor interno, un dolor pequeño en un punto de tu cuerpo, dolor que sientes, pero al que no quieres darle importancia, convencido de "que se te pasará igual que como te ha venido, en cualquier momento". Pero pasan meses y años, el dolor se empeora y empiezas a hacerte preguntas, primero a ti mismo, y al final al encontrarte con amigos, parientes o colegas. Al principio las preguntas son discretas, luego se hacen más precisas:

- "Tuve la visita del médico del trabajo, me habló de varios casos parecidos entre los empleados del suministro... ¿y tú? ¿Tienes problemas?

- Pocos de momento, pero hace un par de semanas, encontré a X; en su país, las autoridades preparan decretos para regular el uso...

- Yo también, durante mi viaje a Alemania, encontré a unos colegas, que buscan con ahínco productos de sustitución...

- Nosotros también, sabes, acabo de firmar un contrato con dos químicos que robé a un suizo que fabrica fibras sintéticas. ¡Hay que prever lo peor... y los precios de costo que van a dispararse!... -

---

[81] AMIANTE : « 100 000 MORTS À VENIR » Le Cherche Midi 2004

Temo preguntas en el próximo CCE[82]... tengo un delegado que siempre busca como fastidiarme...

Hemos visto que los ancianos romanos habían notado las numerosas muertes entre los jóvenes tejedores de telas de hilo de amianto.

Por lo que concierne al mundo moderno, el peligro sanitario aparece desde 1899. En Londres el Doctor Murray observa un muerto vinculado con el amianto.

En 1906 en la ciudad de Caen (noroeste de Francia), un llamado Auribault, Inspector del Trabajo[83], en el boletín del organismo, establece una relación entre exposición a las fibras y un fallecimiento profesional.

En 1931, en Estados Unidos y Gran Bretaña se establece una reglamentación relativa a las condiciones de trabajo con amianto[84].

El 25 de abril 1951, el gobierno de los Países Bajos, admite la Asbestosis como enfermedad profesional y promulga la "Silicosis Act"[85] que describe los riesgos.

Los poderosos grupos de presión, generados por todos los grandes grupos europeos y americanos consiguen demostrar que los casos constatados son tan excepcionales que no merecen que se mencionen... No son unos pocos casos aislados en el mundo que van a frenar los requerimientos de la construcción, sobre todo cuando esos últimos son baratos, fáciles de producir y de emplear, o caen en aplicaciones para combatir los incendios y en todo caso se presentan soluciones para el manejo seguro. Es cómodo lanzarles la piedra a los dirigentes de empresas y a los responsables políticos, pero no se puede pasar por

---

[82] CCE: Comité Central de Empresa, (se refiere a empresas con varios establecimientos)

[83] Cuerpo fundado en Francia en 1886

[84] Fuente: XIV International Economic History Congress, Helsinki 2006 Session 47.

[85] Fuente: Oficina Internacional del Trabajo.

V   La crisis

alto la enorme demanda que genera el siglo XX en Europa y en Estados Unidos al principio, y pronto en todo el planeta.

Alrededor de 1973, la existencia del cáncer por amianto se convierte en una notoriedad pública.

En abril 1977, se publica en Francia el primer decreto de reglamentación sobre el uso del amianto. Seguirá vigente hasta el siguiente en julio 1983.

Es verdaderamente a partir de los años 1980 cuando el riesgo sanitario mayor se impone. Las investigaciones de las empresas adelantan la mayoría de las veces las reglamentaciones estatales, incluso si en todos los países practican una enorme presión cerca de los Ministerios de Salud y de los Parlamentos. Tan pronto como las autoridades intentan imponer reglamentaciones exigentes, aparece el "chantaje al empleo" que, a lo largo de los años, no sólo en el marco del amianto, pero también en muchos otros, se convertirá en un freno a toda decisión de salubridad que nos parezca necesaria imponer.

En la mayoría de los países, se observa una fuerte lentitud por parte de las autoridades para exigir de los industriales que tomen disposiciones serias para proteger al personal, aunque los peligros sean conocidos desde hace tiempo. Eso se entiende por el poder de los lobbies, no sólo los del amianto-cemento, pero también los de todas las industrias que utilizan la fibra, tal como ya citadas: del automóvil, la construcción, los astilleros, etc. Una técnica nacida en los países anglosajones, conocida como "explotación controlada" y recuperada con éxito especialmente en Francia, se desarrolla a partir de los años 1970. Esa última pretende que, respetando las normas que defiende, los riesgos son prácticamente inexistentes. Las querellas entre industriales, servicios estatales, médicos, expertos y abogados son interminables. Se someten casos a los tribunales, pacientes fallecen, familias lloran, pero nada ayuda. Los años pasan y la situación empeora.

¿Pero podemos preguntarnos como responder entre la opción de dejar venir el peligro y la de hacer desaparecer una actividad en apariencia muy floreciente, con todos los riesgos políticos que tal decisión implicaría? Quizá de manera cobarde, me abstendré de opinar sobre el tema, a pesar de encontrarme en la obligación de plantearlo.

Añadiré que el problema sanitario, desgraciadamente no es propio de la industria del amianto-cemento, tal como ya se ha dicho, pero que llega a todas las industrias que emplearon la "milagrosa fibra". Además, otros muchos productos, sin los cuales ni los unos ni los otros sabemos totalmente como vivir, acaso conocemos una situación similar. La industria del petróleo nos ofrece un ejemplo bastante convincente en un artículo del semanal francés "Le Point" n°2317 del 2 de febrero 2017, firmado por Hélène Vissière. Siguen unas líneas:

"Una encuesta de hace dos años, de hecho, reveló que los dirigentes de la Compañía EXXON tenían conocimiento desde 1977 del impacto de las energías fósiles sobre el calentamiento climático. Primero, escondieron cuidadosamente la verdad, luego llevaron una presión de infierno para impedir reglamentaciones. Peor, intentaron sembrar dudas subvencionando con millones de dólares al menos a 43 grupos climaescépticos, copiando la estrategia de los productores de tabacos"[86]. Si, es verdad que 40 años son mucho con respecto a la vida de un ser humano, pero muy poco en respecto a la vida del bello planeta.

Así fue como en 1991, consciente del peligro "The Asbestos Institute" de Sherbrook (Canadá) organizó una gran conferencia titulada "The International Conference on Asbestos Products", destinada a defender el "uso controlado del amianto" y a tomar de alguna manera el pulso de la opinión mundial sobre el asunto.

Los organizadores piensan que en Europa o en América del Norte, el tema amenaza con suscitar violentas polémicas. Eligen un país de Asia,

---

[86] Traducido del francés por Jacques Roulland.

V La crisis

a priori menos sensible a la problemática del amianto, para organizar el encuentro.

Kuala Lumpur, capital de Malasia se selecciona para acoger los 208 participantes delegados de 34 países.

Por suerte, uno de ellos, antiguamente responsable del "Centro de Investigaciones y Desarrollos de Everite", reencuentra para nosotros en sus archivos, la comunicación que presentó a esa conferencia, así como la lista oficial de participantes. Gracias a ese documento y a su autor, disponemos de un análisis preciso de los adelantos del momento en el dominio de fibras de sustitución al amianto en el producto que nos interesa.

Además de los países vecinos de Malasia que envían importantes delegaciones, se notan unas representaciones consecuentes:

- **Canadá**: 31, de los cuales 23 enviados por organismos tal como Monas, Gobierno, Ciudades, Universidades y por el mismo organizador, el Asbestos Instituto.

- **Europa**: 23 de los cuales son de Francia 3, Alemania 1, Suiza 3, Gran Bretaña 5, Estados Unidos 7

- **Y otras**, más limitadas: Brasil 2, México 3, Unión soviética 5, Zimbabue 4.

Sacado de la comunicación presentada el 3 de noviembre de 1991, llamada:

"Technical and economical aspect of substitutes vs Asbestos in fibrecement products". *(Técnico y económico aspecto de sustitutos al amianto en productos de fibrocemento).*

"A partir de 1975, se efectuó un importante trabajo de investigaciones para conseguir fibras de sustitución en la fabricación de amianto-cemento o para desarrollar productos de cemento reforzado por nuevas fibras, así como técnicas capaces de reemplazar directamente los productos y las maquinarias necesarias a sus fabricaciones.

"Insistiremos sobre la opción de convertir la tecnología del amianto-cemento al uso de otras fibras, esencialmente celulosa, asociada o no a fibras artificiales. Una consecuencia de reemplazar el amianto muchas veces requiere modificación del aglutinante del cemento.

"La tecnología Hatschek es mundialmente dominante; en 1979, se estima en 900 el número de máquinas Hatschek en el mundo.

Desde hace casi veinte años, es decir cuando empieza la toma en consideración de los problemas de salud relacionados con el asbesto, varias tentativas se hicieron con el fin de proponer sustitutos a los productos de amianto-cemento, utilizando otras fibras u otros sistemas de reforzamientos. Ya en 1975, en el congreso RILEM[87] de Londres, H. KRENCHEL se pregunta, no sin escepticismo: "¿podremos algún día reemplazar totalmente el amianto?" La pregunta sigue siendo actual en 1991

En esta época, substitutos industriales aparecen en Europa, especialmente en Gran Bretaña. Para empezar, esos primeros sustitutos son placas a base de silicato de calcio, reforzadas con celulosa y mica. Luego se prueban placas a base de fibras de vidrio álcali-resistentes (inventadas hace unos diez años), solas o con celulosa. Mas tarde, llegan fibras de polímero, tal como polivinilo-alcohol (PVA) o poliacrilonitrilo (PAN) que se prueban a primeros de los 80. El polipropileno (PP), ya empleado desde mucho tiempo atrás para reforzar el hormigón en aplicaciones limitadas, también da lugar a desarrollos innovadores.

Recuerdo: el proceso Hatschek expuesto según esquema anexado, consiste en filtrar una suspensión de amianto y cemento Portland, mediante finas telas metálicas llamadas tamices, dispuestas sobre cilindros rotativos.

La concentración de esta pasta, susceptible de incluir igualmente cargas, pigmentos y diferentes aditivos, suele ser del orden de 150 a 200

---

[87] RILEM: Reunión Internacional de Laboratorios de Prueba de Materiales de Construcción.

g/l de materia seca. Tres o cuatro capas primarias "monocapas" se levantan sucesivamente y forman una película básica transferida a un fieltro sin fin, digamos semihúmedo, mediante una leve succión por compresión instantánea a través de ese fieltro, y al final enrolladas sobre el cilindro de formación hasta alcanzar el espesor requerido. La hoja "fresca" es entonces cortada, desenrollada y transferida a un molde de acero donde se la mantiene el tiempo necesario para el fraguado del producto de fibrocemento. En ese estado, se puede ondular mecánicamente la materia según diversos perfiles, o moldearla manualmente. Además, la línea completa de una maquina Hatschek comprende equipamientos (que no aparecen en el esquema) que permiten la preparación de las fibras, el almacenamiento y pesaje de las demás materias primas, la mezcla de la pasta y una compleja instalación de reciclaje de las aguas excedentes de los tamices, de las aguas de limpieza de estos, del fieltro, así como de los recortes de placas destinados a su reintroducción para la pasta fresca.

Ya desde hace unos 10 años, se cuidan altamente los siguientes puntos

- *Mejora de las condiciones sanitarias en el manejo del amianto, las bolsas con amianto están ahora introducidas a una máquina que las abre automáticamente bajo un ambiente de succión del polvo. Una vez vacías, estas son trituradas con molinos en muy finas partículas y recicladas en la misma pasta de amianto-cemento.*

- *Un reciclaje muy completo de las aguas y de los lodos procedentes de la limpieza de las máquinas, tanto en marcha como durante las paradas, así como de los trozos ya endurecidos, son triturados y reciclados muy controlados como "adyuvantes fibrosos".*

En la mayoría de las instalaciones modernas, el propósito final del "cero desperdicios – rejet cero" es casi alcanzado.

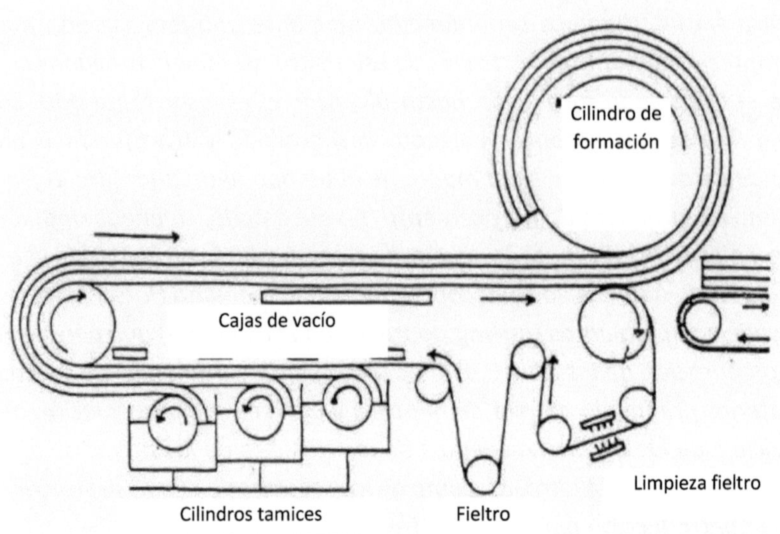

05-001 Esquema de maquina Hatschek exponiendo las hojas primeras deposita-das sobre el cilindro formador, para constituir la placa. Archivos del conferen-ciante.

Investigaciones para adecuación de otras fibras en el proceso Hatschek.

Es muy conocido que el proceso Hatschek es derivado de la fabricación del cartón[88]. Se puede entonces fácilmente concluir que la celulosa es la materia mejor adaptada al reemplazamiento del amianto en ese proceso. Además, la celulosa se emplea desde tiempos en la fabrica-ción de placas planas ligeras y flexibles dotadas de propiedades

---

[88] A tal punto que ciertos fabricantes franceses de amianto-cemento, llaman sus má-quinas "MAC" por Maquina de Cartón.

acústicas y de fácil empleo. Durante la segunda guerra mundial, debido a la falta de amianto en Europa, varios países produjeron "celulosacemento" y al parecer unos lo hacen todavía.

Ciertas investigaciones centradas sobre compuestos de fibra de vidrio y cemento, presentan apreciables cualidades a corto plazo, pero los productos obtenidos pronto llegan a ser frágiles y por eso no son explotables.

Prácticamente, fibra de vidrio o lana de rocas, añadida al amianto en pequeña dosis, sirve de adyuvante, en las mismas condiciones que la celulosa o los desechos secos triturados. Algunas aplicaciones industriales se hicieron, por ejemplo, en Argentina en el decenio de los sesenta.

Por consecuencia la pulpa de madera aparece como una de las fibras mejor adaptada para sustituir al amianto en el proceso Hatschek. Ahora vamos a ver que hay varias dificultades que superar para alcanzar el propósito deseado en el marco los tres temas clave como son:

- *Proceso*
- *Resultados y durabilidad de los productos.*
- *Precios de costo*

La demostración en laboratorio muestra claramente que la extrema finura de las de las fibras de amianto (alrededor de unos micrones, a veces menos) afecta los costos. En el caso del amianto-cemento, la eficacia de la filtración se sitúa en un margen estrecho de los 85% a 90% según el grado de "apertura" de las fibras en el momento de la preparación.

Si se reemplaza amianto por celulosa, manteniendo las proporciones fijas, sin modificar el proceso, la gran pérdida de filtración genera un excedente de fibras en la pasta y en los desechos secos que reciclar. En ese caso, es necesario modificar las características de las fibras y/o las de la pasta. Lo que se puede obtener de diversas formas:

- *Utilizando celulosa refinada según la técnica de los fabricantes de papel y cartón. El refinado flexibiliza la celulosa.*

- *Adición de un pequeño porcentaje de fibroid de polietileno (también llamado "celulosa sintética")*
- *Adición de un agente floculante, estable, de PH elevado, que modificará artificialmente la granulometría de las partículas de cemento por aumento de sus habilidades en hacerse atrapar por las fibras durante la filtración.*
- *Adición de arcilla, tal como sepiolita, o de caolín, que parecen mejorar un poco la situación.*

Una combinación adecuada de todos esos parámetros permite de obtener un rendimiento de filtración del orden de los 70%. No es tan bueno como con amianto, lo que hace necesario ir todavía más lejos en la mejora del proceso.

Si la celulosa aparecía como la única fibra compatible con el proceso Hatschek, no se puede negar que exista una gran diferencia entre amianto-cemento y celulosa cemento.

El amianto-cemento alcanza una muy alta estabilidad en sus propiedades desde los primeros días de su fabricación, las mantiene durante varios decenios y se debilita muy lentamente.

Al contrario, el celulosa-cemento se endurece más lentamente, se mantiene muy flexible, con buen comportamiento a la ruptura por mayor acumulación de energía en la flexión, especialmente en estado húmedo. Luego, se vuelve elástica y frágil, con una fuerte tendencia a grietas bajo la influencia de los cambios termo-hidrométricos en el curso de los meses y de los años. (El fenómeno varía según el porcentaje y la calidad de la celulosa utilizada). Ese inconveniente es aceptable para usos interiores, pero prohibitivo para usos externos de tejados o de revestimiento exterior de paredes.

Para luchar contra este inconveniente, dos orientaciones se estudiaron entre 1975 y 1980:

- *Limitación del índice de celulosa entre 3 y 5% del total de materia seca y adición de una o varias fibras dichas de reforzamiento, con fin de reunir las cualidades requeridas a corto y largo plazo.*

- *Utilización de celulosa virgen y cemento portland.*

Por consecuencia, dos direcciones principales aparecen para reemplazar el amianto:

Uso de fibras de reemplazamiento*:*

*Fibras tales como carbón y aramidas son demasiado costosas y no llevan sensibles modificaciones a las características del producto. Por consiguiente, cuatro tipos de fibras llaman la atención: **FV** (Fibras de vidrio alcali-resistantes), **PP** (Polipropileno), **PVA** (Polivinilo-alcohol) y **PAN** (poliacrilonitrilo)*

Para ser utilizadas en el proceso Hatschek, y obtener el beneficio esperado en el reforzamiento del cemento, estas fibras deben ser almacenadas manipuladas y dispersadas en el agua y mezcladas con el cemento de forma muy similar al amianto y a la celulosa, lo que genera un límite de tamaño. Las fibras vírgenes, ásperas y rígidas, tal como las de acero, no convienen. Deben ser compatibles químicamente con el cemento y llevar características mecánicas y físicas duraderas, con un costo aceptable.

El polipropileno clásico en forma de fibras unitarias o de película fibrilada, finamente cortadas, de gran elasticidad, dotadas de una buena compatibilidad con el cemento, padecen de baja tenacidad y adherencia con el cemento, por lo que se utiliza poco con el proceso Hatschek. Las fibras de vidrio álcali-resistentes llevan resistencia y rigidez, lo que teóricamente, las hacen atractivas, pero envejecen mal, y los productos se vuelven frágiles como lo demostró una experiencia de veinte años con el "GRC" (Glass Reinforced Cement, o Cemento reforzado con fibra de vidrio) conducida por el BRE (Building Research Establishment) en Londres. Estas dificultades se pueden superar parcialmente por incorporación de polímeros y/o puzolanas. Tales formulas son demasiado costosas y no son compatibles con el proceso Hatschek Los problemas de fragilidad y de grietas encontrados con las placas onduladas o las pizarras, producidas de esa forma, provocaron el abandono de las investigaciones en esa dirección.

Las dos fibras más prometedoras son el PVA. (polivinilo-alcohol) y el PAN. (poliacrilonitrilo) que presentan a la vez buena resistencia y comportamiento. Se puede asegurar sin riesgo de error pues se dispone ahora de diez años de experiencia. El PVA es probablemente el mejor en termino de estabilidad de relación con el cemento. El PAN mezclado con el cemento presenta un riesgo de debilitamiento con el tiempo. Es menos resistente, pero también menos costoso.

Investigaciones con celulosa y otros procesos.

El auto clavado se utiliza después de decenios con amianto-cemento para fabricar placas planas finas y sólidas, y para tubos de presión.

En el caso de placas planas, la finalidad es de limitar los movimientos ligados a la humedad, el secado diferencial, el encogimiento y la carbonatación, de ahí el nombre de "productos estabilizados". Por consecuencia parece interesante auto clavar los productos de celulosa-cemento con el fin de retrasar la carbonatación los efectos resultantes.

Sin embargo, los productos de celulosa-cemento son menos densos que los de amianto cemento. Si no son comprimidos, se quedan más sensibles a los ciclos de hidratación/secado y de hielo/deshielo. Por eso no son interesantes para uso en el exterior, sino en países de clima seco. Además, el encogimiento de carbonatación puede ser mucho más alto que en presencia de amianto y ocasionar graves problemas de fisuras. En una cierta medida, una modificación de la formulación (porcentaje de cemento y de silicio, añadidos de otros minerales) mejora la situación, pero subsiste el riesgo de grietas que sigue siendo la "espada de Damocles" de esta cadena de reemplazamiento del amianto.

V La crisis

Al final, la prensa de los productos, que incrementa la densidad y reduce ciertos riesgos sigue siendo, al menos para las placas onduladas, una operación delicada y muy costosa a nivel de inversiones (prensa unitaria).

Nuevas tecnologías.

- *Para placas planas:*

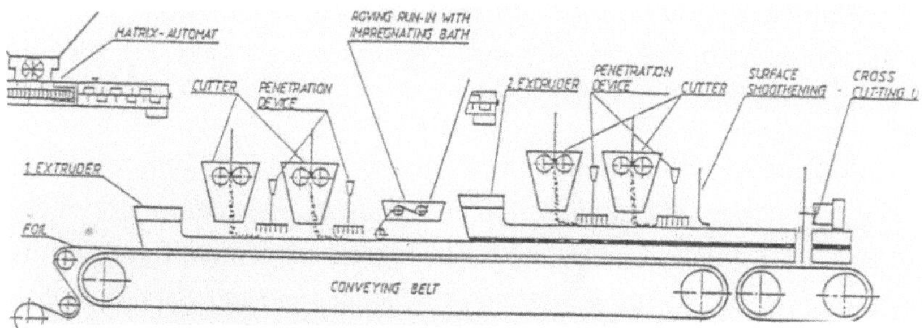

05-004 Máquina Wellcrete. Archivos del conferenciante.

En Gran Bretaña intentaron adaptar las técnicas de los plásticos reforzados con fibra de vidrio: es decir lo que se llama "GRC" (Glass Reinforced Cement/Cemento Reforzado de Fibras de Vidrio). El proceso de fabricación consiste mayormente en proyectar fibra de vidrio y una pasta de cemento sobre una cinta transportadora según esquema y algunos detalles siguientes:

La principal aplicación se puso en práctica sobre los paneles planos destinados al forro de las paredes.

A finales de los setenta, Gran Bretaña y Japón desarrollaron fabricaciones de placas planas con un cierto éxito, pero con una velocidad de producción 4 a 5 veces inferior a la del amianto-cemento, pues con aumento de costos. Además, a largo plazo la resistencia mecánica se revela dudosa.

Para placas onduladas:

Numerosas investigaciones de refuerzo de las placas se llevan a cabo en

Gran Bretaña, Países-Bajos, e Italia, concretamente utilizando películas de polipropileno fibrilado. Todas tropiezan con problemas de fisuras, de mal envejecimiento, y de alto de costo. En lo que se refiere al reciclaje de los "greens"[89] recortes y láminas, separar el polipropileno y el cemento no es tampoco cosa fácil. También es imposible aplicar a moldeados.

Otra tecnología destinada a las placas onduladas, llamada Wellcrete, objeto del esquema siguiente consiste en superponer dos capas de 3,3mm de espesor de una mezcla de cemento y de fibras cortadas, depositadas sobre una película plástica sostenida sobre un transportador sin fin

---

[89] Green es el nombre corrientemente empleado por la profesión para hablar de la pasta fresca.

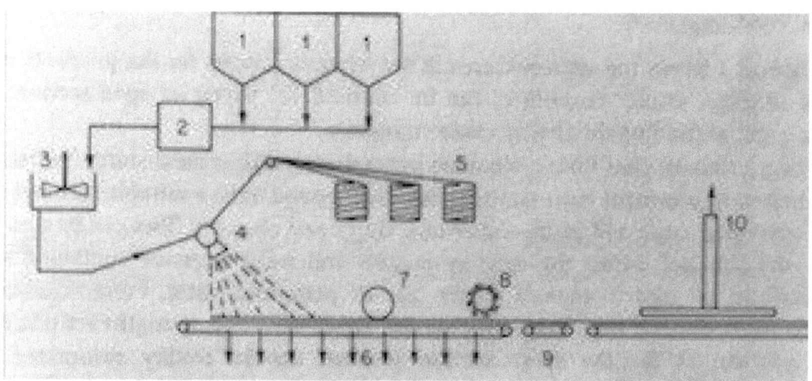

05-003 GRC Spray. Archivos del conferenciante

Principales operaciones del proceso automatizado de fabricación de placas reforzadas con fibra de vidrio.

1 silos.2 cargador-pesador. 3 mezclador. 4 rociador de fibra de vidrio y pasta de cemento. 5 bobinas de hilos de vidrio. 6 cajas de vacío sacando agua. 7 rodillo de acabado. 8 discos de corte laterales y transversales. 9 transportador. 10 elevador por vacío.

Entre las dos capas de esta mezcla, se introducen hilos de fibra de vidrio continuos, siguiendo líneas que se convertirán en el fondo de las ondas que forman las placas onduladas. Después de la maduración, se da vuelta a las placas y la capa inferior, transformada en superficie visible, puede fácilmente ser coloreada. Debido a su contacto durante la formación con la película plástica, la superficie es muy lisa y brillante. El producto presenta muy buenas propiedades mecánicas (resistencia a la flexión y a impacto) *en los primeros tiempos, pero quedan dudas acerca del comportamiento a largo termino. Después de almacenamiento en paquete, se notan fisuras transversales, así como micro fisuras en la superficie. Ese fenómeno parece debido a la dificultad de obtener una distribución homogénea del refuerzo de los bordes o en la superficie de las placas.*

A esos problemas se añade el hecho que las piezas de accesorios, tal como las cumbreras, no pueden producirse según esa técnica. Igualmente, como por las placas planas, la débil productividad del procedimiento, combinado a un más grande consumo y un costo más elevado de la materia prima, genera un precio de costo sensiblemente superior al de las placas onduladas de amianto-cemento.

- ***Proceso por extrusión:*** *Desde el principio de los sesenta, Johns-Manville Corporation, se inspira en la tecnología utilizada en la industria del barro para aplicarlo al amianto-cemento y producir de esta manera perfiles sólidos o huecos. El éxito también es limitado principalmente por motivo del costo de fabricación.*

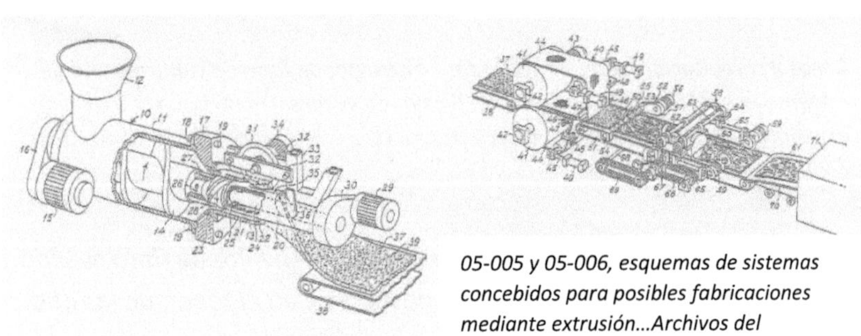

05-005 y 05-006, esquemas de sistemas concebidos para posibles fabricaciones mediante extrusión...Archivos del

A pesar de estas dificultades, Japón, consiguió recientemente según este método, el desarrollo de una larga gama de productos "perfilados", la mayoría de las veces sin amianto. Dinamarca va hasta conseguir de esta forma pizarras sin amianto.

La técnica es bastante complicada y no supimos que hubieran destacado, en el presente documento queda solo referenciado esencialmente en carácter histórico esta tecnología.

V La crisis

Por el placer del lector no especialista, me atrevo a copiar esquemas de máquinas en la página anterior, sin añadir ningún comentario.

Conclusiones.

Ese estudio de los productos de sustitución al amianto llega a las siguientes conclusiones emitidas por el conferencista.

a) *El proceso Hatschek puede adaptarse a fibras alternativas, i.e. celulosa (pura o mezclada con fibras de polímero). Pero esas transformaciones requieren la adición de costosos equipamientos, materias primas caras, y una mano de obra cualificada para que se respeten los procesos. La cualidad de los productos acabados es muy sensible a las condiciones de fabricación.*

b) *Placas planas y pizarras son los productos para cuales el reemplazamiento del amianto presenta menos problemas. Un decenio de investigaciones enseña que las fibras de sustitución son susceptibles de responder a los requerimientos del mercado. Especialmente por lo que son las pizarras, los altos precios de las pizarras naturales en Europa del Norte, permiten a los productos de sustitución tomar una parte significativa del mercado.*

c) *Al contrario, por lo que es de placas onduladas o de los perfiles, por mucho es la parte más importante de la producción de fibro-cementos en el mundo, el reemplazamiento del amianto corresponde a un gigantesco desafío: muy grandes inversiones, aumento de costos hasta del 75% y todavía hoy día un conocimiento limitado del comportamiento a largo plazo.*

En ciertos casos, donde grandes placas con ondas profundas, tal como son las placas estructurales empleadas en varios países de

América Latina, no existe ningún substituto probado del amianto-cemento y el amianto-cemento sigue siendo el producto para techados con el mejor rendimiento al mejor costo.

Los nuevos procesos desarrollados de los últimos diez años, no parecen ser capaces de prevalecer sobre el proceso Hatschek en un futuro previsible. Cada uno se limitará a productos destinados a estrechos segmentos de mercado[90]".

En la época de esta gran reunión internacional, a pesar de las paradas de máquinas ya constatadas, el 90% del amianto importado en Francia se emplea en el amianto-cemento. Eternit con sus Plantas de Thiant, Saint-Grégoire, Albi y Paray-le-Monial, y Saint-Gobain con las suyas de Dammarie-les-Lys, Descartes y Andancette. Pero la situación evoluciona rápidamente. En 1995 siete países europeos ya han prohibido el uso del amianto y la venta de productos  conteniendo ese material se trata de Alemania, Países-Bajos, Suiza, Dinamarca, Suecia, Noruega e Italia. En esos países, las fábricas de Eternit han reemplazado el amianto por celulosa. Pero en Francia la fabricación prosigue, aunque reducida comparada con los años anteriores.

Ciertos personajes han dicho que nuestro país se ha convertido en el mayor productor europeo. Sin embargo, la multiplicación de las alertas lleva la "Dirección de relaciones con el Trabajo" y la "Dirección General de la Salud" a pedir un informe al "INSERM" *(Instituto Nacional de la Salud y de las Investigaciones Medicinales).*

---

[90] Traducido de la conferencia de Kuala Lumpur, mantenida en inglés por el Director de Investigaciones y Desarrollos de Everite.

V La crisis

Ese informe se publicará el 2 de julio de 1996. De inmediato la mayoría de sus conclusiones se da a conocer al público mediante una síntesis de 69 páginas. En los días que siguen, el gobierno, apoyándose sobre esa base, publica un decreto que prohíbe el uso del amianto a partir del 1 de enero 2007. Los industriales, no sin resistencias, se inclinan a dicha orden que esperaban y por la cual ya se preparaban.

Las asociaciones de defensa de las víctimas se enfurecen, apoyadas por la prensa satisfecha de tener de que hablar. Los juicios llueven, los abogados se agitan y mejoran sus resultados económicos. Se cuentan las víctimas, aquellas ya desaparecidas, y aquellas por venir, mientras que los Departamentos Financieros hacen provisiones, a veces a costa de las inversiones.

El metro parisiense no escapa a la crisis. En la época del amianto rey, numerosas placas y tubos de amianto-cemento se utilizaron con finalidades diversas, ventilación, recubrimiento de zonas que proteger etc. Entre 1975 y 1985 el RATP[91] conduce una importante campaña de desamiantado que no basta para tranquilizar a los empleados encargados del mantenimiento[92].

Al final de la presente parte dedicada a la crisis, se encontrará un cuadro publicado por "International Ban Asbestos Secretariat" actualizado en octubre 2016, que identifica a los países quienes definitivamente renunciaron al uso del amianto.

En 1997, Saint-Gobain crea una nueva filial, NOVATECH (NOueVA-TECnologia) que incluye tres fábricas:

- **Descartes**, recientemente transformada con la adopción de la tecnología Wellcrete,

---

[91] RATP: Organismo estatal que maneja el metro y los buses de Paris.
[92] Fuente: Periódico Liberation 17 de octubre 1995.

- **Dunkerque**, creada especialmente, con una máquina de mismo tipo y otra de concepción casera, destinada a producir pizarras "cemento-fibra de vidrio" por extrusión.

FBK *(Faserbetonwerk Kolbermoor, Bavaria, Alemania), comprada a Heidelberger Zement, inventor de esa nueva tecnología).*

Desgraciadamente para la joven Novatech nacida de las cenizas de la antigua Everite, las opciones técnicas elegidas probablemente no fueron las mejores, quizá hubiera sido más favorable mantener una colaboración con FBK y HZ, aunque es siempre más fácil juzgar posteriormente, que tomar la buena decisión cuando se impone la opción.

Las grandes inversiones realizadas se perderán. En poco tiempo Novatech desaparecerá del paisaje industrial francés, dejando espacio para el competidor de siempre, Eternit, que como podremos ver luego, aprovechando experiencias adquiridas en países vecinos, optó por otras soluciones.

En otros países, las decisiones serían diversas, bajo la influencia de las exigencias medioambientales de los ciudadanos, las reacciones de los gobiernos, los recursos minerales locales, y en ciertos casos por la entera indiferencia de los dirigentes e incluso de los mismos empleados. Tendremos la oportunidad de volver al tema en la parte dedicada a "Panorama por países".

No salgamos del asunto sin atribuir unas palabras a los tubos y al agua potable.

En 2002, el muy serio DWI británico[93] publica un informe de la Organización Mundial de la Salud, del cual traducimos unas líneas del inglés:

"La Organización Mundial de la Salud, en su edición de 1993 sobre las "recomendaciones para la Calidad el Agua Potable", se interesa

---

[93] DWI: Drinking Water Inspectorate *(Departamento de Inspección del Agua Potable)*

sobre el tema del amianto contenido en los tubos de amianto-cemento llevando agua potable. Las recomendaciones estipulan: "Aunque estudiadas con mucha atención, hay pocas evidencias convincentes en los estudios de epidemiología y de carácter cancerígeno del amianto ingerido por las poblaciones utilizando agua potable conteniendo fuertes concentraciones de amianto. Además, según profundos estudios de laboratorio, el amianto no tiene incidencia conocida sobre tumores gastrointestinales identificadas. Por consecuencia no hay ninguna evidencia según la cual el amianto ingerido tuviera riesgos para la salud, lo que permite concluir que "no es necesario establecer recomendaciones relativas a la salud en cuanto al amianto contenido en el agua potable ".

"Los tubos de amianto-cemento se utilizaron ampliamente para la distribución de agua potable y se pueden encontrar muchísimos kilómetros de estos enterrados en el mundo. Aunque pocos países sigan todavía instalando tubos de amianto-cemento, sobre todo por los riesgos incurridos durante la fabricación y la manipulación, no parece existir peligro para la salud de los consumidores abastecidos con agua llevada mediante esos tubos, ni motivo para pedir su reemplazamiento".

En THIANT *(norte de Francia y punto de origen de la Eternit francesa)*, un monumento a las víctimas se inauguró en junio 2003. Luego, varias ciudades hicieron lo mismo.

Para escaparnos del pesimismo introducido por un material a punto de desaparecer y asociado al caso de las víctimas de la fibra milagrosa convertida en maldita, nos detendremos unos momentos sobre un aspecto a menudo desconocido del fibro-cemento: su estrecho lazo con el Arte y la Arquitectura.

05-008 Monumento a las víctimas del amianto inaugurado en Thiant en junio del 2003.

.

Current Asbestos Bans and Restrictions
compiled by Laurie Kazan-Allen

(Revised October 16, 2016)

National Asbestos Bans:[1]

Algeria	Denmark	Ireland	Mozambique	Seychelles[3]
Argentina	Egypt	Israel	Netherlands	Slovakia*
Australia	Estonia	Italy	New Caledonia	Slovenia
Austria	Finland	Japan	New Zealand	South Africa
Bahrain	France	Jordan[2]	Norway	Spain
Belgium	Gabon	Korea (South)	Oman	Sweden
Brunei	Germany	Kuwait	Poland	Switzerland
Bulgaria	Gibraltar	Latvia	Portugal*	Turkey
Chile	Greece*	Lithuania*	Qatar	United Kingdom
Croatia	Honduras	Luxembourg	Romania	Uruguay
Cyprus*	Hungary*	Malta*	Saudi Arabia	
Czech Republic*	Iceland	Mauritius	Serbia	

Notes. Singapore and Taiwan were removed from the ban list (Oct 2010) as a result of information received.

Mongolia was removed from the ban list (August 2012) as a result of information received detailing the cancellation on June 8, 2011 of the Mongolian Government's Resolution No. 192 banning asbestos which was issued on July 14, 2010.

———

[1] Exemptions for minor uses are permitted in some countries listed; however, all countries listed must have banned the use of all types of asbestos. Additionally, we seek to ensure that all general use of asbestos, i.e. in construction, insulation, textiles, etc., has been expressly prohibited. The exemptions usually encountered are for specialist seals and gaskets; in a few countries there is an interim period where asbestos brake pads are permitted.

[2] An immediate ban on amosite and crocidolite was imposed on August 16, 2005; a grace period of one year was allowed for the phasing out of the use of tremolite, chrysotile, anthophyllite and actinolite in friction products, brake linings and clutch pads. After August 16, 2006, all forms of asbestos were to be banned for all uses.

[3] In 2012 it was reported that due to lack of enforcement, asbestos-containing products were still being imported and used in the Seychelles.

* January 1, 2005 was the deadline for prohibiting the new use of chrysotile, other forms of asbestos having been banned previously, in all 25 Member States of the European Union; compliance with this directive has not been verified in countries with an asterisk (*). As of May 2009 there are 27 Member States, with Romania and Bulgaria joining the EU in 2007.

VI FIBROCEMENTO, ARTE Y ARQUITECTURA

> *"Señores Directores del amianto-cemento, tienen mucho que hacer, sean felices y hágannos felices: pueden todavía abrir varias puertas y varias ventanas para la imaginación de los arquitectos y de todos los que por su talento contribuyen con ellos al encanto de la arquitectura, que no merecería su nombre si no fuese el encanto de nuestra vida"*
>
> Guillaume GILLET[94]

"Desde el invento del amianto-cemento, unos artistas aprecian las posibilidades que tiene este nuevo y barato material que, por ser a la vez moldeable en fresco, de rápido endurecimiento y muy resistente una vez endurecido, puede aportar muchísimo en el universo de las

---

[94] Guillaume Gillet (1912/1987). Primer Gran Premio de Roma, Arquitecto Jefe de los Edificios Civiles y de los Palacios Nacionales. Gran arquitecto francés del siglo XX, padre, entre otros, de la moderna iglesia de Royan *(Ciudad balnearia de la costa atlántica de Francia destruida a finales de la segunda guerra)* en 1947, junto con Marc Hebrard, y del Palacio de Congresos de la Porte Maillot en Paris.

esculturas y los moldeados de todo tipo". Guillaume Gillet, en el prefacio que dedica a "Le Fibrociment dans l'Art 1903-1973"[95] escribe:

06-001 Fibrociment Gallia.
Colección Olivier Delas.

"Dos Ingenieros franceses, los hermanos Lanhoffer, se vieron obligados a tomar un papel importante en la génesis de la producción industrial del amianto-cemento. Adquirieron patentes de Hatschek muy poco tiempo después de la puesta en marcha de la fábrica de Vöcklabruck y fundaron en Poissy[96], "la Société du Fibrociment" que pasó a Triel 56 años más tarde.

Desde 1903, aunque el proceso de fabricación sigue siendo el mismo, aparecen múltiples avances para obtener productos de mejor calidad con nuevas aplicaciones.

La" Société du Fibrociment" comercializa toda clase de productos de amianto-cemento, pero bajo el nombre de marca ELO, se especializa en moldeados y revestimientos elaborados, particularmente con el "GLASAL"[97], para arquitectura interior y exterior.

Resulta totalmente natural que artistas y creadores utilicen estos productos en todas sus formas."

Según Olivier Delas, gran conocedor del asunto, desde 1901 una sociedad suiza adquiere en Poissy un centro industrial que pronto lo transforma en una importante empresa especializada en la fabricación de productos de amianto-cemento. *"El 7 de septiembre de 1903, la "Compagnie Continentale d'Electricité" registra ante el tribunal de Versalles,*

---

[95] "Le Fibrociment "aquí es el nombre de la empresa, tal como se notará en las líneas siguientes.

[96] Poissy y Triel son dos poblaciones cercanas, a unos 40 kilómetros al oeste de Paris

[97] Glasal: producto de gran difusión que dará lugar a importantes comentarios algunas páginas más adelante.

178

con el número 641, la marca "Fibrociment de Poissy", incluyendo los modelos artísticos y las patentes bajo el nombre de "Fibrociment Gallia Poissy"[98].

Con el impulso de su visionario director, Don Oscar Edmond Lanhoffer, la empresa conocerá un rápido e impresionante desarrollo, incluso en la esfera decorativa. Su nombre llegara a sustituir al de amianto-cemento. Fibrociment se convierte en la forma más corriente de denominación del producto por el gran público, caso similar al de Kleenex. Y Olivier Delas sigue: *"A las fabricaciones utilitarias, se añade tímidamente otra antes de 1915. Se orienta hacia los productos de decoración interior. Esos paneles hechos de amianto-cemento son entonces decorados con la técnica llamada "de las patinas", que luego se convertirá en el "glasal". Tal vez, revestido de una capa de esmalte mineral, la producción de paneles decorativos conocerá su verdadero auge comercial bajo la marca "ELO" (por Edmond Lanhoffer Oscar) registrada en junio 1920. Esta técnica evolucionará fuertemente hasta imponerse como material de protección y decoración en muchas fachadas de establecimientos".*

De paso, y de nuevo en referencia al trabajo histórico de Olivier Delas, apuntemos que la empresa emplea mucha mano de obra femenina:*"La empresa cuida de sus asalariados y organiza guarderías de niños. Una gran parte de la mano de obra proviene de familias italianas. Cuando los dos miembros de la pareja trabajan en "Le Fibrociment", los pequeños quedan al cuidado de la guardería infantil de la empresa. Una ciudad obrera se construye sobre terrenos cercanos a la fábrica, los vecinos la llaman familiarmente "la Ciudad Italiana" … Desde 1913, el Señor Lanhoffer funda una cooperativa para la compra de productos*

---

[98] La mayoría de las informaciones relacionadas con Fibrociment de Poissy se deben a:" L' Etablissement industriel du Fibrociment à Poissy" por Olivier Delas, caballero que vivió una lucha feroz con el mundo médico y las autoridades francesas para que admitan la enfermedad de su padre, antiguo miembro de "Le Fibrociment de Poissy".

alimenticios. También se instala un restaurante en un local alquilado por la empresa, que sirve almuerzos a los socios y a todos los empleados. Los estatutos de la cooperativa prevén también la posibilidad de

06-002 Algunos detalles de la decoración interior hechos de entablados ELO en la casa del Señor LANHOFFER en Poissy. Colección Olivier Delas

vender casas a los trabajadores... Los paneles decorativos obtienen un gran éxito, lo que provoca su rápido desarrollo. Una publicidad de la época indica: *perfecta imitación de la madera en su escultura y fineza, ELO madera. Tiene la ventaja de ser incombustible e indeformable El mantenimiento se efectúa igual que en los muebles, con cera CIRELO". reproduce fielmente la madera. Tiene la ventaja de ser incombustible e indeformable El mantenimiento se efectúa igual que en los muebles, con cera CIRELO".*

Hasta el año 1929, su crecimiento es prácticamente continuo, pero se frena al acercase la crisis y, tal como lo vimos en un capítulo anterior, también obligada por la competencia. La siempre ambiciosa Eternit se apropia en 1930 de la "Société Anonyme des Etablissements du Fibrociment et des revêtements ELO" y al mismo tiempo de la fábrica "Ouralith" de Ginestous, cerca de la Tolosa francesa. Esta última, debido a su poca rentabilidad, no sobrevivirá mucho tiempo. Fibrociment y ELO, al contrario, conocerán un largo periodo de supervivencia, incluyendo un traslado a la vecina ciudad de Triel, donde Eternit está ya implantada.

En 1936, en Paris, el « Salon des Arts. Ménagers[99] », incluye una exposición sobre viviendas, que alberga una importante sección dedicada a los revestimientos de amianto-cemento hechos de productos ELO. Los directores inmortalizan el acontecimiento y se fotografían en los escalones del Grand Palais[100].

Antes de dejar esta simpática empresa, apuntemos todavía que, en 1941, durante la ocupación de Francia por los alemanes, el Grupo Industrial de Poissy crea un centro de formación que frecuentarán unos 80 alumnos, acogidos en la "escuela de chicos" recibirán la enseñanza teórica y, en un taller de la fábrica, recibirán la parte práctica[101]. Ese sistema permitió además a ciertos jóvenes escapar al STO[102]. En marzo de 1942, un bombardeo de los aliados destinado a la fábrica Ford de Poissy, provoca graves daños en la "Ciudad Italiana". Ciertas autoridades alemanes están alojadas en los edificios no dañados, los directores de "Fibrociment" les piden que dejen libres las dependencias para poder realojar a los siniestrados. Los alemanes aceptan.

---

[99] Salon des Arts Ménagers: Exposición de la Casa Ideal.

[100] Grand Palais: famoso edifico parisiense donde se celebran eventos de interés nacionales e internacionales.

[101] Ahora, esta forma de enseñanza se llama como "formación por alternancia".

[102] STO: Servicio de Trabajo Obligatorio, instituido por los alemanes para conseguir la mano de obra que los faltaba debido al gran número de hombres movilizados en el Wehrmacht.

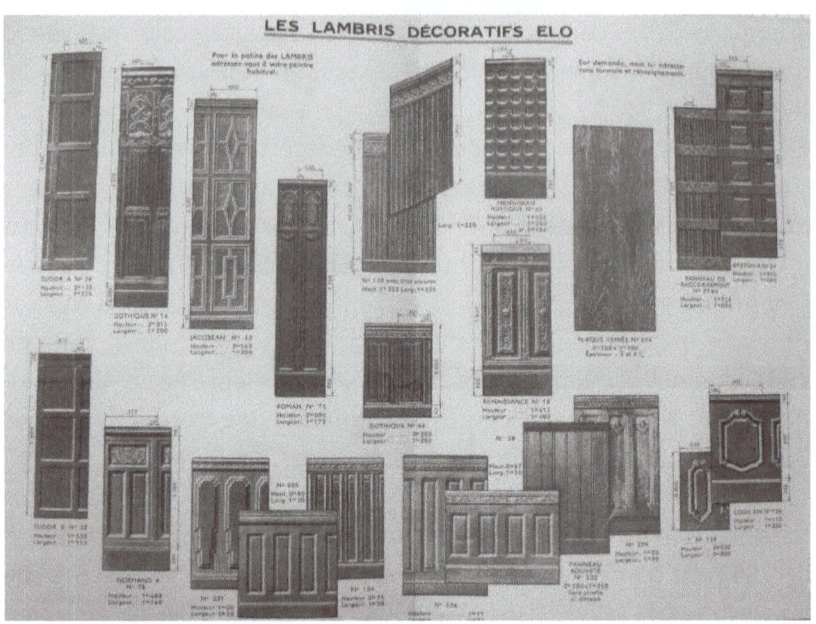

06-003 *Otros detalles del catálogo de ELO. Colección Olivier Delas*

06-004. *Mapa de Francia en relieve. Origen: una escuela…*

Para el conocimiento de muchos de nosotros con recuerdos de escuela, señalemos todavía que el hermoso mapa de relieve de Francia que adornaba las paredes de nuestras aulas, ciertamente nos ayudó a recordar ríos y montañas de nuestro país, provenía de la sociedad que acabamos de mencionar.

A principios del siglo XX, la Cataluña española es tan activa en la esfera artística como en la industrial. La familia Roviralta, fundadora de la futura Uralita, es muy amiga de la familia de artistas italianos Lena, exiliada en Barcelona. Oscar Lena busca un lugar donde esculpir a gusto grandes obras con destino a las plazas y jardines de la capital catalana. En la nueva fábrica de sus amigos en Cerdanyola del Valle, encuentra un taller donde trabajar y un nuevo material que responde perfectamente a la necesidad de proteger sus obras de yeso para exteriores.

06-005 Catálogos Uralita S.A.
Cortesía Museo de Arte de Cerdanyola.

No sólo va a explotar la nueva actividad con brillo, también su obra creativa dará ideas a los dirigentes de la empresa que muy pronto desarrollarán productos para uso decorativo, algo similar a Fibrociment de Poissy en Francia.

Esculturas, paneles decorativos de interiores y de fachadas se multiplicarán con un ritmo extraordinario hasta los años 1936, comienzo de la trágica guerra civil que devastará España durante tres años con las funestas consecuencias que conocemos. Uralita publicará catálogos

anuales en los que alardea de las ventajas de sus productos decorativos. Obras del arte antiguo de Roma y de
Atenas se reproducirán y se distribuirán en numerosos ejemplares.
Gracias a la amabilidad de los dirigentes del Museo de Arte de Cerdanyola de Valle, podremos enseñar algunas más adelante.
El famoso arquitecto catalán, Antonio Gaudí (1852-1926) cuyos edificios y el extraordinario templo de la Sagrada Familia suscitan la admiración o en algunos casos el rechazo de los visitantes de Barcelona, también se interesa por las posibilidades del amianto-cemento y concibe una teja original, la "teja tortuga".

06-007 Teja Tortuga del arquitecto Antonio Gaudí

06-006 Tres ejemplos de estatuas del escultor LENA, realizadas en los talleres de Uralita en Cerdanyola del Valle. Cortesía del Museo de Arte de Cerdanyola.

En 1929, Uralita participa activamente en la Exposición Internacional de Barcelona. Entre otros, presenta un pabellón extremadamente moderno para la época, que llama la atención de los visitantes tanto profesionales como amateurs.

Muchas estatuas que adornan los parques rehabilitados con motivo de esta exposición proceden de escultores que trabajaron con pasta de amianto-cemento de Uralita. Algunas de ellas se restauraron y fueron reubicadas para los Juegos Olímpicos de Barcelona en 1992.Uralita se interesa y participa cada vez más en el "mobiliario urbano que se encuentra durante los decenios del siglo XX por toda España."

Es particularmente llamativo el caso de los buzones públicos de Correos, al parecer inspirados en las famosas "pillar box" británicas, y el de las cabinas de venta de cupones de la ONCE[103].No obstante, Uralita no pierde el interés por las decoraciones interiores, y como testimonio tenemos la publicitad anexada, que nos recuerda el caso "Le Fibrociment" en Francia

06-009 y 06-010 Buzón y Taquilla de la
Once de fibrocemento. Uralita 80 años.

---

[103] ONCE: Organización Nacional de los Ciegos Españoles.

06-011. Catalogo Roviralta, decores interiores resístanle a la humidad.
Cortesía del Museo de Arte de Cerdanyola.

Otro arquitecto catalán famoso, Josep Sert, nos cuenta:

"Con mi amigo Joan Miró, tuve a menudo largas conversaciones sobre el tema de la pintura mural y de su relación con la arquitectura. Tuve el privilegio de colaborar con él en varias ocasiones y Miró, quien habla poco, pero piensa más que la mayoría de los pintores, descubrió un nuevo enfoque a la pintura mural que abandona la noción de continuidad a favor de un tratamiento más lógico de la pared por partes. Empezó ese nuevo enfoque en 1935 en Barcelona. En 1931, habíamos constituido un grupo de jóvenes arquitectos interesados por la integración de sus obras con las de pintores y escultores también en ruptura con el pasado. Ese grupo hizo una pequeña exposición en el "Salo dels

artistes decoradors" e invitamos a Joan Miró a trabajar con nosotros. Colaboramos desde el principio. En la pequeña parte de la pared, Miró dibujó el contorno de una forma libre y cubrió solamente una parte. Tomó una placa de amianto-cemento en la cual cortó la forma dibujada, luego, dibujó un bonito cuadro en calidad mural, dejando visible una parte de la placa. Se insertó el cuadro en el yeso de la pared que Miró había pintado del color de su gusto.

Años más tarde, me dijo que eso fue el principio de su nuevo recorrido hacia la pintura mural".

Durante mi visita al Museo de Cerdanyola del Valle, mi

anfitrión me lleva al Ayuntamiento de la ciudad y pide que se abra la

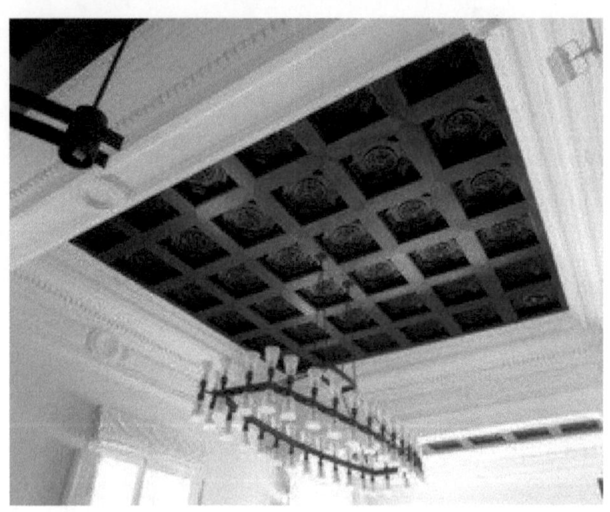

06-012. Artesonado de amianto- cemento Uralita. Ayuntamiento de Cerdanyola del Valle. Archivos personales.

sala del consejo para enseñarme el hermoso artesonado, obra también producida por Uralita en la primera mitad del siglo XX. Al escuchar que el techo que ella creía que era de madera es en realidad de amianto-cemento, la señorita que tiene las llaves, se siente perturbada y se va corriendo a las oficinas a informar a sus colegas… No supe si hubo una queja por parte de los empleados para que se reemplazara el techo…

VIII   Fibrocemento, Arte y Arquitectura

En 1939, en Nueva-York, Johns Manville dispone de un espacio gigantesco en la World's Fair *(Feria Mundial)* Construye un enorme estand donde se puede contemplar a un personaje vestido con un traje de amianto, saliendo de un pozo de fuego. Simboliza la capacidad del ser humano a controlar el calor gracias al amianto, fibra mágica.

06-013. New York World Fair 1939. Entrada del Pabellón de John Man-

06-014 bis. Grand Central terminal New York con placas de asbestos cemento pintadas con escenas del cielo.

06-014. NY Word Fair 1939, John Manville, Traje de amianto.

A finales de la segunda guerra mundial, en Antibes *(Francia Costa de Azul),* Pablo Picasso no consigue telas para expresar su talento al máximo.

Guillaume Gillet, ya citado, nos repite una conversación sostenida el 8 de septiembre de 1946, entre Pablo Picasso y Dor de la Souchère[104]:

"- Siempre tuve ganas de pintar sobre grandes superficies, nunca se me dieron.

- ¿Superficies? ¿Quiere superficies? Puedo ofrecérselas"

  Me clavo la mirada.

"pero ¿dónde?   En el Museo de Antibes."

Al día siguiente, fuimos recorriendo las tiendas de Antibes buscando el material (...)   Compramos todas las placas de Fibrocemento."

Así es como el Museo de Antibes, convertido después en el Museo Picasso, expone varios cuadros del Maestro, pintados sobre placas de amianto-cemento.

¡Esperemos que los promotores del riesgo cero, no consigan de un próximo ministro de la salud, que se envíen al vertedero! Entre estas obras se pueden citar : « *Ulisse et les Sirènes* », « *La Joie de Vivre* », « *Nature Morte à la bouteille, à la sole et à l'aiguière* ».

En 1952, Miró[105] encargado de la realización de una obra monumental para el restaurante del "Salon des Arts Ménagers" en el Grand Palais en Paris, utiliza placas de amianto-cemento como soporte[106].

No satisfechos de cubrir los tejados y de adornar las paredes, ahora los amianto-cementeros emprenden, no sin éxito, la tarea de cubrir los

---

[104] Romuald Gor de la Souchère (1888-1977), profesor de Frances, latín, griego, arqueólogo y amigo de Picasso, le propuso un taller de trabajo en el castillo de Antibes, ahora Museo Picasso.

[105] Miro (1893/1983): famoso artista español, pintor, escultor, grabador y ceramista.

[106] Atelier F. LEGER G. BAUQUER

suelos especialmente en cocinas, cuartos de baño y pasillos de lugares públicos, así como en viviendas particulares.

En la planta de Bassens de Everitube Situbé, que dispone todavía de su propio departamento de investigaciones, ponen a punto un producto decorativo bautizado "Evergranit". La base es una placa plana de amianto-cemento. Sobre la hoja en formación, justo antes de la llegada de la última monocapa al cilindro de formación, un distribuidor de palas proyecta pequeñas bolitas a base de amianto, cemento blanco y pigmentos minerales de variados colores, que forma algo parecido a un enlucido. Cuando esta última capa pasa bajo el cilindro de formación las bolitas se aplastan, estallan y los colores se reparten al azar. Luego se pule la placa para darle un aspecto definitivamente liso.

El producto tendrá mucho éxito, sobre todo en el suroeste de Francia para los escaparates, en una época en la que el vidrio no estaba todavía omnipresente. Se revela como un producto extremamente resistente, tal como lo prueba la fotografía del suelo de una cocina en donde se colocó en los años

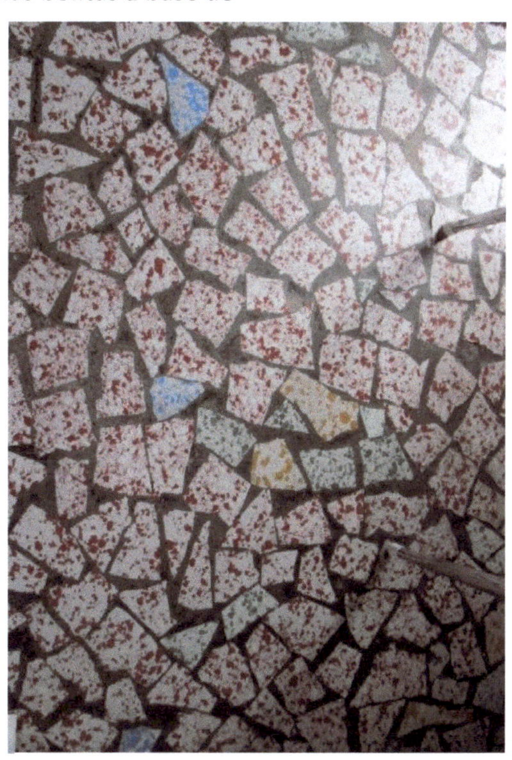

06-015. Everaranit. Archivos personales.

1960. En 2016, en la casa del obrero que hizo la maqueta de la máquina que hemos mencionado anteriormente, parece todavía como nuevo. Además, estoy convencido de que el recuerdo de las bolas tiradas desde lo alto del taller por el personal del laboratorio, no eran ajenas a las investigaciones de concepción del producto...

06-016.Fernand Léaer. Restaurante del Grand Palais. Paris.

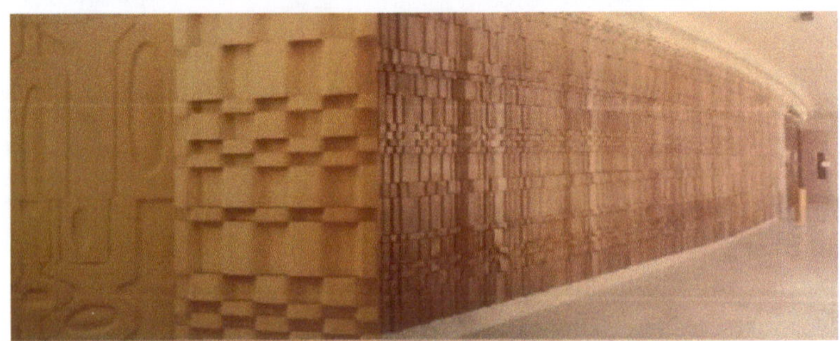

06-017.Robert Pansart, Cinéma Marignan, Campos-Elíseos,Paris 1965.
Le fibrociment dans l'art 1903-1973,
Prologado por Fernand Léger, publicado par ELO en 1973

En 1954, en Biot (*Francia, cerca de Niza*), el Grupo Espacio organiza en un prado de olivos, una exposición titulada: *Arquitectura Formas y Colores.* En 2016, el Museo de Biot, recordando la historia de este expo tan atípica, presenta dos pinturas sobre amianto-cemento, pintadas 60 años antes, una por Fernand Léger Para el Grand Palais, la otra por Robert Pansart en el hall del cine Marignan en los Campos-Elíseos[107]. Eternit por su parte, desarrolla en varios países europeos muebles de jardín, y de interior, particularmente para cocinas y cuartos de baño.

06-018. Muebles de cocina Eternit. Web Eter-

Siempre en la misma época el amianto-cemento tiene alas, las creaciones artísticas se multiplican. (1915-2004), el famoso diseñador suizo[108] Willy Guhl solicitado por Austria, descubre las posibilidades del amianto-cemento. Explota totalmente su flexibilidad de manipularlo en estado húmedo y su resistencia en seco de la placa para crear diversos objetos decorativos de jardines. Varios de ellos son muy conocidos sin que el público sepa de que material están hechos. Su creación más famosa parece ser "La Chaise à Ruban" (*La Silla de Cinta*), pero "La Jardinière Mouchoir" *(El Macetero Pañuelo)* y varios otros merecen también nuestra atención.

---

[107] «Le fibrociment dans l'art 1903-1973», prefacio de Fernand Léger, publicado por ELO en 1973.
[108] Una visita al Museo "für Gestaltung" en Zúrich, puede ofrecerle una visión más clara del talento de ese creador y de las posibilidades del amianto-cemento. Enlace y Qr Codigo disponibles en "Saber más".

Años más tarde, después de la llegada de las nuevas tecnologías sin amianto, Willi Guhl pondrá a punto una nueva silla con el mismo éxito. En1958, Guillaume Gillet, ya citado, concibe el Pabellón Francés en la Exposición Internacional de Bruselas. Quiere *"proponer un edificio que en 1958 sea el equivalente de la Galería de Máquinas en 1889"*. Reviste el interior del auditórium de placas de amianto-cemento áspero, moldeado según sus dibujos y aconsejado por el mejor especialista en acústica.

06-019 /020. Sillas de Cinta Eternit por Willy Guhl. Izquierda: amianto -cemento.
Derecha: Nueva Tecnología.

"Se trataba de una sala de 200 asientos equipada de estereofonía y estuvimos satisfechos" escribió en 1973. Piensa en hacer lo mismo en el Palacio de Congresos de la Porte Maillot en Paris donde se le confía el auditorio, *"para una sala veinte veces más grandes..."* Pero eso es otra historia y no parece que esa técnica haya sido finalmente mantenida.

Otro nombre famoso parcialmente relacionado con el amianto-cemento, es el de Le Corbusier (1887-1965) quien hizo un gran uso del producto, tanto en prestigiosas realizaciones, tal como "La Cité

Radieuse"[109] en Marsella, como en múltiples proyectos de todos los tamaños en Francia y en el resto del mundo.

En 1964, Eternit Suiza, tiene de nuevo un pabellón propio en la Exposición Nacional de Zúrich.

Ya en el siglo XXI Eternit toma conciencia del papel que han tenido, y que tienen todavía, los productos de fibrocemento en la Arquitectura. Crean un sitio Web: *"Eternit et l'Architecture Histoire"* dedicado al tema que nos ofrece una buena visión de las obras realizadas en ese producto.

El Glasal

Ya en varias ocasiones hemos comentado ese producto. Es el momento de hablar con más detalles de él, habida cuenta de la importancia que tiene en el desarrollo de la construcción a lo largo de los años que siguen a la segunda guerra mundial.

Fue inventado en Suiza en el periodo vivido entre las dos guerras y perfeccionado en Bélgica por Eternit en su fábrica de Kapelle-op-den-Bos que lo lanzó en 1954. Fibrociment de Poissy en Triel sur Seine, adquiere el proceso de fabricación en 1957 y monta una nueva fábrica para desarrollar una producción intensiva, que se considera indispensable para responder a las necesidades de los arquitectos encargados de construir nuevas y grandes urbanizaciones en un tiempo récord.

Hagamos referencia al escrito de la alumna de arquitectura Françoise Lampaert[110] y veamos de que se trata: *"de placas planas auto clavadas y pulidas, (fig.1) antes de recibir una primera coloración, según "una fórmula tenida en secreto" (fig.2). Una pasada por el horno permite a la*

---

[109] «La Cité Radieuse» inmenso, famoso y muy moderno inmueble inaugurado en Marsella en 1952, que dio mucho hablar, tanto entre los profesionales como en la prensa y entre los particulares. Los Marsellés lo bautizaron "La Cité du Fada", algo así como "La Ciudad del Loco".

[110] Françoise Lampaert, "Le Glasal: un material "coloreado" polivalente y duradero". Años 2009-2010, Escuela Nacional Superior de Arquitectura de Lille.

placa volver a ser manipulable y prepararla para ser barnizada (fig.03). Después de su paso por el horno de secado, (fig.4) se templa en baños químicos para fijar su color (fig.5). Los últimos tratamientos, lavado, cepillado, enjuagado, secado (fig.6) la confiere su aspecto liso y regular...
(06-021)
Fabricado en varias dimensiones (largo 2,520 - 3,070 - 3,200 m; ancho 1,220-1,640 m; espesor:2-3,2-4 mm) el Glasal se puede comercializar bajo prescripciones de montaje detalladas. Los paneles pesan solamente 7 kg/m² y varían
y varían proporcionalmente con el espesor".

Sus puntos fuertes son numerosos y temo olvidarme de algunos.
 Uno de los primeros puntos que seducirá a los arquitectos, independientemente del precio atractivo y de la facilidad de empleo, es su riqueza de colores. En 1961 su catálogo propone 15 colores y 25 en 1969. Recordemos que estamos en pleno periodo de construcción acelerada de grandes urbanizaciones, para hacer frente a la llegada de cantidades masivas de poblaciones hacia las grandes ciudades y sus cercanías. El aspecto "gallinero" de los grandes inmuebles empieza a cansar y toda solución susceptible de variar la percepción visual de esas construcciones vale la pena de tener en cuenta. Según su fabricante, el Glasal se revela como una de las mejores opciones para responder a ese nuevo deseo.

06-021. Etapas de la fabricación de Glazal. Informe Master I de
Françoise Lampaert 2009/2010.

"A lo largo de los años las cualidades del nuevo producto resultan múltiples: Resistencia a los cambios de temperatura, y particularmente al hielo, su carácter incombustible, su resistencia mecánica, su resistencia a la suciedad y a los ataques químicos. Estas últimas le permiten entrar en las cocinas, los cuartos de baños y las salas de quirófanos en donde las enfermeras, insensibles a las agresiones, opinan que resultan maravillosas. El Glasal también es hidrófugo, aislante (λ=0,3W/m°K), liso e imputrescible. A pesar de su rigidez, los paneles de Glasal se manipulan fácilmente con herramientas tradicionales tales como sierras o taladros. A petición de los arquitectos, para obras específicas, se pueden fabricar cómodamente en dimensiones y espesores diferentes".

Por la gran variedad de tonos disponibles, lisos o moteados, jaspeados o con aspecto de tejido de lino, también es un material determinante para aumentar las posibilidades de decoración en lugares públicos o privados. También se beneficia de una garantía de 10 años sobre su resistencia y durabilidad.

Tal éxito no sucede sin generar envidias y una feroz competencia entre colegas.

Saint Gobain lanza sus paneles prefabricados "Murcolor". Glaverbel lanza "Colorbel" basando su publicidad sobre la durabilidad de los colores. Everite, filial de Saint Gobain, se arriesga con un producto que se quiere similar, no obstante, no consigue imponerse y desaparece poco tiempo después.

Todas esas campañas publicitarias de la competencia llevan a "Le Fibrociment de Poissy" a alertar a los arquitectos en términos contundentes, tal y como nos cuenta Françoise Lampaert en su informe: *"¡No intenten hacer una imitación! Las placas pintadas, sea cual sea la calidad del soporte, no pueden ofrecer las mismas ventajas que las placas Glasal con coloración integrada. Solo Glasal, con auto clavado, garantiza fachadas uniformes, de colores variados, y duraderos...Glasal es un producto y una marca registrada. Lo fabrica "Le Fibrociment de Poissy". No existe ningún material similar".*

La vida útil del Glasal alcanza los cincuenta años, lo que se considera como excepcional para ese tipo de material y sobrevivirá hasta el fin de "las treinta gloriosos".

Su éxito no es exclusivamente francés, ni siquiera europeo, desde 1961, el Glasal se exporta a Estados Unidos, a Canadá, a Australia y a Malasia.

Se impone en todas partes, escuelas, hospitales, restaurantes, cinematógrafos, centros comerciales[111] y llega a unos cincuenta países. Este producto, contrariamente a otros, no desaparecerá con el amianto, al

contrario, conocerá nuevamente el éxito con las nuevas tecnologías tal como lo veremos más adelante.

En 1967 en Rocky Point New York, se construye un consultorio médico totalmente con materiales de amianto-cemento.

La revista Internacional del Amianto Cemento, publicada en francés, alemán e inglés, nos ofrece fotos, plano y descripción. En ese mismo año 1967, esta vez en Suecia y en la misma revista, se confirma la presencia de amianto en las canalizaciones de ventilación que tan importantes son en las construcciones contemporáneas

03-023. ¡No intente hacer una falsificación! ¡No existe ningún material similar! Anuncio Elo. Informe Françoise Lampaert.

---

[111] "Usine d'Aujourd'hui", noviembre 1961, revista dedicada al mundo industrial.

. En Australia, todavía gracias a esa misma revista trilingüe, descubrimos que la Sociedad Enterprise V.H.Y.Pty.LTD. de Saint-Leonard, pone

06-028. Encofrados australianos de amianto-cemento. Fuente: Revista Internacional AC4. Zúrich, años 1950.

a punto un nuevo tipo de encofrado para la construcción de un inmueble de 8 pisos y 226 apartamentos. Dichos encofrados están constituidos de placas planas de amianto-cemento de 20mm de espesor. Garantizan un espesor constante de las paredes, 150 mm en el presente caso, gracias a cuñas de espesor prefijado colocadas en una de las paredes del encofrado. La posibilidad de instalar las estructuras en el suelo antes de colocar los encofrados facilita enormemente el trabajo. Cada elemento del encofrado tiene las dimensiones de la pared correspondiente, el más grande alcanza 11,00 x 2.40 m y pesa 400 k"

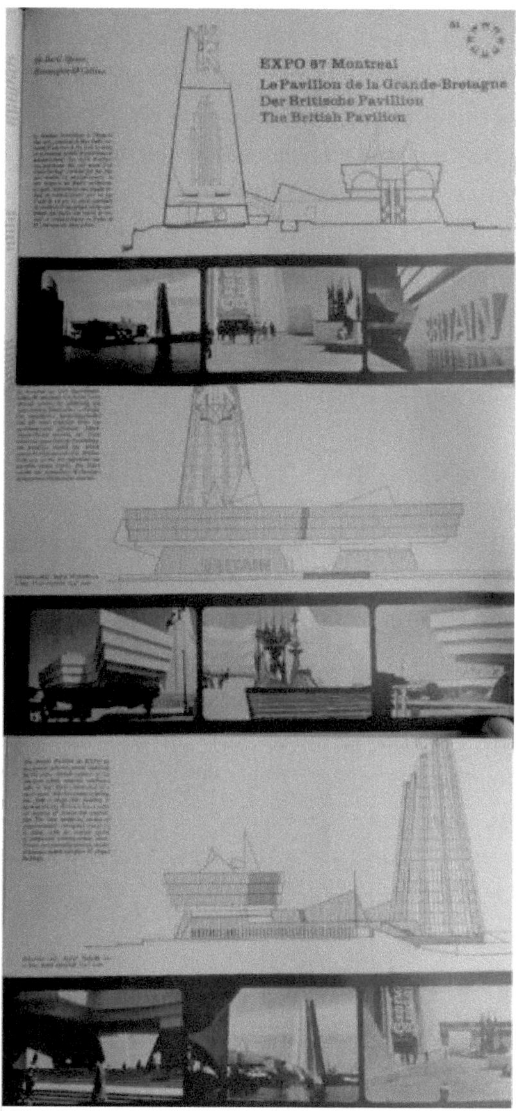

06-029. Pabellón de Gran Bretaña en la Exposición Internacional de Montreal de 1967. Fuente: Revista Internacional AC4. Zúrich, años 1950.

Por último, esta revista nos presenta una descripción del Pabellón de Gran Bretaña en la Exposición Internacional de Montreal de 1967. "Este pabellón está constituido por dos grandes salas coronadas por una torre de 65m de altura, totalmente revestida de materiales de amianto-cemento. La pared interior está hecha de placas onduladas de amianto-cemento con ondas de 10cm de paso. La pared exterior está hecha de placas planas comprimidas. Los ángulos están dotados de empalmes de amianto-cemento en forma de W moldeados en dos partes".

En 1978, Josep Guinovart, pintor y dibujante catalán, descubre a su

vez las posibilidades ofrecidas por la pasta de amianto-cemento fresca. Para trabajar a su gusto, se va a la fábrica madre de Uralita en Cerdanyola. Con este motivo se graba un video, rehabilitado en 2009, que nos muestra no solo como trabaja, sino también como funciona una máquina Hatschek de placas, en mi opinión de los años 1950[112]. Ese video nos permite también darnos cuenta de lo fácil que es el moldeado de la pasta fresca. Una visita al sitio web se revelará ciertamente interesante para quien desee visualizar una máquina y la formación de una placa tal como se ha explicado en "Técnica y Productos".Guinovart - "Un fragmento"

---

[112] El video se abre lentamente, esperar un poco, vale la pena.

Un amigo ingeniero latino americano, que trabajó muchos años en el mundo del fibrocemento, mundo que conoce perfectamente, me cuenta:

La "pasta fresca" fue siempre un material que, por su fantástica

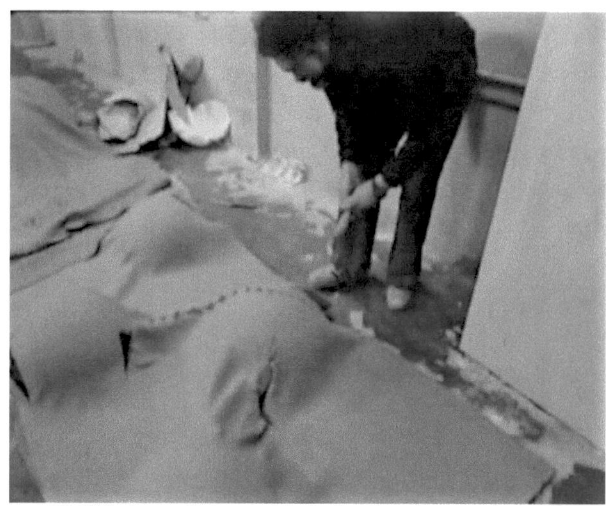

06-031. Josep Guinovart trabajando sobre una hoja de amianto-cemento caída de máquina en un taller de Uralita. Cerdanyola del Valle.

plasticidad y características moldeables se prestó a ser utilizada en diferentes aplicaciones "sui generis" ... se podía moldear a capricho y sin mucha dificultad todo lo que uno quisiera.

Tanto en América del Sur como en América Central, la pasta fresca se utilizó para moldear cumbreras especiales para techos caprichosos y/o de formas complicadas. Con pasta fresca se fabricaban tanques de agua desde 250 litros hasta 2000 litros, también se fabricaron maceteros y jardineras para plantas por lo menos 30 formas y tamaños diferentes.

En Bolivia tuvimos aplicaciones tales como reparación de cúpulas en iglesias y catedrales, construcción de antenas parabólicas de hasta 5 metros de diámetro con malla metálica en medio del espesor de las capas. También fabricamos elementos promocionales, es decir, miniaturas pintadas.

Recuerdo que, efectivamente sí, también enviábamos pasta fresca en forma semilíquida (pastosa) para vaciar en moldes que terceras personas disponían para fabricar estatuas o cualquier otro elemento decorativo para fiestas patronales, nosotros fabricábamos los mismos artículos promocionales para regalar en ferias, fiestas, etc. Lamentablemente no dispongo de fotografías pues todo eso data de los 80's."

06-032. Maqueta de iglesia brasileña de amianto-cemento (medidas L:85 x l:70 x A: 81mm). Colección privada del autor.

En Brasil, un artista desconocido reprodujo en miniatura una iglesia típica de su país con pasta fresca. El director de la fábrica de Brasilit de la ciudad de Curitiba me regaló una copia durante una visita.

En México, con mano de obra todavía barata ante un crecimiento acelerado de la producción de vivienda social industrializada de dos décadas, fue creada en Mexalit la "División de Remodelaciones" para vivienda nueva y la remodelación, así en la década de los 90 crece esta actividad, que conlleva claramente los conceptos del Fibrocemento en Arte y Arquitectura, manifestados en este capítulo, todavía saboreamos el prólogo de Guillaume GUILLET y es así, tal cual, el pensamiento que dio origen a esta actividad, y que viene del mismo corazón de la organización y la bendición del Gran Patrón, el viejo ingeniero de esta, entonces filial de Saint Gobain me cuenta:

*"Vamos directamente al mercado y a las obras, pasando por grandes y pequeños distribuidores de materiales y desarrolladores de vivienda, considerando que el "arte y la arquitectura" alcanza hasta para el éxito en la Empresa. Veamos entonces dos puntos de partida del **"Proyecto Remodelaciones"**, mismos que se aclaran con la presentación de imágenes y que acompañarían ventas e imagen en la operación industrial de la Empresa:*

La Remodelación, se presenta bajo la imagen de un personaje "Don Max", como en la vieja tendencia... y el concepto del "antes y el después", con aplicaciones rápidas y posibles, en condiciones económicamente al alcance, propuestas a clientes como "un proyecto familiar de corto plazo"

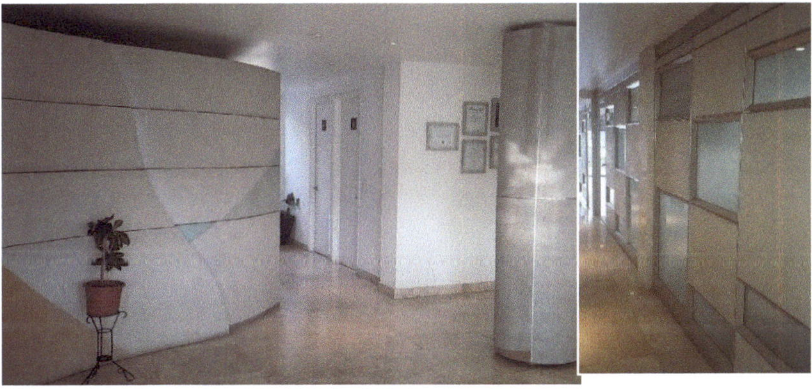

La Nueva construcción, que lo mismo apoya a nuevos proyectos de Arquitectos o a propietarios, así como a grandes y pequeños desarrolladores profesionales de vivienda.

No duden de la gran diversificación que se requiere tener de estos productos, fabricados por el moldeo, así como por las máquinas, pero solo presentaremos imágenes de algunos proyectos, animadas por el Arte y la Arquitectura".

#fibrocemento(s).com

En el área de acabados y con fibrocemento de nueva tecnología, se presentan aplicaciones en muros curvos y revestimiento de interiores
En estos primeros decenios del siglo XXI artistas y diseñadores no temen trasladar rollos de placas de fibrocemento fresco apenas salidos de la máquina,
para concebir obras de carácter decorativo, tal como demuestran las imágenes siguientes:

Eternit Journal du Design

06-034. Trash Cube de Nicolas Le

06-035. Soft Light de Rainer Mutsch

Web Eternit. Journal du Design. (Revisita del diseño).

06-000 Remodelación simple en vivienda social, accesorios de FC
Fraccionamiento, Chihuahua, Chihuahua. 1996

06-000 Obra de remodelación en Chihuahua con cúpula 1997

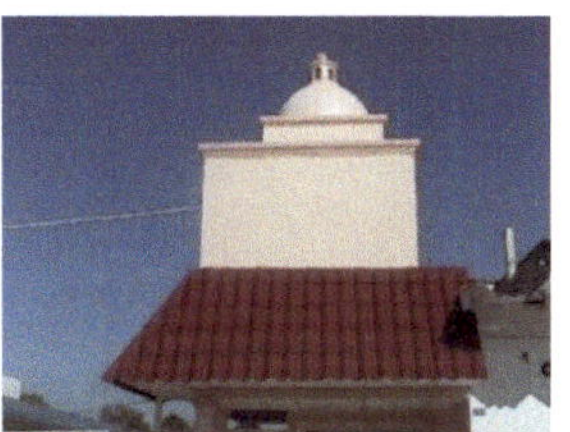

06-000   Cúpulas de Fibrocemento amianto-cemento y nueva tecno-

En 2016 en Indonesia, una empresa fabrica elefantes de fibrocemento de hasta 2 metros de altura cuyo aspecto y tacto se parecen tanto a los del animal místico que faltará poco para confundirse

06-033. Elefante de fibrocemento. A200cm L300cm l140cm
Cortesía de Univers Asie.

Disculpen por no presentar todas las obras artísticas y arquitectónicas disponibles con o sobre fibrocementos. El tema es ciertamente extenso para justificar un libro por sí solo

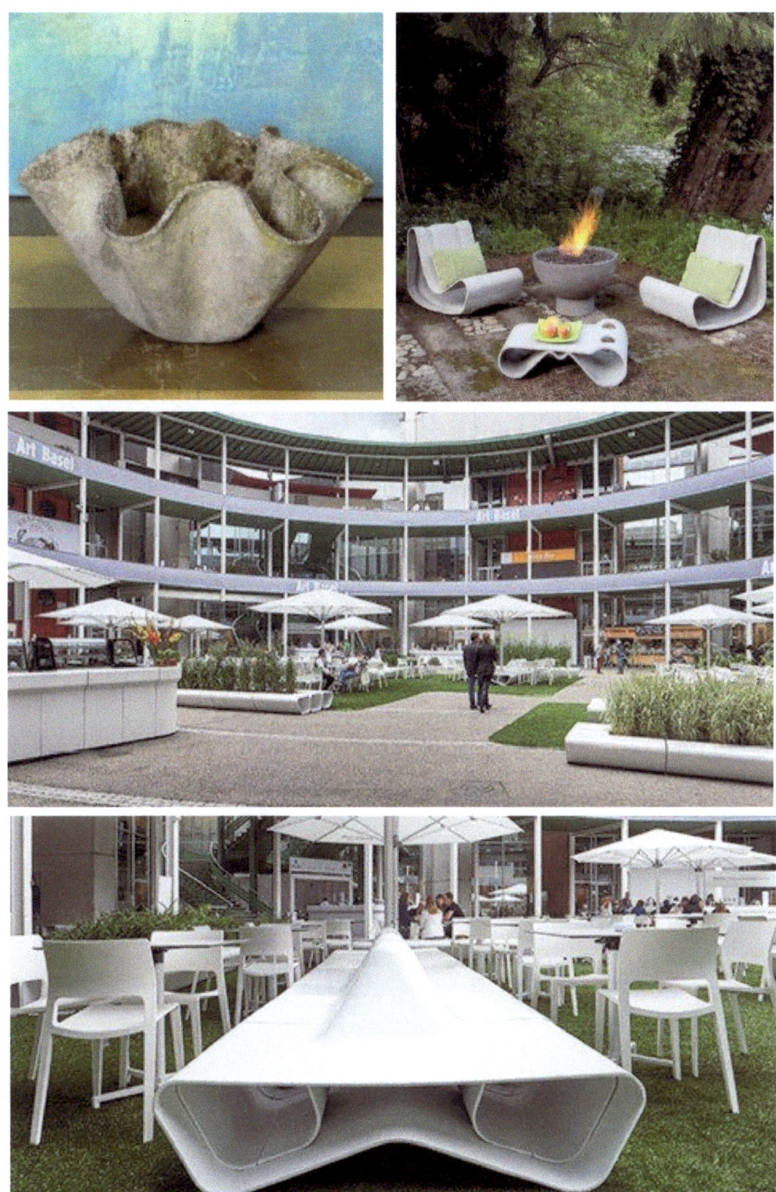

06-035. Cuatro imágenes de realizaciones modernas de fibro-cemento extraídas de varias páginas del Web Eternit Journal du Design.

06-039 China: Changchun Century Movie Park GRC Fibrocemento reforzado de vidrio
- Estación del Sur del metro de Shanghái, con paredes de fibrocemento de marca Kafu.

VII LA RECUPERACIÓN

«Reconversión relámpago en Eternit, cautelosa en Everite. Después de la prohibición del empleo del amianto, los dos antiguos productores de amianto-cemento presentan estrategias de restructuración divergentes».

L'Usine Nouvelle, 6 de octubre 1996

El presente extracto de "l'Usine Nouvelle"[113] resume perfectamente la perplejidad de los dirigentes frente al grave problema que el futuro plantea a sus empresas. Las discusiones van a buen paso en los Estados Mayores. Una cosa es cierta para todos: muchos productos han desaparecido definitivamente y los costos de producción de los que retarán están a punto de subir. Es necesario invertir en nuevas técnicas que todavía no han demostrado sus capacidades. Simultáneamente se necesitan nuevas máquinas y materias primas más costosas. Lo que no está tan claro, es la reacción de los clientes frente a las inevitables subidas de los precios, especialmente porque otros productos han aparecido en los últimos años y empiezan a apoderarse de los mercados como perfiles de acero lacado para techos o paredes exteriores, y

---

[113] L'Usine Nouvelle: prestigiosa revista semanal francesa, leída por los responsables industriales en Francia y otros países de idioma francesa.

tubos de PVC[114] o PEHD para redes de saneamiento y todo tipo de sistemas de canalizaciones indispensables a nuestro bienestar moderno. Esperando que las novedades estén totalmente puestas a punto y sean aceptadas por todos, l'Usine Nouvelle en la misma fecha, nos cuenta: *"Para no correr el riesgo de exponer a los profesionales de la construcción a las emisiones de las fibras, los fabricantes convencidos, proponen cada vez más el suministro de productos "listos para instalar". Productos que son directamente cortados, y perforados, en la planta en donde los puestos de trabajo están dotados de todo tipo protecciones. Ejemplo: las placas onduladas destinadas a techados, se entregan con esquinas ya cortadas, tanto para los revestimientos de fachadas o para las bocas de inspección, Eternit propone entregar el material "a la medida". Los arquitectos nos facilitan sus planos, las dimensiones y el número de placas de revestimiento se calculan gracias a un software" según nos explica Henry de Belsunce, director del Marketing"*.

Hemos visto que, en Francia, Everite abandona el método clásico de producir fibrocemento y se lanza, a un costo más elevado, con Novatech, desde su fábrica de Descartes ya transformada y desde su nueva fábrica de Dunkerque *(puerto al norte de Francia, a orilla del Canal de la Mancha)*, a la explotación de la tecnología Wellcrete, donde el principal elemento novedoso es la fibra de vidrio. Hemos apuntado que eso no nos sorprende estando en el seno de Saint-Gobain, número uno del vidrio en el mundo. Al final, se tiene complejidad y mayor costo del proceso, que acabarán con la nueva entidad[115] a corto plazo, a pesar de la capacidad del producto para resistir más impactos, sin romperse. Eternit Francia, apoyada en la experiencia adquirida por sus hermanas europeas, ya pasadas al "sin-amianto", algunas de ellas desde hace un decenio, elige otra opción. Reemplaza el amianto por PVA *(polivinilo-*

---

[114] PVC: polivinilo cloruro. PEHD: Polietileno alta densidad.

[115] Everite sobrevivirá algún tiempo gracias a la producción de poliéster en la fábrica de Descartes.

alcohol) y celulosa, mediante la adaptación de la técnica Hatschek cuyas capacidades ya han quedado demostradas desde hace años.

Esta solución no sólo limita las inversiones, sino que ofrece otras dos ventajas, permitiendo:

-Alternar durante cierto tiempo los dos tipos de fabricación, con y sin amianto.

-Probar la nueva tecnología, y al mismo tiempo producir pequeñas cantidades de placas libres de amianto, que se exportarían muy bien hacia Gran Bretaña y países del norte de Europa, mucho más avanzados que Francia por haber rechazado el amianto varios años antes.

Esta decisión hace que ya en 1996, la fábrica de Thiant, suministre 1,7 millones de metros cuadrados de placas sin amianto, lo que supone un 17% de su producción. Las demás fábricas del grupo siguen rápidamente la misma política y muy pronto será el 10% de su producción global la que se entrega libre de la ahora satanizada fibra. No se debe negar la evidencia. Esa transición no se hace, ni sin problemas de puesta a punto, según atestiguan los técnicos contactados durante mis investigaciones, ni sin fuertes inversiones. El mismo artículo de l'Usine Nouvelle ya citado, menciona varios centenares de millones de francos invertidos, sin que se sepa si el importe se refiere solamente a la fábrica de Thiant o a las diversas plantas del grupo. Queremos pensar que se trata de una cantidad global. Recordemos aquí las previsiones mencionadas en la conferencia de Kuala Lumpur, largamente expuestas en un capítulo anterior. Otra manera de presentar las cosas nos la ofrece Syro, empresa suiza que proponía sistemas completos en varias dimensiones, para producir fibrocemento sin amianto. En su publicidad, empieza por enumerar una serie de cuestiones que se le presentan al industrial que se prepara a dar el paso de abandonar el amianto, pero no el mercado que imagina tan prometedor.

"Cuestiones que contestar y decisiones que tomar:

¿Modificar la línea de producción actual o invertir en una nueva línea?

¿Qué máquinas tendrán que modificarse?

¿Qué circuitos tendrán que modificar?

¿Qué flujos de producción tendrán que modificarse?

¿Qué partes de la máquina habrá que añadir?

¿Cuáles son las materias primas que se utilizarán?

¿Cuáles son los costos que se prevén?

¿Cuál es el plazo previsto para ser operativo?

¿Cuál es el mejor método para acortar este plazo?"

A pesar de su reputación suiza y de sus costos atractivos gracias a una fábrica localizada en la India, Syro "fabricante de máquinas para el FC" fue adquirida por otro grupo suizo en 2016, y según ciertas informaciones, ¡no vendieron ya más máquinas Hatschek!

07-001. Máquina Hatschek moderna de marca WEHRHAHN. Cortesía de Wehrhahn.

VII La recuperación

En esta primera parte del siglo XXI, Eternit, todavía presenta una excelente realización con una máquina Hatschek de 4 tinas, instalada en Saint-Grégoire, *(cerca de Rennes, Bretaña).* Totalmente automatizada, emplea cemento, carbonato de calcio, humo de silicio, celulosa virgen y reciclada y PVA, para producir pizarras

07-002 Pizarra NT de Eternit, Planta Saint Grégoire, apuntar el corte desportillado. Revista Eternit. "Soluciones adaptadas a tus edificios""

07-003. Pizarras antiguas y más recientes, aunque las dos parez-can ser de Amianto-cemento. Archivos personales.

Se cuida en especial la calidad del producto, así como las condiciones de trabajo. Para mejorar la imagen de la marca, se hace absolutamente necesario escaparse del aspecto "imitación" que padecen desde hace decenios las pizarras artificiales.

Ciertamente los profesionales las consideran claramente poco estéticas. Una vez solucionado el problema de coloración, la firma se concentró en mejorar el relieve hasta alcanzar un parecido verdaderamente natural. Las mejoras introducidas en la parte "acabado" de la máquina lo permiten. Ahora bien, es preciso que los bordes de estas pizarras se parezcan a los de las naturales. El "Departamento Investigaciones Aplicadas" de Eternit Francia cuenta en su seno con un técnico que imparte formación en instalación de cubiertas. En 1996, se le ocurre emplear un corta-pizarras manual. Lo modifica intencionalmente para obtener un corte irregular en lugar del habitual corte bien realizado. Propone su idea, que es recogida a título de "proyecto de desarrollo" de una nueva pizarra de tipo "desportillada"[116] Las imágenes que siguen demuestran claramente la evolución estética de las

---

[116] "Desportilladura", según el Diccionario de la lengua española: *"fragmento o astilla que por accidente se separa del borde o canto de una cosa"*. En el presente caso, no es accidental sino voluntario.

pizarras artificiales. Las más recientes tienen un aspecto que se acerca sin duda al aspecto de las pizarras naturales.

07-004 y 005 Pisaras NT recíentes de Eternit Planta Saint Grégoire. Revista Eternit. "Soluciones adaptadas a tus edificios"

A pesar de las certezas del Fabricante, cuando me acerqué a un técnico de Bretaña, me contestó de inmediato: *"desde el suelo, cuando echó una mirada a un techado de pizarras", te puedo decir si son naturales o no. Aquellas de imitación o de fabricación reciente sí son mucho más lisas que las naturales"*. Personalmente las veo lisas, pero también muy bonitas.

Las pizarras no son los únicos productos que resucitan con las nuevas tecnologías: Las placas onduladas conocen igualmente una nueva juventud, especialmente en su aplicación como "primera cubierta", debajo de las tejas de tipo romana. Facilitan el montaje del tejado y mejoran de forma considerable la estanqueidad de toda la techumbre, repitiendo la técnica del "tegula/imbrix" ya expuesta en la parte "Explosión mundial".

En el esquema que aparece a continuación, se puede fácilmente apreciar que una máquina Hatschek moderna se parece mucho a las del siglo XX y que el sistema de "lanza-flejes" también expuesto anteriormente sigue estando vigente. Se observa la similitud de los principales elementos con los de las antiguas máquinas, silos para preparación de la pasta, tamices, cajas de

07-006 y 007 multi teja ondulada NT de Eternit, como soporte de tejas clásicas, (entre otros, permiten dividir por dos el número de tejas clásicas necesarias).
Revista Eternit "Soluciones adaptadas a tus edificios".

vacío, fieltro, cilindro de formación, más un nuevo silo por el PVA *(ese último proviene esencialmente de Japón)* y otro para celulosa. Claro, que el silo para el amianto ha desaparecido. En su sitio Web: "El pasado del Amianto", Eternit nos revela algunas precisiones relacionadas con el nuevo fibrocemento, sin olvidar alabar sus cualidades nos especifica:

"El amianto tiene una estructura química mineral (silicato) bio-persistente. Al contrario, las fibras más empleadas ahora por Eternit en el Fibrocemento tienen una estructura orgánica totalmente diferente. La celulosa está constituida por hidratos de carbono y la estructura del polivinilo-alcohol (PVA) es muy parecida a la del polietileno y el polipropileno (plásticos de uso diario). Ninguna institución científica con autoridad en el tema (IARC, MAK Komission, HSE, NTP, etc.) nunca clasificó a estas fibras orgánicas como cancerígenas, o susceptibles de convertirse en cancerígenas.*

VII   La recuperación

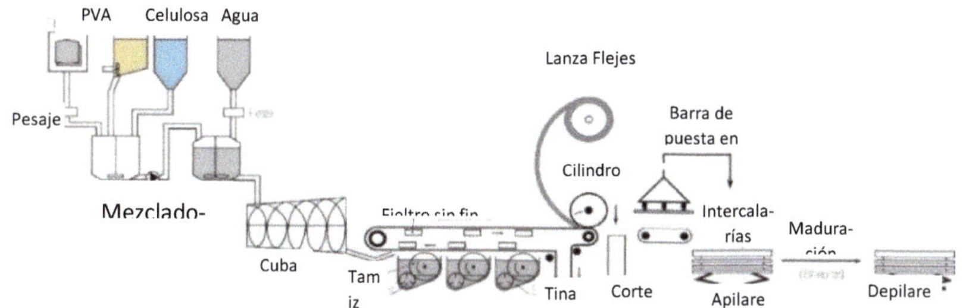

07-008 Esquema de maquina HATSCHEK moderna para fabricación sin amianto. Apuntar la presencia del "lanza flejes". Página Web del fabricante.

Todos esos organismos gozan de una gran reputación mundial a nivel científico y están especializados en la evolución de carácter cancerígeno de las materias primas y en el establecimiento de los umbrales de exposición a esas materias en los puestos de trabajo (MAK Komission y HSE). Estos productos se emplean de forma industrial desde más de 50 años. La clasificación de las fibras por los organismos científicos internacionales y nacionales se basan en pruebas de laboratorios y estudios epidemiológicos

. El ARC: Agencia Internacional de la OMS (Organización Mundial de la Salud) para investigaciones sobre el cáncer. MAK Komission: Colegio mundialmente conocido de expertos alemanes en toxicología. HSE: Healh and Safety Executive, organismo de consultivo del gobierno británico. NTP: National Toxicology Program, organismo de consejo consultivo del gobierno americano

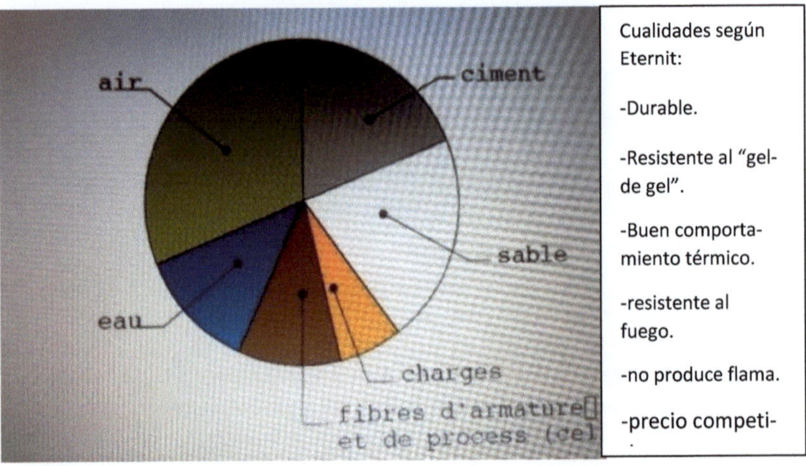

07-009. Cualidades según Eternit en su página Web: El pasado del Amianto

.

Volviendo al Glasal

Considerado como uno de los productos de los más ligados a los felices días de la arquitectura post guerra, el Glasal de la época del amianto, incluso si se anticipa un poco sobre el capítulo siguiente, sabe también renacer de sus cenizas con las nuevas tecnologías, sin perder nada de su antiguo esplendor. Ya en 1986 se fabrican los primeros paneles sin amianto, y a partir de 1994 el amianto desaparece totalmente de su composición. Así continua su carrera hasta principios del siglo XXI, cuando nuevos productos para la construcción acabarían por eliminarlo completamente. *(Un nuevo producto llamado "Equitone Pictura" lo reemplazara).*

Sin embargo, una excepción interesará a los automovilistas que utilizan los túneles de las autopistas. La empresa Promat, filial del Grupo Etex, propone un

07-007/008 bis. Túneles con muros de apoyo de Glasal. Varias páginas Web tratando del asunto.

producto ignífugo, el Glasal T, que sirve de revestimiento a los muros interiores de apoyo de los túneles. Más de 250 de ellos en el mundo son dotados de ese producto según su fabricante.

Es particularmente llamativo el caso del Túnel del Mont Blanc, totalmente rehabilitado en 2002, después del terrible incendio de marzo 1999 que ocasiono 39 víctimas. No solo este material no arde, también amortigua la transición de luces para conductores y pasajeros. Además, se limpia fácilmente de la suciedad causada por las emisiones de los tubos de escape de los vehículos.

Por supuesto los productos sin amianto no se limitan solo al Glasal, pero citarlos todos supondría enumerar un catálogo por cuenta de Eternit. Sin embargo, no resisto al placer de presentar una colección arquitectónica a orillas del mar del Norte que me parece bien lograda. Las posibles composiciones que ofrece el fibrocemento son tan numerosas que su lista pudiera recordar a un inventario estilo Jacques Prevert muy diverso

(Curiosamente a pesar de mis búsquedas personales, Etex no ha podido decirme donde están situados estos edificios, ni con mayor motivo quien es el

fotógrafo. Si algún lector reconoce el lugar, me será de gran ayuda que me lo comunique).

07-010 Fachadas Eternit sin identificar el lugar. Origen desconocido.

A pesar de eso, sigue siendo un producto del cual no podemos prescindir, pues se encuentra estrechamente relacionado con la Conferencia de París sobre el calentamiento global de diciembre 2015, que significan ya esfuerzos capitalizables para la COP. Concierne a varios países y se trata de un producto destinado a soportar un entramado de vegetación multicapa para ajardinar las cubiertas de los edificios. Se le describe a continuación.

La placa Verdura ondulada perfilada de cemento reforzado, imputrescible, no flamable, incombustible, dimensiones exteriores: 1.20 x 0.96 m dimensiones útiles: 1.00 x 0.92 m.

VII La recuperación

07-011 *Placa Verdura Eternit.*

07-012 *Ejemplo de Hydropack Eternit.*

Asociada a un Hydropack *(patente Eternit)* no de fibrocemento[6], permite el ajardinado de tejados, muy de moda hoy en día.

07-013. *Techado a jardinero con placas verdura e Hydropack.*
Web Eternit Verdura "Todo para tu techado"

Justamente, volvemos a nuestros propósitos relacionados a la historia que hemos abandonado por unos momentos en beneficio de unas digresiones.

En Francia, en 2002, Eternit filial del Grupo Etex desde 1994, se convierte en Eternit SAS, luego en 2002 Eternit SAS se escinde en 3 sociedades.

CRI, que reúne las tres plantas de producción que sobreviven:

-Haulchin (Norte de Francia) especializada en placas onduladas, naturales y coloreadas,

-Terssac (Suroeste de Francia) cuyos productos estrella son las placas onduladas NT, obtenidas por aplicaciones de pigmento fresco en máquina Hatschek, y también "bajo-teja" que pueden perfectamente participar en la rehabilitación de edificios antiguos sin desfigurarlos.

07-013. Rehabilitación con placas onduladas Eternit NT.
Revista Eternit "Soluciones adaptadas a tus edificios".

-Saint Grégoire (*suburbio de Rennes, Bretaña*) especializado en pizarras, lo que a nadie sorprenderá habida cuenta de que se localiza en la región bretona, gran consumidora de este producto, lo que no impedirá a esta moderna fábrica exportar grandes cantidades hacia el Reino Unido y Europa del Norte.

Eternit Comercial, reagrupando el conjunto de colaboradores que participan en la comercialización de los productos de marca Eternit.

ECCF que se convierte en "centro de competencia" reagrupando el conjunto de las funciones soporte para las tres entidades nacidas de la escisión, pero también para las otras empresas del Grupo Etex.

Globalmente Fridonia, sitio especializado en la prospectiva, nos asegura que el porvenir de los productos de fibrocementos es actualmente muy prometedor. Se puede particularmente leer lo siguiente:

"Los productores de fibrocemento siguen inventando nuevos métodos de ayuda a los clientes para la compra de sus productos. James Hardie, por ejemplo, ha creado una aplicación que permite a los contratistas obtener las medidas y una representación en 3D de una vivienda, simplemente sacando fotos del proyecto. La compañía indica que el resultado es fiable en un 95% y evita mediciones manuales, permitiendo al contratista ganar tiempo.

Principales Llaves de Mercado Global del Fibrocemento.
Características superiores van a generar la demanda.
"De ahora al 2019, la demanda global de productos de fibrocemento debería aumentar un 4,4% por año, hasta 32,6 millones de toneladas. El fibrocemento se utiliza principalmente en, tejados revestimientos, moldeados y marcos. De aquí a 2019, se espera que el crecimiento más rápido se oriente hacia las secciones de molduras y marcos ("Trims" al estilo americano...), primero para usos exteriores en razón de su capacidad para resistir las más duras condiciones climáticas sin podrirse ni deformarse. El poco mantenimiento necesario y la resistencia al fuego debería hacerle ganar cuotas de mercado sobre otros productos, particularmente la madera".
Los revestimientos exteriores de Fibrocemento "Siding" van igualmente a conocer un fuerte desarrollo.

Los revestimientos exteriores "siding" deberán tener un gran desarrollo de aquí… al 2019, principalmente en razón de su crecimiento en Estados Unidos, que supuso casi una tercera parte de la demanda en 2014. Los revestimientos exteriores de fibrocemento se hicieron increíblemente populares en Estados Unidos por su resistencia al mal tiempo y la acción de los insectos. Entre 2004 y 2014, los revestimientos exteriores de fibrocemento han visto aumentar su cuota de mercado en un 6% anualmente. Los progresos de los próximos años serán menos importantes, pero seguirán siendo relevantes".

Sin embargo, ese sitio especializado continua:

"Los productos a base de amianto siguen siendo populares en Brasil y en la India.

"En 2014, el volumen más importante del mercado de fibrocemento fue generado por las cubiertas en particular en Brasil y en la India que son los países más demandantes de esta solución y en donde los productos a base de amianto también son los más baratos. Sin embargo, la toma de consciencia de los riesgos ligados a la salud por la presencia del amianto seguramente va a reducir la demanda en los próximos años. El fibrocemento perderá cuotas de mercado en Brasil y en la India a favor de tejas de hormigón y arcilla que son menos costosas que fibrocemento sin amianto. En conclusión, en estos dos países, la demanda en cubiertas de fibrocemento debe ser revisada a la baja de aquí al 2019"

La recta final para la reconversión al FC NT en América Latina

Mi amigo mexicano, gran conocedor del tema por haberlo vivido en directo, nos resume las peripecias vividas en las investigaciones conducidas para conseguir el reemplazo del amianto a partir de los años 1986.

"El FC CELA. En 1986 de la mano de Everite y con la puesta a punto de Mexalit (México), en un mercado interno con tres grandes jugadores,

VII La recuperación

inicia entonces la tecnología FC CELA (celulosa cemento auto clavada) bajo la técnica Hatschek en algunos de sus procesos para placas onduladas, placas planas y siding. Lamentablemente la tecnología CELA fue malamente generalizada en varios continentes para aplicaciones de placas para techado, con malos comportamientos a mediano y largo plazo en climas y microclimas semi húmedos y húmedos. Después de unos 10 años su cancelación resultó inevitable, pero sí confirmando excelentes resultados en productos "siding" para revestimiento exterior. "El FC NT[117]. Paralelamente en la última década el FC NT con fibras de reemplazamiento "celulosa y fibras poliméricas" fue confirmada universalmente en Europa y Oriente, como la mejor posibilidad para los productos de techado. Fue con la integración de un "Proyecto Conjunto de BRASILIT- MEXALIT en 1998, liderado entonces por el Grupo Saint Gobain" que inicia excepcionalmente el uso la fibra de vidrio alcalino resistente CEMFIL de Saint Gobain. Esta fibra fue rechazada por desempeño. Llegó entonces la recta final y se confirmó la solución con el empleo de fibras de celulosa y fibras poliméricas de PVA o de Polipropileno (PP) importadas fundamentalmente de Japón o China. Ya a partir del 2003 BRASILIT con fibras de polipropileno propias, fabricadas en Sao Paulo inició su actividad. Posteriormente fue MEXALIT de ELEMENTIA, bajo los mismos pasos de las microfibras textiles y de refuerzo del concreto para la construcción, que desarrolló en Mérida MX con Matrix un Joint Venture de desarrollo de su propia fibra "Fortaleza para el FC NT".

Concluyó en resaltar, que la cantidad, las dimensiones, la tenacidad, la elongación y la adherencia superficial de las fibras con el cemento, son factores determinantes para asegurar una alta calidad de clase mundial de las fibras, de acuerdo a las normas nacionales e internacionales ISO, "Polymeric Fibres for Concrete - Specifications and Test Methods",

---

[117] FC NT: Fibrocemento de nueva tecnología.

aunque con un impacto sobre los costos del FC NT que irá a la baja con fibras locales, siempre más baratas que las fibras de importación.

VIII   PANORAMA POR PAISES

"La exportación es el mejor preventivo contra la esclerosis, que puede engendrar una posición dominante sobre el mercado interior... El cliente extranjero no es diferente del cliente francés. Hay que conocerlo, adelantarse a sus problemas y obtener su confianza".

Roger Martin, "Patron de droit divin"

Si esta declaración de un Gran Patrón francés, se aplica bien a los grupos que ha dirigido, pereciera ser aplicable a los grupos de la industria del fibrocemento, sea cual sea el país de origen, por lo menos para aquellos que dependen de una economía liberal. Es lo que vamos a verificar mencionando algunos de los países donde prospera esta industria.

El fibrocemento, como otras industrias, interesa en todo el planeta y despierta la ambición de los grandes grupos industriales de diversos continentes. Todos desean ampliar sus actividades principalmente en países con fuertes tasas de natalidad, más que por impulso del desarrollo de vivienda y de edificaciones industriales y comerciales dignas. La creación de asociaciones y fundaciones de todos tipos están muy de moda, especialmente después de los años 1960. Si he podido escribir en el prólogo que las empresas conocen una vida muy parecida a la de los seres humanos, creo poder añadir sin arriesgar nada, que la semejanza va todavía más lejos. Si en el mundo moderno la institución del matrimonio ha perdido su carácter sagrado y duradero, las adquisiciones y fusiones abundan, pero a menudo son causa de divorcios y segundos matrimonios, que no se hacen sin provocar dolor, a veces miseria, entre las víctimas de operaciones púdicamente llamadas "restructuraciones". Las páginas siguientes van a exponer algunos ejemplos.

La A de

Alemania

Donde se vuelve a hablar de la SAIAC.

En diciembre de 2007, la Señora María Roselli publica, "Die Asbestlüge" que revela el testimonio de Nadja Ofsjannikova, relacionado con la vida de esta persona y de otras muchas en el campo de trabajo forzado de Eternit[118].

Extracto:

"Para optimizar su industria, los fabricantes habían constituido ya en 1929 el Grupo bajo el nombre Sociedad Internacional de Amianto-cemento (SAIAC). Su dirección estaba evidentemente en la Sede de Eternit en Niederurnen. Y su presidente era Ernst Schmidheiny, propietario de Eternit Suiza. En Suiza, el tema es casi tabú, casi desconocido. Pero este Grupo del amianto ha participado y aprovechado las deportaciones de la Alemania nazi gracias a un campo de trabajo forzado de Berlín. La Desutsche Asbestzement AG (DAZAG)…utilizó durante la segunda guerra mundial el trabajo forzado de más de quinientas personas en su berlinesa fábrica. La mitad eran extranjeros, prisioneros de guerra franceses y civiles italianos en los primeros años. A partir de 1942, son sobre todo mujeres de Europa del Este que trabajan en la fábrica llamada Eternit, nombre que aparece sobre las puertas del campo. Nadja Ofsjannikova es probablemente, en la actualidad la única superviviente del campo Eternit. Para su libro, María Roselli

---

[118] Philippe Poirson," El correo de Lausana", 15 de diciembre 2007. Asbestlüge: «La mentira del Amianto».

recogió el testimonio de la antigua deportada, en su casa de Riga, en Letonia".

Mas reciente y más simpático:

Hemos tenido la ocasión de hablar de este país en diversos momentos, por ello nos conformaremos con apuntar la existencia de una empresa dedicada a la fabricación de máquinas para placas de fibrocemento, que nos permite ver un ejemplo ilustrado de la formación de la placa. Se puede observar con detalle la hoja primaria en formación y los cilindros tamices transfiriendo la mezcla al fieltro, detrás de las piernas de los obreros.

08-001. Maquina Hatschek moderna de marca Wehrhahn. La presencia de los obreros destaca las medidas de la máquina. Cortesía de Wehrhahn.

América Central

Costa Rica - Ricalit

La historia del fibrocemento en América Central parece empezar en el año 1964 cuando Eternit Suiza crea en Costa Rica su fábrica Ricalit, cerca de la capital San José.
En pocos años, esta joven empresa se convierte en el más importante fabricante de fibro-cemento de la región y en líder de la construcción

de viviendas ligeras prefabricadas de las Américas. Durante una época que estuvo presente hasta en 34 países.

Apuntemos de paso, que, en esta zona del mundo, este tipo de viviendas inspirada en la construcción tradicional local está bastante bien adaptada, pues es fácil de instalar con un costo muy atractivo.

En los años 1988/1990 Stéphane Schmidtheiny, que había vendido hacia poco tiempo sus participaciones de Eternit en Europa, invierte en la zona.

Decide abandonar el

Casa prefabricada. Web de Plycem.

amianto en beneficio de las nuevas tecnologías, y producir fibro-cemento sin amianto. Así nace el producto llamado PLYCEM[119], que poco a poco dará la luz a fábricas especializadas, no sólo en **América Central** sino en **Ecuador, Venezuela, Argentina, Colombia, México**, incluso en **Estados Unidos**. No cabe duda de que el Plycem bajo la influencia de Stephan Schmidheiny es uno de los precursores, si no el verdadero precursor del fibro-cemento sin amianto.

Este último encuentra ciertas dificultades, pues las placas, particularmente las planas, no están siempre libres de defectos, lo que a veces genera graves litigios entre fabricantes y compradores.

En el nombre de casi todas las empresas, aparece el sufijo "it", tan preciado por esta industria: **Ricalit** en Costa Rica, **Nicalit** en Nicaragua, **Hondulit** en Honduras, etc. aunque con alguna excepción tenemos a Duralita en **El Salvador**.

---

[119] Plycem: palabra constituida de forma idéntica a "plywood", por "contrachapado". Aquí se trata de evocar la idea de chapas de cemento.

En 1999, se fusionan Plycem y Amanco, este último especializado en tubos de PVC. A partir de ese momento, Amanco pasa a ser el nombre de la nueva sociedad, mientras que Plycem sigue siendo el nombre del fibro-cemento libre de amianto. Tal como sucede en otros muchos casos, los beneficios no están a la altura de las esperanzas depositadas y en 2004 se divorcian. Plycem recupera su independencia, recordamos a Stephan Schmidheiny con su publicación de Mi Visión en 2003 diciendo *"Los planes de diversificación en América Latina son muy difíciles de implementar, dejar de lado la utilización del amianto significó que nos vimos obligado a vender o cerrar todas las plantas, dado que no podríamos competir con los que seguían utilizándolo"*, poco tiempo después, en 2007 Stephan Schmidheiny deja Plycem y lo vende al Grupo mexicano Mexichem y más adelante se reubica con la creación del grupo empresarial Elementia, mismo que estaría a punto de convertirse en un gigante de los productos para la construcción en las tres Américas. Tendremos la ocasión de volver sobre el tema.

En el momento de la venta a los mexicanos, los cuales producen simultáneamente fibro-cementos con y sin amianto en sus numerosas fábricas, Stephan Schmidheiny, fiel a su compromiso por un desarrollo sostenible, hace figurar en el contrato que las plantas de Plycem seguirán produciendo exclusivamente fibro-cemento sin amianto.

Un año más tarde, los mexicanos planean fabricar placas onduladas con amianto en la fábrica Plycem de El Salvador y contrarrestar la fuerte influencia local de Duralita con amianto-cemento. Stephan Schmidtheiny alarmado interviene de inmediato y gracias al contrato firmado, consigue impedir la vuelta al producto tan criticado contra el cual está luchando desde hace tanto tiempo, sin embargo, varios expertos declaraban ya entonces que el proceso NT desarrollado para placas de techado Plycem, caería en una obsesión de hacer competir con Duralita o con la nueva NT moderna de curado al ambiente de otros.

VIII Panorama por países

En Panamá, país del famoso canal, existía una pequeña fábrica muy simpática, que producía placas onduladas y moldeados para cubrir las necesidades locales. Hacia el año 2000 fiel al destino de la mayoría de las empresas independientes, es absorbida por el mexicano Elementia. Poco tiempo después, la fábrica cesa en sus actividades, es desmantelada y las maquinas vendidas como chatarra, todo en favor de las fábricas colombianas del grupo. Así, éstas eliminan un competidor regional y agrandan sus zonas de ventas, por continuar en la región veamos entonces que pasa con El Salvador.

El Salvador.

Ya citamos antes a América Central como región y muy brevemente a este pequeño país de hermosas playas en el Pacífico y escarpado paisaje montañoso, con un telón de fondo de vigilantes volcanes que son referencia de San Salvador la capital, país emergente, políticamente una república democrática, bonito, con una economía complicada, y el manejo del dólar estadounidense como moneda común.
El manejo del fibro-cemento en El Salvador inicia más formalmente a partir de los años 60, con constructores y distribuidores de materiales locales e importaciones desde fabricantes vecinos en México y Colombia[120], que estaban en el mercado ya desde antes de los 50, Costa Rica el más próximo con Ricalit de Eternit, inicia la fabricación de amianto cemento en 1964.

---

[120] Eureka de MEXICO nacida en 1930 y Eternit de COLOMBIA en 1942, serían los primeros exportadores de amianto cemento a América Central, dejando una importante imagen en la zona, sin poder asegurar la influencia de Eureka en la primera fábrica en El Salvador, que pasó a manos de Eternit.

Plycem El Salvador.

La Planta inicial de amianto-cemento en El Salvador adquiere la marca Eureka, llega Eternit y la conserva, ya en los 70 recuerdan el slogan "Eureka una Planta del Grupo Eternit", con jalones de orejas del mercado cuidan la actitud e imagen de monopolio que molesta, 20 años después resurge como PLYCEM del Grupo Eternit, reconvertida a fibrocemento sin amianto, con ondulados de techados que no satisfacen al mercado se ayudan con una gama de colores que contrasta con lo tradicional, sus productos Siding como Paneles de revestimiento exterior e interior avanzan lentamente con ventajas y desventajas sobre otros. Ya en esta primera década del siglo XXI poco a poco se tratan de incorporar fibras poliméricas sin optimizar los resultados técnicos y de precio, para pelear cara a cara con los productos con crisotilo en El Salvador y consecuentemente en Centro América, lo inevitable, la imagen recae. El TRIM (tiras de fibrocemento NT) para remates de marcos para la colocación de puertas y ventanas se posiciona sólidamente en el mercado americano.

En la actualidad la publicidad del Grupo conserva la marca que por décadas tuvo como "Eureka", ahora inscrita "Eureka LPG by PLYCEM" y PLYCEM se convierte desde unos años en muy importante exportadora de su producción siding a los Estados Unidos.

La marca Eureka para techados, se retoma por cinco razones:

-El derecho histórico de la marca en el país,

-La posesión de Elementia de la marca Eureka,

-El resultado de encuestas del mercado, digamos inspirada en los años dorados de su pasado:

-Afianzar así la reconversión a NT, diluyendo esos años obscuros de la adaptación inicial.

-Convertir la marca, en el estandarte del nuevo Fibro-cemento en El Salvador y otros mercados.

VIII   Panorama por países

De sus publicaciones se extrae en resumen lo siguiente:

La planta "Plycem El Salvador" es la única en la región que actualmente tiene dos líneas de productos, tanto para lámina ondulada Eureka como para productos planos.

La proyección se rebasaría con el mejoramiento de equipo, incorporación de tecnología, tren de coloración para ondulados, eficiencia de procesos de producción, combinando cemento propio y fibras poliméricas, certificaciones, calidad y garantías, imagen del producto y marcas, pero sobre todo capital humano.

Duralita El Salvador.

Es una empresa que luce 100% salvadoreña y que desde su origen lo justifica, se ubica como la segunda empresa en la historia de este pequeño país, se funda en 1973 por inversionistas locales liderados por un ingeniero de nombre Gustavo Cartagena de formación en la industria de la construcción local y dedicado a la ejecución de proyectos de todos tipos, entre los más frecuentes figuraban la industria del cartón local y muchos otros.

Iniciada la década de los 70, un proyecto del nuevo Hospital de San Salvador llega a la etapa del techado, selecciona como es habitual un techado de placas de amianto-cemento, mismo que presupuestó y bajo convenio con "Eureka de El Salvador", que ya se presentaba como una Empresa del Grupo Eternit, se acordaron precios y condiciones desde su misma planta en San Salvador, debemos recordar que en la zona y en la época de oro, las listas de espera para adquirir estos productos llegaba a dos y hasta tres meses en Centro América, siempre bajo condiciones de un mercado de demanda, con fluctuaciones de precios a la alza, que se juzgaba ya como un monopolio no solo del fabricante como también de algunos voraces distribuidores.

Llegado el tiempo de programar entregas y pagos, "Eureka del Grupo Eternit" sube escandalosamente los precios y la venta no se realiza, Gustavo Cartagena importa los productos y realiza la obra con sobre-costos, pero de ninguna manera iguales a los que la Planta local de San Salvador le ofrecía.

A esto ya con alguna experiencia de ver y ver la maquinaria de la cartonera, comparar ideas con la máquina de Eternit, decide incursionar en la fabricación de productos de amianto-cemento, con conocimiento de la industria y la participación de colegas, logra económicamente lo necesario, integra su grupo, desarrolla equipos y sistemas, con una Hatschek de dos tinas, pronto consigue los necesarios moldes y sorprende en el mercado con la creación de Duralita.

Prácticamente como en todos los países, se desarrolla tácitamente una persecución, apasionados distribuidores recuerdan esa etapa *"En que se libran muy duras batallas, se gana y se pierde, la guerra de precios se desata, los dimes y diretes se agudizan, nadie gana, tal vez el mercado en que toman poco a poco partido, en algún momento llegan algunos acuerdos entendidos o decisiones bilaterales para evitar más crisis incluso para evitar las importaciones"*

VIII   Panorama por países

Al tiempo, adquiere una segunda línea de fabricación de placas P7, de equipos ya modernos de fabricación al parecer de India, seguramente Syro, realiza con mucho mérito y tenacidad su fabricación de placas de amianto-cemento P7 que compiten de tú a tú con Plycem local reconvertido ya con un limitado fibrocemento sin amianto. En 2014 Duralita, aunque con un portafolio corto de productos de amianto-cemento inclusive en color, hace grandes esfuerzos para penetrar en los mercados de países vecinos, pero la competencia resulta ser muy feroz. Su paso a nuevas tecnologías de fibro-cemento pareciera todavía estar en veremos, con pocos avances.

Argelia

De las tres modernas fábricas de amianto-cemento construidas por un consorcio belga-francés en 1974/75, de las cuales hemos hablado anteriormente, parece no quedar nada. Los productos de fibrocemento ofertados en el mercado provienen esencialmente de Vietnam. Buscando cuidadosamente en la Web, sólo aparece una licitación sin fecha, procedente del Ministerio de la Industria y de las Minas, por cuenta del Grupo Cementero GICA, relacionado con la construcción de una fábrica de placas onduladas. Al parecer esa licitación no tuvo continuidad en ningún proyecto concreto.

Australia

En el 1888, un joven escocés llamado James Hardie, deja su familia, la curtiduría, que había sido su medio de vida, y se va de su país. Buscando nuevas oportunidades, se encamina hacia Melbourne. Apoyándose en su experiencia, empieza por importar productos necesarios para el desarrollo de su antigua actividad en su nuevo país.

En 1892, se reúne con Andrew Reid, un amigo de Glasgow, con quien seguía manteniendo contacto.

En 1895 los dos caballeros unen sus competencias y sus ambiciones y se asocian.

08-003 Tienda James Hardie, primeros del siglo XX. Web James Hardie.

Durante un viaje a Europa en 1903[121], James descubre el amianto-cemento, el nuevo producto para cubiertas fabricado en el continente y decide importarlo a Australia. Historia de James Hardie

Las ventas prosperan, James se retira en 1911, vende la mitad de sus negocios a Andrew, pero el nombre James Hardie se mantiene. La empresa se desarrollará y se mantendrá en el seno de la familia Reid hasta 1995.

En 1906 esta empresa exporta placas a Nueva Zelanda. En 1925, envía a sus propios empleados a Wellington para llevar a cabo una obra de gran envergadura. En 1936, crea "Sociedad Fibrolite" y decide montar ahí una fábrica con

---

[121] Esta fecha aparece en al sitio Web de James Hardie, pero nos sorprende, pues este año, apenas empezaba la fabricación, y Ludwig Hatschek no tenía todavía su patente registrada.

una sola máquina, capaz de producir a la vez placas lanas y onduladas. La fabricación arranca el 8 de octubre de 1938. El primer contrato importante lo obtiene con motivo de la Exposición del Centenario[122] de Nueva Zelanda en Wellington, en 1940.

Entre 1940 y 1981, la fábrica de Nueva Zelanda se amplia y se moderniza.

En 1946/47, una colaboración entre James Hardie y las empresas V.H.Y. Pty pone a punto y utiliza por primera vez los encofrados de amianto-cemento mencionados anteriormente.

En 1951 James Hardie Industries cotiza en la Bolsa Australiana.

En 1981, tiene lugar la fusión entre James Hardie y Philips e Impey, dando nacimiento al grupo James Hardie Impey que multiplica sus actividades en los negocios del textil, de los productos químicos, de las máquinas, del papel pintado y de los materiales para la construcción.

A mediados de los años 1980, James Hardie se lanza a la producción del comúnmente llamado "FRC" *(Fibre Reinforced Cement, sea Cemento Reforzado con Fibras)*, constituido básicamente por:

        -Fibras de celulosa,

        -Cemento Portland,

        -Arena sílice, otros agregados y agua,

        -Aditivos de proceso.

Estos últimos, aditivos químicos destinados a favorecer el proceso, que aportan simultáneamente pequeñas características particulares al producto.

La empresa empieza a imaginar y fabricar una amplia gama de productos de fibrocemento beneficiándose de su resistencia, polivalencia y sostenibilidad.

---

[122] Aniversario del tratado de Waitangui firmado en 1840 entre la Corona Británica y varios jefes maorís, fecha considerada como siendo la del nacimiento de Nueva Zelandia.

Gracias a las tecnologías desarrolladas en Australia, James Hardie, ahora especializado en la sola industria del fibrocemento, va a convertirse en un gigante de esta actividad con además de sus fábricas de Nueva Zelanda y Australia, contará con instalaciones en EEUU, Chile, y Filipinas.

En los comienzos del "desarrollo sostenible, la empresa se implica en los siguientes ámbitos:

> -Agua y conservación de los recursos,
>
> -Consumo y gestión de energía,
>
> -Utilización de materiales reciclables,
>
> -Reducción de gases de efecto invernadero, etc.

A partir de 1990, el desarrollo del grupo en EEUU, lo lleva a crear, en agosto de 2001 por motivos fiscales, una nueva sociedad cuya sede se ubica en los Países Bajos: "James Hardie Industries NV (JHINV)". En 2004, por auténtica mala suerte, una modificación del tratado fiscal entre EEUU y los Países Bajos, lleva al grupo a buscar otra solución ... Un estudio muy atento a las condiciones ofrecidas por los diferentes países de la Unión Europea, le hace optar por Irlanda. Esta será elegida unánimemente por los accionistas en octubre de 2012.

El resultado es una nueva mudanza de la sede y una nueva razón social: "James Hardie Industries Plc. (JHL. Plc.) [123]/[124]

Antes de dejar James Hardie y las andanzas de su sede social, detengámonos un momento para echar una mirada a sus tubos sin amianto. En Europa y América del Norte los tubos sin amianto "conocidos en el medio como tubos para tormentas" no consiguen tener mucho éxito. Sin embargo, se les reconoce una cierta flexibilidad de interés para algunas obras en terrenos difíciles. Una norma ISO 22306 los amparaba,

---

[123] Plc: "Public Limited Company", forma de sociedad particularmente desarrollada en el Commonwealth.

[124] Las informaciones contenidas en estas últimas páginas provienen de fragmentos compilados de diferentes sitios Web de James Hardie, como de revelaciones de competidores en EEUU.

pero se encuentra ya cancelada en el 2007. Por lo visto la fabricación de estos tubos ha sido totalmente abandonada. Ciertos especialistas piensan que la fabricación de tales tubos, con otras fibras, diferentes al amianto y obtener una buena calidad, es técnicamente imposible.

En Australia, ya en 1984, la sociedad "VentagePipe", originalmente una rama de James Hardie, empieza a desarrollar tubos de cemento reforzados con celulosa, apoyándose, así nos lo parece, en la técnica de los tubos auto clavados para conducción a alta presión ya experimentada desde los años 1950. En su página Web, VentagePipe nos habla de más de 12000 km instalados en toda Australia, en opinión de expertos de otros continentes, el auto clavado no es el conflicto aquí, son las fibras de reemplazamiento.

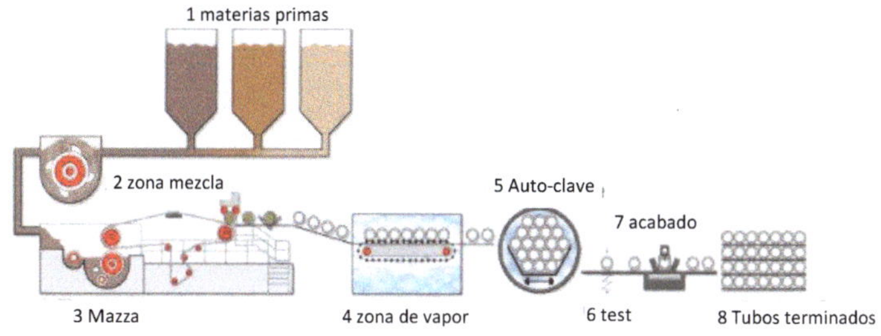

08-004. Esquema fabricación de tubos auto clavados. Web James Hardie.

VentagePipe nos ilustra también con un bonito esquema de fabricación en el cual volvemos a encontrar la parte Mazza de la máquina. Para ilustrar la calidad de sus tubos reforzados con celulosa, nos invita a visitar la ejecución del sistema construido en Brisbane para evitar los problemas de drenaje dentro del túnel de autopista más grande de la ciudad. Por este túnel pasan diariamente 400.000 vehículos, que de esta forma evitan los 27 semáforos del tortuoso centro de negocios de esta dinámica ciudad y ahorran un

30% de tiempo en el recorrido semáforos del tortuoso centro de negocios de esta dinámica ciudad y ahorran un 30% de tiempo en el recorrido
. La localización de las fábricas del Grupo en Estados Unidos según muestra el mapa, da una idea de la evolución ocurrida desde la época

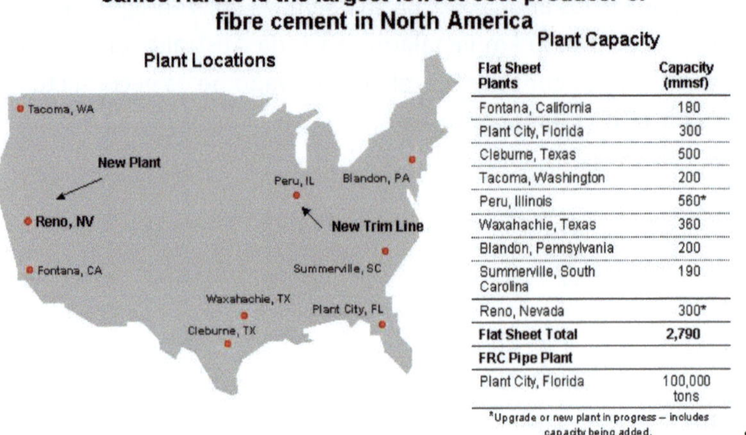

Flat Sheet Plants	Capacity (mmsf)
Fontana, California	180
Plant City, Florida	300
Cleburne, Texas	500
Tacoma, Washington	200
Peru, Illinois	560*
Waxahachie, Texas	360
Blandon, Pennsylvania	200
Summerville, South Carolina	190
Reno, Nevada	300*
Flat Sheet Total	**2,790**
FRC Pipe Plant	
Plant City, Florida	100,000 tons

*Upgrade or new plant in progress — includes capacity being added. 9

08-005 Plantas James Hardie en EEUU.

de la foto de la pequeña tienda australiana, de este estupendo mapa se generan muchas y apasionantes anécdotas, que nos podría ubicar en una línea del tiempo, con la reubicación de actividades, desde el abandono de la fabricación de productos clásicos como Hardishake y Hardislate de celulosa-cemento auto clavados para techados de sus líneas de Fontana California, como también la adquisición de una joven fábrica en Texas con máquinas *Wehrhahn*, que aventurados distribuidores locales instalaron en la zona para producción de siding, sin poder mantener esta operación por falta de conocimientos y experiencia, igualmente y como veremos otro notable caso en Wilhesboro en Carolina norte.

Austria.

De nuevo estamos de vuelta al país de origen del amianto-cemento. Recordemos, fue en 1901 cuando Ludwig Hatschek produjo sus primeras placas en la antigua fábrica de Kochmühle en Schondorf, cerca de Vöcklabruck, fábrica que adquirió en 1894 y cuya prin-  cipal actividad era la producción del papel estraza y porta vasos para cerveza.

Desde 1903, solicita la marca Eternit y la fábrica toma el nombre de "Eternit Werke…" Rápidamente su invento se extiende por Europa, incluso mucho más allá de sus fronteras.

A su muerte el 15 de julio 1914, su hijo Hans Hatschek, que trabaja en la sociedad desde 1910, asegura la continuidad de su actividad.

En 1930, Hans Hatschek inicia la construcción de un hospital que llevará su nombre. En 1939, lo hacen ciudadano de honor de la ciudad, y la calle donde se encuentra el hospital es bautizada con su nombre algo más tarde.

En este mismo año 1939, el personal de la fábrica se reduce a su nivel más bajo, con una plantilla de solo 14 personas a causa de la movilización. Poco después del final de la guerra, época de reconstrucción generadora de tanto trabajo en estas industrias, subirá hasta 840 personas. Una nueva fábrica se

En 2016 el "Fibre Cem Holding" es renombrado "Swisspearl Group AG". ¡Eso para que vea que las partidas de Monopoly no se juegan únicamente en los demás continentes! construye en los suburbios de Viena, donde se fabrican tubos de amianto-cemento.

08-006. Creaciones presentadas en una página Web de Eternit Austria y dibujo de la fábrica de Vöcklabruck.

A partir de 1987, la empresa acelera sus investigaciones en fibras de sustitución y desde 1993 el amianto desaparece de la totalidad de sus fabricaciones Siete años más tarde Eternit Austria se ha convertido en el líder del segmento de cubiertas de fuerte pendiente. En los siguientes años la sociedad prosigue
con sus inversiones y creaciones particularmente con el lanzamiento de nuevos paneles para techos. En 2005 el 80% de su capital pasa a Cross Industry AG.

246

VIII   Panorama por países

En 2009, es el empresario suizo Bernhard Alpstaeg quien, mediante "the Fibre Cem Holding" *(Eternit Schweiz AG)* adquiere el 80% de Cross Industries AG, y al año siguiente se hace con los 20% restantes.

La B de

Bélgica

Igual que Austria, que acabamos de dejar, Bélgica es uno de los países que muy pronto y de forma muy intensa, desarrolla la fabricación y el uso del amianto-cemento. Para comprobarlo basta con abrir los ojos cuando uno viaja por el país. Una inmensa multitud de pizarras grises en forma de rombo no paran de llamar la atención al viajero atento.

De hecho, Eternit aparece en Haren, cerca de Bruselas, ya en 1905 y hemos visto que los franceses no tardan en acercarse a los belgas para crear la rama francesa del mismo nombre.

En 1923, una segunda fábrica ve la luz en Kapelle-op-den-Bos, bajo el nombre de SVK (*Scheeders von Kerkhoven*). Mas tarde se convertirá en la principal fábrica.

Luego aparecen otras empresas, quizá de menor envergadura, entre las que citaremos a: Alfit, Modernit, Coverit…

El punto más importante para recordar en cuanto al amianto-cemento en el país, es el papel de liderazgo internacional de la Eternit Belga, más tarde convertida en Grupo Etex.

El segundo punto refiere a los numerosos productos puestos a punto en el país, muchas veces en colaboración con las Eternit de los países vecinos, principalmente Francia, Italia y Suiza, productos que a lo largo de los años conocerán un importante éxito mundial. Recordemos, por ejemplo:

    -Los clásicos paneles planos llamados Eternit.

    -Los paneles planos Eflex, coloreados en la masa: gris, rojo, verde o amarillo.

    -Los paneles Acimex, con granos de arena integrados en la superficie.

    -Los paneles Exterelo para uso interior.

-Los paneles Elostore que imitan la piedra natural.
-Los paneles de techado Romana y Gallia, grandes, planos, a la vez finos y ligeros.
-Las placas onduladas Ardex, comercializadas en 1952 en diversos colores, tal como gris, rosa, habano, verde, y con un acabado de resina sintética y transparente.
-Los paneles "Carpintería" que incorporan fibras de celulosa y proporcionan un toque de suavidad. En colores rosa o amarillo, sus características aislantes, ignífugas e imputrescibles, junto a su gran resistencia al agua, les proporcionaron una inmensa popularidad.

Una vez más, no acabaríamos con la lista de los productos creados y desarrollados en el "llano país", y el lector podría sospechar que estamos a sueldo de la compañía.

La mayoría de las informaciones relacionadas con esa lista se debe a un sitio belga "Matériaux d'après guerre" *(Materiales de construcción de post guerra).* El lector interesado podrá saber más sobre el asunto con una visita a esta interesante página web

Bolivia

Bolivia es uno de los dos países de América Latina sin acceso directo al mar, lo que, añadido a una altitud que varía de 90 metros hasta más de 6000, y zonas climáticas que van del tropical al polar, supone un verdadero hándicap para un fácil desarrollo económico. Eso no le impide, incluso quizá, al contrario, contar con una empresa de fibrocemento que nos propone unos ejemplos de producciones ligeras para cubiertas y sus accesorios.

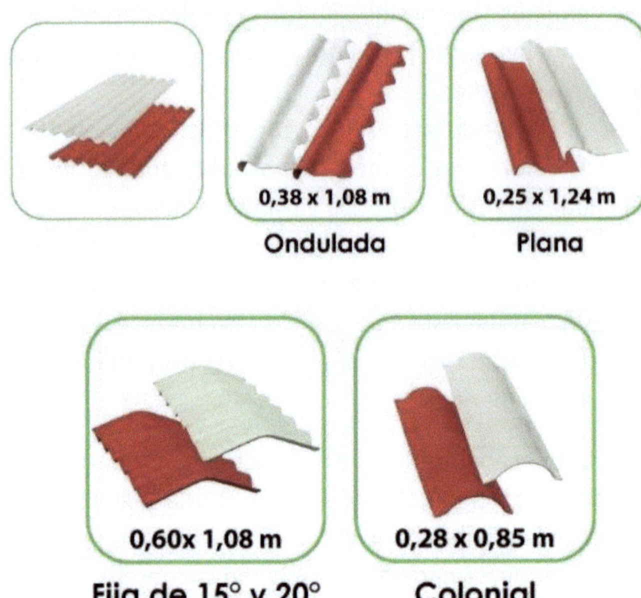

08-007 Duralit Bolivia. Web de Duralit.

VIII Panorama por países

Brasil[125]

En 1937, PAM envía dos de sus jóvenes ingenieros ya experimentados, uno de ellos para la fabricación de tubos de hormigón, el otro para el amianto-cemento. Ellos Tienen como encargo el arranque de una fábrica de tubos de hormigón cerca de Rio de Janeiro de acuerdo con un contrato que PAM acababa de obtener para la realización de una nueva red llamada "Ribeirão dos Lajes".

Mas o menos al mismo tiempo, una empresa italiana, asociada con inversionistas locales, monta una empresa de amianto-cemento, "Brasilit" en Utinga, barrio de Santo André, suburbio de Sao-Paulo. Esta fábrica conocerá un gran desarrollo a lo largo de la segunda guerra mundial. Entre otros, produce enormes cantida-

08-008 Maqueta de depósito de agua EterBras.
Colección del autor.

des de tanques para agua *(tinacos)*. La fábrica dispone de un laboratorio y de una oficina de estudios.

Otra empresa italiana crea igualmente una sociedad para la producción de amianto-cemento: la "Civil Industria de Artefatos de Cimento

---

[125] La mayoría de las informaciones relacionadas con Brasil provienen de Charles Biaggi y Joseph Milewski, ambos siendo ingenieros de PAM. Unas se deben a sitios Web de Brasilit y ciertas al libro de Renato Ivo Pamplona listado en adelante.

S.A." cuyo destino es producir pequeñas piezas. En 1962 será comprada por la Eternit.

En los meses que siguen al comienzo ya de la segunda guerra mundial, los dos ingenieros de PAM intentan volver a Francia, por vía marítima. Se quedan bloqueados en Dakar *(probablemente por consecuencia la derrota de Francia de junio 1940)* y deben regresar, lo que los lleva de nuevo a Rio de Janeiro. Reanudan la actividad de los tubos de hormigón que a lo largo de los meses y de los años generaba ya mucho dinero. Por motivo de la guerra no pueden mandarlo a la casa matriz en Francia. Por su lado, los responsables italianos de Brasilit carecen de contacto con sus técnicos bloqueados en Europa y eso encuentran muchas dificultades para hacer funcionar la fábrica e intentan venderla.

Por supuesto sin Internet ni las redes sociales de ahora, los responsables de estas nuevas industrias de los tubos de hormigón y de los de amianto-cemento se realizan un encuentro de negocios. Los franceses, con los beneficios acumulados, adquieren la joven Brasilit. Es así como una vez terminada la guerra, PAM se encuentra al frente de una empresa de amianto-cemento cerca de Sao-Paulo. Los nuevos dueños no faltan a sus tradiciones y desarrollan rápidamente la fábrica. Pronto esta contará con dos máquinas de placas y dos máquinas de tubos Magnani, una de ellas para tubos de 4 metros de largo, lo que en esta época es un tamaño respetable. Esta última tiene la particularidad de depositar sus tubos, una vez desmandrilados, dentro de un túnel sobre una cadena de rodillos de 60 metros de largo a bajo nivel que al parecer era esta la única de este tipo en el mundo.

En 1938, Hipólito Pujol, geólogo brasileño, después de estudiar una muestra de piedra recuperada en un museo del Estado de Bahía y con ayuda de un explorador regional, descubre una mina de amianto en el pueblo de São Felix en un lugar llamado Bom Jesús. Este descubrimiento dio lugar unos años más tarde al nacimiento de SAMA,

08-008bis Primeros tiempos en la mina de Cana Brava, años 1962-1965

(**S**ociedad **A**nonima Mineraçao do Amianto) que luego será gestionada por Brasilit bajo tutela de PAM.

Las fábricas de amianto-cemento se multiplican. En 1946, la filial brasileña de Eternit se convierte en: "Eternit do Brasil Cimento Amianto S.A." con participación de Eternit Bélgica[126] y monta una fábrica para producir placas planas y onduladas en Osasco/SP. En 1947, es Brasilit quien monta una nueva fábrica en el sur del país, en Esteio/RS.

En 1948, Eternit do Brasil cotiza en la bolsa de Sao-Paulo y crea una segunda fabrica en Rio de Janeiro mientras que Brasilit monta una en el Norte en Recife/PE.

Los recursos de la mina de Bom Jesús son cada vez más insuficientes para hacer frente a las necesidades de las nuevas fábricas. PAM envía unos ingenieros que se suceden en la dirección de la mina, sin conseguir hacerla más productiva.

Durante los años 50, PAM busca a la vez a desarrollarse en Brasil y a mejorar sus recursos en amianto. El grupo francés va, a pocos años de intervalo, enviar de nuevo a dos jóvenes ingenieros al país de la samba. Ellos dos van, a lo largo de los años siguientes, a tener un papel muy importante en el desarrollo industrial a su cargo.

En 1951, Charles Biaggi, joven ingeniero francés, entra en la famosa casa de Pont-à-Mousson. Ya en 1952 cuando no llevaba más de 3 meses casado, se le propone irse a Brasil para apoyar al director de una fábrica situada en Senador Cámara, próxima a Rio de Janeiro. De hecho, se trata de poner orden en esta fábrica de tubos de hormigón que se encuentra en serios problemas. Antes de irse quiere conocer las condiciones que le esperan y se preocupa por ellas frente al jefe del personal. Por saber más, pregunta al Director General por teléfono y se oye contestar: *"En Pont-Am se propone a un joven irse, si quiere se va, si no quiere que se quede"*.

---

[126] Roger Martin, « Patron de droit divin » pagina 242.

VIII Panorama por países

Por no saber que Brasil es un país de idioma portugués, y deseoso de preparar bien su llegada, se esfuerza en aprender un mínimo de español y para familiarizarse con la industria del amianto-cemento, toma un curso de formación en la fábrica Everitube Situbé, cerca de Burdeos, para familiarizarse con la industria del amianto-cemento. Cuando se entera de la moneda local, descubre que los banqueros de la ciudad de Pont-à-Mousson desconocen hasta el nombre del cruzeiro[127]. Por suerte, la joven casada se declara voluntaria para la aventura y la pareja emprende el viaje aéreo con escalas en Madrid, Dakar y Natal[128], antes de alcanzar Rio de Janeiro.

Antes de irse, se le informa que dispondrá de un pequeño coche; pero al llegar, no hubo ningún coche de empresa. Por lo que es del alojamiento tampoco, y la joven pareja se encuentra de momento albergada en un hotel.

La misión en Senador Cámara tarda poco. Esta fábrica produce tubos de hormigón de 3,10 m de largo para la construcción de un emisario marítimo que instala Spies Batignolles[129] en la bahía de Rio Janeiro. Pronto, Charles Biaggi es mandado a Esteio suburbio de Porto-Alegre (Rio Grande do Sul), y luego a Recife y con el tiempo va a hacer la mayoría de su carrera en Brasil, donde se quedará treinta años escalando puestos hasta llegar a Director General de Brasilit, empresa donde participaría activamente, incluso cuando Brasilit se pasó a ser filial de

---

[127] Cruzeiro: antigua monedad de Brasil, reemplazada por el real en 1993.

[128] Durante la Segundo Guerra, Brasil puso a disposición de EEUU y de Gran Bretaña la base aérea de Natal para facilitar el tránsito aéreo entre América y África del Oeste. Después de la guerra esta base sirvió también a las compañías privadas, para unir Europa y América Latina hasta la llegada de los jets de alto rango.

[129] Spies Batignolles: Gran grupo francés de construcción y obras públicas, muy fuerte en mercados internacionales. Un emisario marítimo es un tipo de acueducto que las más veces sirve para llevar las aguas residuales de una gran ciudad, a un punto considerado como lo suficiente lejano de la playa para no contaminarla.

Saint-Gobain después de la fusión de las dos grandes empresas en 1970.

Volvamos un poco a los primeros días de la pareja en Brasil. Poco después de su llegada, y por cuenta del ascenso del caballero en la jerarquía, se le alquila una casa en Santo Andre, ciudad industrial de los suburbios de Sao-Paulo. La casa es confortable, pero rodeada de alcantarillas a cielo abierto y de barracas después. El gobernador de la época tiene un eslogan: *"¡Yo robo, pero yo hago!"* Las carreteras son caminos de tierra, excepto una que es asfaltada unos días antes de las elecciones y "des asfaltada" unos días

El tifus es muy extendido y muchos brasileños rechazan la vacuna. Para dar ejemplo, el joven francés no vacila y recibe la inyección. Quizá por carencia de desinfección de la herramienta, arriesga perder un brazo.

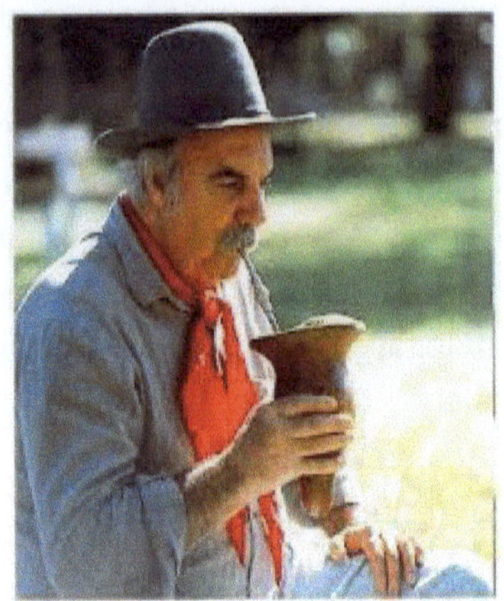

08-009. *Bebedor de Mate con chimarrão. Origen desconocido.*

Los dos son bien aceptados por los vecinos. Es preciso apuntar que el origen corso del señor y su conocimiento del idioma Córcega, le facilitan el acceso al portugués, lo que le ofrece buenas condiciones de integración en un mundo francamente diferente de lo conocido en las ciudades francesas.

La ciudad de Esteio donde viven, cuenta con unos 25000 habitantes y unas cincuenta casas de prostitutas. La tradición hace que los hombres acaben algunos días aquí, si el sueldo no está ya agotado antes, en los establecimientos que Marthe Richard[130] hizo cerrar en Francia poco

---

[130] Marthe Richard: Antigua prostituta franco-británica convertida en espía, aviadora y escritora. Fue al origen de una ley de la post Guerra que obligo el cierre de los prostíbulos en Francia. Esta ley es la raíz de su fama.

después de la última guerra. Una vecina de origen polaca, casada con un brasileño, se aflige diariamente de las ausencias de finales de la tarde de su esposo. La pareja francesa lucha fuertemente por la evolución de las costumbres.

Durante las guerras que libró Brasil en la primera mitad del siglo XX, los soldados se acostumbraron al consumo del *mate*, también llamado *"terere"*, al estado frio, pues la experiencia les había enseñado que las llamas necesarias para calentarlo eran una señal muy fuerte para sus enemigos. El consumo frio del mate se propagó rápidamente en todo el país. Vecinos de las barracas vienen a menudo a casa de la pareja, ahora padres de dos niños, para disfrutar del placer de chupar el *mate* en un *chimarraõ*.

Otra práctica sorprendente en esa buena ciudad de Esteio a mediados del siglo XX: poco tiempo antes de las elecciones, un candidato al puesto de gobernador pide unos 500 kilómetros de tubos, aunque no haya ninguna gran obra prevista susceptible de necesitarlos.

A lo largo del decenio 1950/1960, Eternit do Brasil desarrolla una red de ventas para hacer frente a las necesidades del país, *(hasta esta época, las fábricas se encargaban de comercializar sus productos cada una en su región)* y aumenta sus líneas de producción para fabricar pizarras, tanques para agua y placas planas en todo el país.

En el mismo tiempo, gloriosa época de la industria del amianto-cemento, la producción de Brasilit sube de 40 000 a 700 000 toneladas al año.

Los requerimientos de amianto no paran de aumentar, tanto en Brasil como en los demás países, PAM es muy consciente del asunto y activa fuertemente sus investigaciones para disponer de suministros más fiables, y si fuera posible en sus propias manos.

En sus recuerdos, Roger Martin ya citado, no nos oculta que hace varios viajes a África del Sur, país gran proveedor de la codiciada fibra. Con motivo de uno de sus viajes, en 1953, encuentra un joven ingeniero que va a tener un papel crucial en la historia de PAM y Saint-Gobain en Brasil. Su historia, que se confunde parcialmente con la de SAMA *(Sociedade Anónima Mineraçao do Amianto)* fundada en 1939, merece sin duda dedicarle algunas páginas.

En 1939, la familia Milewski se va de Polonia, huyendo hacia Rumania, frente a la invasión alemana. En 1941, llega a Rodesia del Norte[131], entonces colonia británica, después de pasar por Turquía y Palestina[132] Entre los miembros de esta familia, se encuentra un chaval de diez años, Josep, que va a seguir los cursos de segundaria en varias escuelas polacas improvisadas en África durante de la guerra. Luego seguirá estudios universitarios en el país de los Boers, en Johannesburgo. Adulto, se convierte en geólogo y empieza a explotar sus conocimientos teóricos en Rodesia del Sur[133], país vecino gran proveedor de amianto, luego trabaja en su propio negocio en África del Sur. Por casualidad, una joven francesa quien huyo de su país por motivos personales se convertirá en su esposa, compartirá su vida entera, y su larga aventura. En el entorno de su actividad, tiene la oportunidad de encontrar a Roger Martin, alto ejecutivo de PAM *(y futuro presidente)*, que está buscando amianto por su empresa. Expone al visitante su deseo de ir a Francia. Roger Martin le toma la palabra y le propone un cursillo de seis meses. Por consecuencia, en 1954, después de un viaje aéreo memorable, en unos DC3 sobrevivientes de la Segunda Guerra, necesitando varias escalas generadoras de ricos recuerdos, Josep y Ginette se instalan pronto en Francia. El cursillo empieza en la fábrica de Dammarie-les-Lys, *(a unos 50 km al sur de Paris)*, y se convierte en una estancia de cuatro años. En ese momento, nuestro amigo se va aburriendo, lo que le lleva a buscar nuevos horizontes más conforme con su formación de geólogo. Siempre emprendedor, obtiene de su director que

---

[131] Ahora Zambia.

[132] Británica en aquella época.

[133] Ahora Zimbabue.

se le confíe una importante misión, bien en relación con sus gustos azarosos: buscar una mina de importancia, cuya existencia se supone en Brasil, pero imposible de encontrar hasta la fecha.

Después de un paso por África del Sur para saludar la familia y disponer de algunas vacaciones, desembarca en Sao Paulo en 1958, acompañado de su esposa y de sus dos hijos. El ultimo tiene solamente unos meses. Aquí está para tomar la dirección de la SAMA, ya mencionada, que maneja la mina de Bom Jesús (Bahía) también llamada San Felix y para llevar a cabo las investigaciones previstas. Su llegada como "jefe" no es totalmente del gusto de la persona encargada...A pesar del alojamiento de la Sede de Sao Paulo donde tiene su base, pasa unos días cada mes por la mina. Gracias al fuerte carácter del recién llegado, la situación pronto se mejora.

En este estado de Bahía, llama la atención la pobreza del interior, el comportamiento de los hombres que pasan el día sentado apenas vestidos de lo que se parece un pijama, y la negligencia general que permite que los cerdos entren a visitar a clientes de los restaurantes... En las cercanías de la mina, la esposa del ingeniero extranjero trabaja en la educación de las mujeres de los mineros. Les enseña en particular las nociones básicas de higiene, tal como hervir los biberones o espantar las moscas de los bebes, pero también alejar las concubinas...

Por supuesto no hay agua potable, la mina construye una presa que da nacimiento a un lago donde cada uno viene a servirse. Aparece un caso de viruela,

Josep Milewski ordena aislar la familia del enfermo y pide vacunas en urgencia. Los niños que nunca han estado en contacto con el virus desarrollan pústulas impresionantes que indignan a las madres. Estas acusan al director de la mina de haber envenenado a sus hijos y le amenazan de graves represalias.

Los propios hijos de la pareja suelen jugar sobre los escoriales, vuelven llenos de fibras[134]. Nadie tiene consciencia del peligro. Se conoce la asbestosis, pero creen que se limita a los operadores de la mina. La explotación de Bom Jesús no es la tarea fundamental, ni tampoco la que más interesa al geólogo. Este emprende la prospección, mejora la eficacia estudiando las fotos aéreas que obtiene a través de una empresa especializada. Los macizos ultra básicos del Goiás son conocidos hasta Niquelandia por sus yacimientos de níquel, pero no más allá. Entonces inicia sus propias búsquedas aéreas con *"teco-tecos"*, nombre dado a pequeños aviones mono motores que permiten sobrevolar la región a baja altitud, viendo así zonas donde aparecen colores prometedores de la serpentina, el mineral tan fuertemente deseado.

Después de cuatro años de trabajo intenso, por fin se escoge una zona como la más apta para responder a los sueños mantenidos en las oficinas parisinas. Queda por averiguar en la zona. ¡Ardua tarea por falta de carreteras! En abril de 1962, desde Goiânia, una pequeña expedición compuesta de dos personas a bordo de un Jeep alcanza Campinaçu, un pueblecito asequible por una mala carretera rural de 120 kilómetros a partir de la carretera nacional Brasilia-Belem. El mismo día al atardecer, sobreviene el prospector de Eternit, que practica las mismas investigaciones con el mismo propósito: llegar primero para obtener la concesión por cuenta de su empresa. El guía francés tiene la buena idea de exponer al competidor que ir más allá sería muy peligroso. El cacique local, futuro diputado del Estado de Goiás, confía a su asistente Pedro Paraná a nuestro amigo. Al día siguiente por la mañana, los dos salen sin guía, con caballos y víveres en dirección hacia el lugar detectado desde el cielo. El prospector de PAM, tiene una confianza limitada en su acompañante. Durante la etapa de la noche duerme con su pistola, listo para afrontar cualquier riesgo imprevisto.

---

[134] Mas de cincuenta años después, los hijos siguen manteniendo una buena salud.

VIII   Panorama por países

Josep Milewski y Pedro Paraná cabalgan un día y medio hacia el "garimpo"[135]y recorren 72 kilómetros en el "cerrado" *(sabana brasileña de pequeños árboles mustios y poco frondosos con corteza gruesa)*, que los protege de la sequía omnipresente cada año de abril a septiembre, y de una tupida hierba de poco valor nutritivo-. Este tipo de vegetación explica la pobreza de especies animales si se compara con la sabana africana. En las laderas de la "Serra de Cana Brava", que dará su nombre a la mina, prospera una selva densa, con una vida animal mucho más rica. *(jaguares, cerdos salvajes, algunos monos...)*[136]

El sábado 28 de abril de 1962, al final de la cabalgata, alcanzan un lugar donde encuentran buscadores que quisieran comercializar la *"pedra cabedula" (piedra peluda)*, pues saben que tiene un cierto valor. Josep Milewski les explica que la extracción de las fibras requiere una maquinaria muy costosa y mucha mano de obra. Pide a los *garimpeiros* que desbrocen una pista de aterrizaje sencilla de unos 800 x 30 metros. Les entrega la mitad del importe estimado por ese trabajo, les promete volver a las dos semanas y pagar entonces el saldo. Además, promete darles trabajo por la instalación y luego la explotación de la mina.

Después de 10 horas montados en mulas, alcanza la pista de Anterrão, al otro lado del rio Tocantins. De allí gracias a una avioneta que había logrado hacer venir, vuela hacia Goiânia, de donde se había ido una semana antes. Entonces, SAMA puede empezar a solicitar de las

---

[135] Garimpo: zona de explotación salvaje de minerales, que escapan a los impuestos locales. Termino empleado a menudo en relación con las zonas de búsquedas clandestinas de oro o de diamante.

[136] Esta vegetación se encontrará largamente destruida en los años siguientes, para que el terreno sea más propicio para la agricultura, tal como ocurre en Amazonia y otras partes del mundo.

autoridades federales[137] el primer permiso de búsqueda del mineral. Un segundo permiso se solicitará a finales del año.

El 20 de mayo, regresa con un monomotor Cessna 195, que pilotea Moacir Mendonça, que afortunadamente no teme nada. El mismo avión trae también una taladradora desmontable y alimentación. Entretanto la pista ha sido preparada de forma muy básica por uno de los buscadores llamado Alexandro Alves Pacheco, con herramientas manuales, incluyendo guadañas, hachas y azadones. El suelo ha sido más o menos allanado mediante un pesado tronco de árbol enganchado a un par de bueyes. Josep Milewski cumple su palabra y paga lo prometido por el trabajo a los *garimpeiros*, lo que le gana confianza y respeto. Por supuesto, antes de emprender la explotación industrial, es preciso preparar un campo de base incluyendo un pequeño refugio de 9m x 5m, compartido en una zona de oficina y una de dormitorio. También es necesario abrir un "canalito" hacia el rio Bonito para asegurar el abastecimiento de agua y despejar una zona de unos cincuenta metros alrededor del punto de afloramiento para ayudar a la instalación. Incluso se necesita hacer fabricar localmente puertas, ventanas, mesas y sillas…proceder a ensayos sobre piedras extraídas con el fin de saber si tienen verdaderamente valor. Cerca del punto de descubrimiento, Josep Milewski obtiene, de un aldeano, acceso a un mortero y una maja para quebrar las piedras y extraer las fibras de amianto, luego incluso acceso al horno de la casa para secar las muestras.

Obtener las licencias de explotación resulta ser de lo más difícil. El gobierno del Estado de Goiás considera que el yacimiento es suyo, pide de 20 a 30% de la futura facturación, lo que por supuesto es imposible. Después de ávidos regateos, acaba por satisfacerse con el 5%.

---

[137] Recordar, que Brasil es un país federal, lo que significa un Gobierno Central (en Brasilia desde 1960) y Gobiernos de Estados, con leyes que pueden cambiar mucho de un Estado a otro, tal como en EEUU.

VIII Panorama por países

Los apuros económicos no se limitan a las exigencias del gobierno local. Eternit también por haber puesto la mano sobre un yacimiento cercano a Niquelândia, ya en 1961, pretende el lógico beneficiario del descubrimiento. En 1964, empiezan negociaciones entre Pont à Mousson y Eternit Brasil *(bajo control de Eternit Suiza).* Se concluye con un acuerdo según en el que el capital se comparte 50% por 50%.

Con las autoridades locales, las negociaciones van a tardar tres años, de 1962 a 1965, esto para la obtención del permiso de investigaciones del Ministerio de Minas. Luego tardarán dos años más para la publicación del Decreto de Explotación del Ministerio, al final, llegan los acuerdos oficiales obtenidos y acuerdos entre PAM y Eternit Brasil firmados, la explotación arrancaría seriamente en 1967.

Eternit pone entonces un millón de dólares americanos en la cesta, curiosamente PAM, después de gastar tanto en la prospección, no desea invertir más. El grupo francés limita su participación en el suministro de máquinas recuperadas de la antigua mina de Bom Jesús, ahora cerrada, y en la transferencia de unas sesenta personas de experiencia también procedentes de la misma mina. Pese a eso, la dirección de la nueva mina se mantiene entre las manos de PAM, en la persona de Josep Milewski.

La transportación de las máquinas causa nuevas aventuras pues por falta de carretera entre los dos lugares, los camiones deben bajar hacia el sur hasta Rio de Janeiro por la carretera costera de Salvador, luego subir dirección nornoroeste, vía Belo-Horizonte, Brasilia, Annapolis, Uraçu y Campinaçu, por carreteras a menudo en muy mal estado. Incidentes y retrasos se multiplican. Algunas pequeñas herramientas de perforación para extracción de testigos de mineral y unos explosivos van a llevarse hasta en pequeños aviones. Mientras se esperan las licencias de explotación, se instala una fábrica piloto para extraer muestras de fibras destinadas a pruebas a nivel industrial en las plantas de

Brasilit y Eternit. Finalmente llega el arranque y empieza la producción...[138]

En sus memorias, Roger Martin nos cuenta haber visitado la mina en 1968 y precisa *"La riqueza del mineral no cabe ninguna duda y las obras siguen activamente. Las primeras entregas de fibras, 150T, se hicieron en julio de 1967"*.

En las temporadas de lluvias, las carreteras son intransitables para camiones, incluso a veces para los Jeeps de cuatro ruedas de tracción. Los edificios de los primeros días son muy básicos *(08-010)*. Hay que ponerse a construir infraestructuras de todo tipo, viviendas, represas para retener el agua, carreteras, hospital, iglesia. Estas grandes obras se realizan a lo largo de los años a medida que se amplía la mina, molinos y trituradores se multiplican, se alargan, se modernizan y se desarrolla la producción.

Durante años, gran parte de los beneficios de la mina sirven a estas infraestructuras tan necesarias para los residentes como para la empresa. Así nace la nueva ciudad de Minaçu, cuya foto satélite del año 2002 aparece debajo.

Las inversiones siguen, esencialmente con los beneficios generados por la mina.

-En 1969 al arranque la producción alcanza 1500 toneladas/año.

-En 1974, con las inversiones llega la producción a 115 000 ton/año.

-En 1976 se aspira a las 230 000 ton/año, y se alcanzan las 200 000 ton/año en 1980.

---

[138] Dos bonitos libros de Renato Iva Pamplona, ambos publicados por SAMA en 2002, pero probablemente difíciles de conseguir, cuentan con muchos detalles e ilustraciones la historia de la mina de CANA BRAVA:
-En inglés, "SAMA MINE 40 años of History Minaçu-Goiás-Brazil".
-En portugués," SAMA 40 AÑOS Minaçu-Goiás".

-En 1999, se alcanzan finalmente las 230 000 ton/año.

Poco antes, en 1997, PAM del pasado Saint-Gobain, se retira del negocio, y vende su 23% a Eternit, que teniendo cuenta de su ya 28% se convierte en accionistas mayoritario.

En sus memorias, Roger Martin nos cuenta haber visitado la mina en 1968 y precisa *"La riqueza del mineral no cabe ninguna duda y las obras siguen activamente. Las primeras entregas de fibras, 150T, se hicieron en julio de 1967"*.

En las temporadas de lluvias, las carreteras son intransitables para camiones, incluso a veces para los Jeeps de cuatro ruedas de tracción. Los edificios de los primeros días son muy básicos (*08-010*). Hay que ponerse a construir infraestructuras de todo tipo, viviendas, represas para retener el agua, carreteras, hospital, iglesia. Estas grandes obras se realizan a lo largo de los años a medida que se amplía la mina, molinos y trituradores se multiplican, se alargan, se modernizan y se desarrolla la producción.

Durante años, gran parte de los beneficios de la mina sirven a estas infraestructuras tan necesarias para los residentes como para la empresa. Así nace la nueva ciudad de Minaçu, cuya foto satélite del año 2002 aparece debajo.

Las inversiones siguen, esencialmente con los beneficios generados por la mina.

    -En 1969 al arranque la producción alcanza 1500 toneladas/año.

    -En 1974, con las inversiones llega la producción a 115 000 ton/año.

    -En 1976 se aspira a las 230 000 ton/año, y se alcanzan las 200 000 ton/año en 1980.

    -En 1999, se alcanzan finalmente las 230 000 ton/año.

Poco antes, en 1997, PAM del pasado Saint-Gobain, se retira del negocio, y vende su 23% a Eternit, que teniendo cuenta de su ya 28% se convierte en accionistas mayoritario.

En 2008, Brasilit años atrás renuncia a utilizar más amianto y la producción de la mina termina en 300 000 toneladas anuales.

Entretanto varios estados brasileños han prohibido el uso del amianto y el consumo nacional se reduce a unas 125 000 toneladas anuales. Se cita como referencia que desde 1980 se empezó la exportación y en 1984 Joseph Milewski se retiró parcialmente y dejó el mando de Director General. A partir de este año se dedicó a una nueva tarea: establecer mercados de exportaciones. Estos se desarrollan especialmente a partir de los años 2000, para compensar la diminución del mercado nacional. En 2011, SAMA consigue exportar unas 175 000 toneladas. La verdad es que el paro de las minas canadienses ayuda a la empresa en su búsqueda de clientes extranjeros, Brasil pasa a ser el tercer proveedor mundial de amianto, detrás de Rusia que produce 800 000 toneladas anuales y China que produce 400.000, muy delante de Kazajistán que no supera las 150 000 toneladas anuales.

Al parecer, ningún caso de enfermedad debida al amianto se registró en Cana Brava desde el año 1980. Desde mucho tiempo, la compañía maneja una política muy vanguardista en el ámbito de la prevención gracias a numerosas inversiones en el tema de la protección de los trabajadores.

Para tener una idea de la evolución de las condiciones ambientales, es preciso apuntar que ahora, solo se explota el amianto crisotilo. Si en los años 60, incluso antes, la concentración de fibras en los lugares de trabajo podía alcanzar niveles muy altos estaría ahora, según dicen, alrededor de unos 0.2 fibras/cm$^{3.}$

Después de este largo paréntesis relacionado a la mina de amianto brasileña, indispensable para el funcionamiento de las fábricas y de varias otras industrias, volvamos a nuestro propósito, el amianto-cemento.

Alrededor de 1964, Brasilit instala una nueva fábrica en Belem/PA, sobre un terreno ofrecido por la comarca. Las carreteras son muy malas y el transporte de los tanques para agua *(tinacos)* fabricados allí requiere importantes medios, lo que lleva a los ingenieros de la empresa a participar activamente en la construcción de un puerto sobre el rio Tocantins cercano la fábrica y a unos sesenta

kilómetros del mar. De ese puerto salen barcazas cargadas de tanques de agua de 250, incluso 500 litros. Así pueden llegar a los otros ríos de la cuenca del rio Amazonas, y por supuesto igualmente al océano atlántico.

En 1971, Eternit instala la fábrica de Goiânia, cerca de Brasilia, y en 1972 la fábrica de Colombo/PR que alcanzará una plantilla de casi 2000 personas.

En 1974, Brasilit monta la nueva fábrica de Capivari, cercana a Campinas/SP, esta fábrica, construida bajo la dirección de Charles Biaggi, se convertirá en fábrica modelo para el grupo.

En 1980, Eternit adquiere Wagner S A que había construido una fábrica de paredes en seco en Manaos/AM.

A partir de este mismo año, la supervisión y el control de la "Seguridad Industrial Brasileña" se exportan a los países vecinos, incluso en Duralit de Bolivia que, dos veces al año, recibe la visita de médicos auditores brasileños que proceden a realizar todas las encuestas necesarias. Así empieza la concientización de los peligros, tanto en las fábricas de amianto-cemento como en las minas y en todas las empresas empleando el amianto[139].

En 1992, los dos principales fabricantes de amianto-cemento brasileños se casan. Brasilit pone 55% en la mesa y Eternit 45%, lo que da luz

---

[139] Fuente: un ingeniero boliviano quien dedicó la mayor parte de su carrera a la industria del fibrocemento en varios países latino-americanos.

a "Eterbras Tecnologia Industrial", manejando nueve fábricas que van a aprovechar la experiencia de dos grandes grupos multinacionales, Saint-Gobain y Eternit.

En los años 2001 a 2003, Brasilit ahora libre de SAMA, desea copiar los métodos practicados en los países del norte, se lanza a las "Nuevas Tecnologías", lo que le lleva a ser el primero en reforzar sus placas planas y sus tanques de agua con fibras sintéticas *(CRFS: Cimento Reforçado com Fio Sintetico)*. Poco después procede igualmente con las placas destinadas a la construcción industrializada.

Por ello abandona definitivamente el PVA demasiado costoso y desarrolla su propia fabricación de fibras de polipropileno, bajo el nombre de "Brasifil". Sus ingenieros saben por experiencia que el polipropileno lleva serios inconvenientes, debido a sus menores características mecánicas y a su pobre adherencia al cemento *(el módulo elástico del polipropileno es cinco veces menor al del PVA, y diez veces menor al del vidrio)*, pero ponen a punto un tratamiento de la superficie del hilo en fase con el estiramiento, el cual mejora fuertemente "la adherencia superficial".

Así las placas fabricadas con celulosa y fibras cortadas de este hilo de polipropileno superficialmente tratado presentan ya una suficiente resistencia a la ruptura, más predecible y con capacidad de absorción de mayor energía tanto en flexión como en impacto, asegurando un buen comportamiento y más seguro en los techados.

Según ciertos expertos europeos, el riesgo de fisuras múltiples empieza a un nivel de carga mucho menor que con el PVA. El futuro nos dirá si tal comportamiento, característico de las fibras de menor modulo elástico, será compatible con las normas locales o internacionales aplicadas a las placas de techado y con las obligaciones mecánicas, o termo-resistentes, que éstas tienen que resistir durante su larga existencia.

VIII Panorama por países

En mayo del 2003, Eternit S.A. se retira parcialmente de Eterbras-Tec-Industrial Ltda, limitándose a solo 20% de participación, constituidos por la unidad de Capivari y una unidad de distribución en Contagem/MG, mientras que las fábricas de Goiás y de Rio de Janeiro pasan de Eterbras-Tec-Industrial al mismo Eternit S.A. En diciembre del mismo año, el divorcio es consumado, Eternit se retira totalmente de Eterbras y cada uno recupera sus bienes. La bella unión celebrada en el 1992 duró poco más de un decenio.

En 2007 Saint-Gobain, dueño de Brasilit, vende su participación en la mina de Cana Brava a Eternit S.A. La empresa cambia de razón social, pasando de "S.A. Mineraçao de AMIANTO" a "SAMA S.A. Mineradoras Asociadas". Entonces, Eternit permanece como el único gran fabricante de amianto-cemento en Brasil y exporta su crisólito procediendo de Cana Brava hacia los otros países de América Latina, de Asia y de África.

Brasilit se especializa ya en productos de fibrocemento sin amianto, e intenta hacer prohibir la fibra por el gobierno brasileño, lo que genera una guerra casi total entre los dos miembros de la antigua pareja.

En 2007/2008, Brasilit lanza la fabricación de nuevos productos diversificada, fundamentalmente hacia fibrocemento de nueva tecnología con fibras sintéticas, más conocidas como poliméricas con fibras de polipropileno propias. Si regresáramos unos pocos años al tiempo de la gran decisión de BRASILIT vale la pena tomar el documento expuesto "DEVELOPMENT OF NON - ASBESTOS TECHNOLOGY AT BRASILIT", que prácticamente inicia con la decisión de eliminar el amianto, incluir el empleo de fibras de celulosa tratadas como fibras de proceso y del empleo de las fibras de polipropileno de alta tenacidad y baja elongación, con un tratamiento superficial que prácticamente asegure una mejor adhesión con el cemento y el comportamiento deseado.

Esta recta final[140] inicia en 1997 – 1998 con los primeros estudios para la reconversión hacia el nuevo fibrocemento de nueva tecnología NT, en el 1999 – 2000 ya capitalizando las experiencias de empresas europeas y otras del grupo Saint Gobain con fibras PVA, hasta el 2002 pasando al empleo de las fibras de polipropileno y prácticamente en 2003 iniciar la fabricación de sus propias fibras de polipropileno en Jacarei S.P. Brasil, incrementando la capacidad de fabricación de sus fibras hasta una capacidad nominal de 9,000 toneladas anuales de fibras, desplazando entonces el empleo de fibras de PVA importadas.

El comportamiento estructuralmente se interpreta con la gráfica de carga – deformación en que la acumulación de energía puede generar más beneficios con el empleo de fibras PP que con las fibras de PVA, esto por sus características naturales de mucho menos densidad, mayor cantidad de fibras y casi nula absorción, produciendo un efecto más predictivo

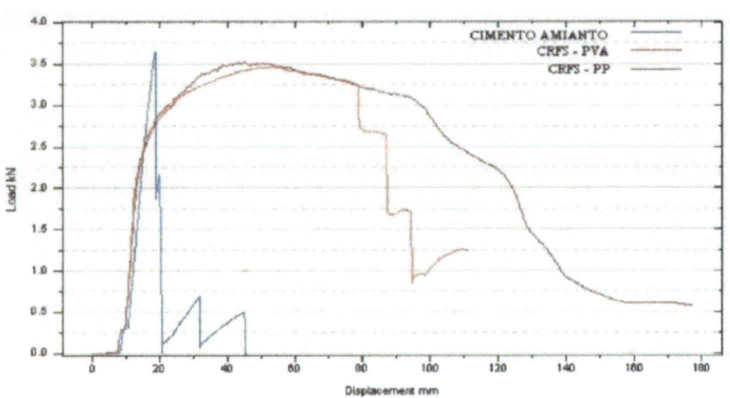

08-013. Grafica de carga vs deformación: Amianto cemento/ fibras PP/fibras PVA.
Archivos personales.

---

[140] Fuente de un Ingeniero del Comité BRAMEX 1997

VIII   Panorama por países

En 2012, aparece en Recife/PE una nueva línea de placas onduladas de 5 y 6 milímetros de espesor, con motivo de los 75 años de la empresa. En 2015, en Seropedra/RJ, una nueva unidad fabrica placas onduladas  "TopConfort" cuyas propiedades térmicas permiten reducir de 4°C la temperatura dentro de los edificios. Para saber dónde se sitúa hoy Brasilit, se aconseja una visita a su sitio Web.

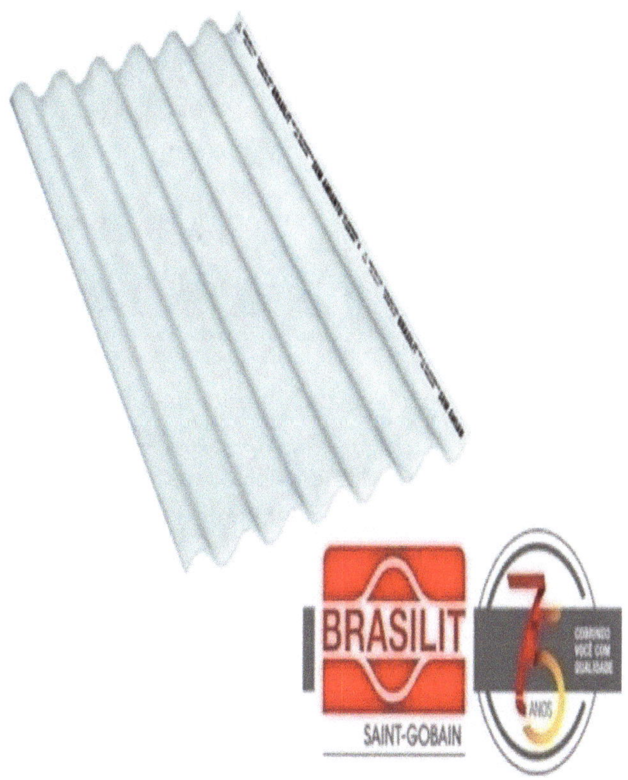

La C de

Canadá

Ya hemos hablado bastante del Canadá en la parte dedicada al amianto.

Este país también supero el conflicto del amianto-cemento y nos ofrece agradables realizaciones a base de fibrocemento contemporáneo, tales como la villa muy de estilo América del Norte de la foto anexada.

08-016. *Villa canadiense de estilo norte americano. Web James Hardie.*

Pero es preciso añadir que todo no es color rosa a nivel de la calidad.

Es de señalar que una falta de estabilidad dimensional de los productos se traduce en demandas entre arquitectos o constructores y fabricantes. La página Web del "Orden de Arquitectos Canadienses del Quebec" ofrece unos ejemplos. Al contrario, un artículo de prensa de "le Soleil" de fecha 25 de agosto del 2012, nos informa de una tendencia actual a favor del uso de fibrocemento como piso en viviendas y apartamentos. En el ejemplo propuesto, la puesta, los colores y el aspecto parecen atractivos.

08-017. Piso de fibrocemento canadiense propuesto en el mercado contemporáneo. Web "Le Soleil".278,

¿Pero porque no volver unos instantes sobre el pasado histórico?
En el 1949, el grupo inglés TURNER ASBESTOS que participa en la explotación de la zona minera de Asbestos en Quebec, bajo el nombre de ATLAS ASBESTOS Inc. dispone a su vez de una fábrica de productos de amianto-cemento para cubiertas, y se ve expropiada por el gobierno local a favor de Société Nacional del Amianto. La explotación se acaba finalmente en 1988.
 En 1976, en Montreal, Atlas Asbestos Inc. da luz a Atlas Turner Inc. especializado en placas onduladas para cubiertas, placas planas para paredes y tubos para redes de agua.

Paralelamente, en el oeste del país, en la ciudad de Mission *(Colombia Británica),* con la tranquilidad de tener asegurados los aprovisionamientos con fibras locales, aparece Turner Building Products cuyo propósito es frenar el riesgo de importaciones procedentes de los Estados Unidos.

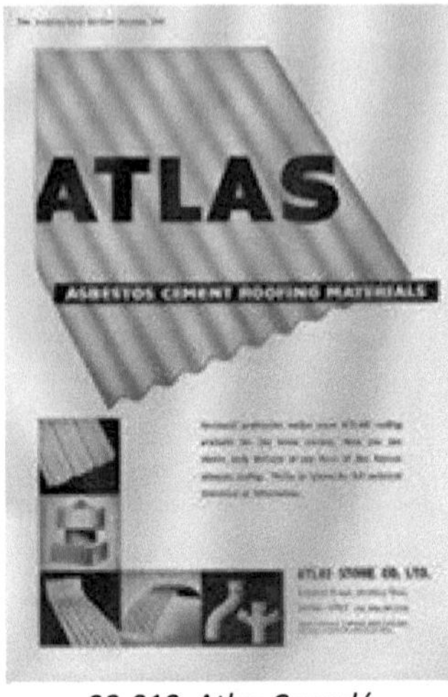

08-018. Atlas Canadá.

En 1992, en plena crisis del amianto tanto en Europa como en América del Norte, el aristócrata inglés instalado en Canadá y antiguo director ejecutivo de Atlas Turner, John Zacharias, crea Cemfort Inc. en Montreal.

En los siguientes años, una cincuentena de antiguos miembros de Atlas Turner, con ayuda de financiamientos externos, proceden a la reconversión de la antigua Planta. Fabrican productos sin amianto CELA *(celulosa cemento auto clavada)* de alta y media densidad, paneles siding y de techados, muy pronto se convierten en la única empresa de Canadá que produciendo placas de cobertura y siding sin amianto.

En 1996, cuatro años más tarde, problemas financieros añadidos a la problemática ubicación de la fábrica en plena ciudad de Montreal, requieren su traslado. Cemfort se enfrenta a la necesidad de vender sus existencias y sus máquinas. Poco después cierra totalmente la fábrica y se limita a comercializar productos importados, especialmente paneles CELA y otros NT de fibras PVA procedentes de Mexalit.

En 1998, debido al paro de Cemfort, de nuevo en Montreal, nace la comercializadora FINEX Inc., creada por Helios Muñoz ingeniero mexicano y antiguo ejecutivo de Cemfort y de Atlas Turner, sin conflicto con estos últimos lanza al mercado una gama de productos en colaboración con Mexalit e importa Plycem desde Estados-Unidos.

En colaboración con la R&D de Mexalit, Finex desarrolla el Panel Finex, destinado a aplicaciones en pisos de balcones capaces de resistir efectos de hielo y deshielo. Ese producto, denominado "Panel Finex NT" encontrará el éxito en el Canadá oriental, recuperando parte de antiguas aplicaciones del fibrocemento y la confianza en el nuevo material.

08-021/ 08-022. Aplicaciones exteriores FINEX, en condiciones hielo - deshielo

En 2009, de nuevo en Montreal, un grupo de profesionales relacionados con antiguas y nuevas empresas de materiales para la edificación, crean "MATERIAUX DE BÂTIMENTS ARKEA INC." Gracias a los conocimientos adquiridos se especializan en paneles de moderno acabado y

08-020 Aplicaciones FINEX Balcones exteriores

en sistemas suspendidos[141] capaces de competir con los mejores productos europeos y japoneses. Así el mercado de la nueva compañía cubre el Este del Canadá y el Noreste de los Estados-Unidos.

Así y ciertamente con opiniones encontradas de la historia del amianto cemento de décadas pasadas en Canadá, el síndrome del amianto ya ha quedado atrás, revalorando la sustentabilidad de los nuevos productos CELA y NT de FINEX en todos sus parámetros.

08-023. Aplicaciones Edificio Arkea. Cortesía de Arkea.

---

[141] El concepto de "paneles suspendidos" se refiere a paneles exteriores a base de placas muy variadas de fibrocementos que, suspendidas a estructuras ligeras, protegen los propios muros y ofrecen una multitud de colores posibles.

VIII   Panorama por países

Chile

En 1937, inversionistas independientes fundan Pizarreño que, como la mayoría de las nuevas empresas de amianto-cemento, empieza con una máquina de placas onduladas y una máquina de tubos. Pocos años después pasa a las manos de Eternit Belga y más tarde al grupo Etex. Pizarreño tiene un importante papel en los frecuentes periodos de reconstrucciones debido a las numerosas catástrofes naturales y acontecimientos políticos que generaron retraso en su desarrollo.

En el siglo XXI, Pizarreño se sitúa en la era de las nuevas tecnologías y se compromete a continuar sus esfuerzos de modernización y lanzamiento de novedosos productos, con el apoyo del grupo James Hardie al cual pertenece ahora, mientras que este último considera a Chile como una llave importante para penetrar en el mercado latino-americano.

Las pequeñas empresas de amianto-cemento que el autor conoció en los años 1990, parecen haber desaparecido del paisaje industrial chileno pues no se descubre ninguna página web relacionada con ellas.

China

Tal como ocurre con infinidad de industrias, China se queda atrasada durante bastantes años, pero compensa muy rápidamente ese retraso. Por conocer las inmensas necesidades del país en edificios de todo tipo, solo se puede esperar un rápido y enorme desarrollo del fibrocemento.

Según un informe de "*IIBCC10th Int. Inorganic-Bonded Fiber Composites Conference*" de noviembre 2006 en Sao-Paulo, Brasil, China se cuestionó durante mucho tiempo si valía la pena la sustitución del amianto por fibras alternativas. Largas discusiones se hicieron para tomar una decisión definitiva. Bajo la presión de la demanda se produjo la evolución. Los industriales chinos apuestan por la técnica con auto clavado, probablemente bajo la influencia de Australia o de Estados Unidos.

Aunque siempre es muy difícil conseguir cifras en ese país, un contacto con un fabricante chino de fieltros para fibro-cemento, "PURUY Felt and accessory for FC Industry", in GHUANGZHOU, nos permite obtener unos datos que considero como bastante fiables. Leamos lo que me escribe el Director Comercial:

"En 2013, hubo un informe sobre esta industria: 93 fábricas, 149 líneas de producción. Entre 2013 y 2016, unas 10 nuevas fábricas y 14 líneas de producción se instalaron. El total se puede estimar en 100/105 las fábricas, y por lo menos 150 líneas de producción, de las cuales de 90 a 100 están en actividad.

"Hoy en día, casi todas las plantas han pasado a producir sin amianto. Aunque no disponga de cifras exactas, se puede decir que solo unas pocas fábricas siguen empleando amianto. Dentro de mi propia clientela, de más de 50 fábricas, solamente de 5 a 8 trabajan todavía con amianto, e incluso estas manejan planes para abandonarlo bajo la presión de la demanda. Las materias primas más empleadas son la celulosa y el cartón Kraft reciclado.

-Aproximadamente el 80% de las máquinas son "Flow-on" y el 20% son Hatschek.

08-025 /08-026. Cilindro de formación y vista general de máquina de placa china.

-La producción total alcanza los 500 millones de m² (nominal 1220 x 2440 x 6 mm) al año".

Colombia

Durante la segunda guerra mundial, Eternit Suiza instala tres fábricas de amianto-cemento en Colombia, en Bogotá, Cali y Barranquilla. Tal situación genera rápidamente una acusación de monopolio. Para verse libre de tal demanda, Eternit justificada por una disidencia de un pequeño grupo, crea una nueva empresa llamada Colombit, ubicada en Manizales, pero la situación se revela rápidamente insostenible. En 1979, Saint-Gobain, muy presente en América Latina, pero no en Colombia, compra Colombit, que con la ayuda de ingenieros franceses muy experimentados la convierten rápidamente en una planta de alta productividad.

A ciertos miembros disidentes también de Colombit no les gusta el cambio de dueño y deciden fundar una nueva entidad, "Manilit", cuya fábrica se sitúa a unos pocos kilómetros de Colombit copiando sus planos e instalaciones. Las inversiones provienen del grupo "Lucker" especializado en café y chocolate...

La partida de Monopoly no se limita a esos pocos cambios. En 1989, Saint-Gobain, revende Colombit a Eternit y compra a este último las tres fábricas de Bogotá, Cali y Barranquilla. En los años siguientes, Saint-Gobain reestructura estas plantas mediante una reducción del número de máquinas y una modernización de aquellas que subsisten, instalándoles las últimas técnicas puestas a punto en las fábricas francesas del grupo[142].

Cuando cambia el milenio, Saint-Gobain vende sus tres fábricas a un potentado mexicano, que poco tiempo antes había también adquirido las fábricas de Mexalit en México

Cuando se escriben estas líneas, las 3 fábricas instaladas por Eternit en 1942, pasadas a Saint-Gobain en 1979 y vendidas Antonio Del Valle en 2000, están ahora en las manos de la recientemente formada Elementia, del que hablaremos ampliamente en las páginas dedicadas a México.

Costa de Marfil

Alrededor de 1995 un ingeniero francés, antiguo ejecutivo del amianto-cemento, decide instalar una fábrica en ese país de idioma francés. Compra una máquina "flow-on" desclasificada de Francia, junto con los elementos de preparación de la pasta y los accesorios necesarios para el acabado. Monta el todo en Abijan[143].

---

[142] La historia del amianto-cemento en Colombia proviene de un ingeniero, muy amigo mío, del grupo Saint-Gobain, que participo intensamente en la vida de esta industria y de mis recuerdos personales.

[143] Recuerdos personales, pues fui invitado al suministro de los fieltros necesarios para el funcionamiento de la máquina y poco después visité la fábrica para asegurarnos el renuevo de pedido.

VIII Panorama por países

Veinte años más tarde, la empresa que instalo, "Ivoirienne de Fibre-Ciment" sobrevive y nos cuenta en su página Web.

"El fibrocemento permite protegernos contra el calor, es estanco, resiste contra el fuego y es muy duradero. Nos protege también contra el ruido"[144].

"IFC es la primera empresa de la Costa de Marfil especializada en la fabricación de placas para pizarras y techos".

Son placas planas cortadas en cuadros de 40 x 40 cm y rectángulos de 60 x 30 cm, de 5mm de espesor, que sirven para techados de casas.

08-025/026 Algunas obras propuestas en la página Web de IFC.

Cuba

Hemos visto que, en 1950, PAM había instalado ya Perdurit S.A. en la isla. En algún momento ejecutivos de PAM, en plena incursión en México, buscaron personal ya experto en la fabricación de amianto cemento. Consiguieron entonces persuadir a algunos expertos técnicos y contramaestres mexicanos. Fue ese el caso de Roberto Meza de Eureka, que se unió a Perdurit S. A. para fortalecer el equipo ya dirigido por Jean Argouges de PAM. De origen francés ese último fue enviado

---

[144] Traducción literal del texto francés disponible en la página Web de la compañía.

a la Dirección de Perdurit. Mucho más tarde, contó que un año antes de la revolución, se envió fabricar con el mejor sastre de la Habana un inmaculado smoking de lino blanco para el estreno en la fiesta de fin de año de 1959. Una mulata del servicio, con risa burlona, vaticinó que nunca lo vestiría en Cuba. Ciertamente por el triunfo de la revolución no lo pudo estrenar ya ante las noticias esperadas.

Ambos personajes, llenos de historias ya en la isla y de una vida, muy identificados entre sí, aunque socialmente diferentes, decidieron salir de Cuba con la familia, negociando y cediendo sus propiedades a la revolución. Luego se incorporaron a Mexalit en México, y ambos de PAM, contaban que el crecimiento del amianto cemento en la isla fue realmente sorprendente[145].

Por consecuencia de la "Revolución" no hemos conseguido saber cómo se encadenaron los eventos relacionados con la empresa hasta el 1975 con una Perdurit S. A. ya expropiada desde tantos años.

Aun así, en 1975, el presidente de Everitube firma un contrato y el pliego de condiciones que le acompaña, por el suministro llave en mano de una nueva fábrica en Artemisa, municipio cubano y capital de la provincia de Artemisa. El contrato prevé una máquina de placas y dos de tubos de presión, una para diámetros de hasta 600 mm y una para diámetros de hasta 1200 mm[146]. También está prevista la forma-ción de personal técnico y de operación en Francia en la fábrica de An-dancette, y la puesta en servicio de las maquinas con asistencia de es-pecialistas franceses en la isla.

El proyecto total fue concebido enteramente por la oficina de "Obras Nuevas" de Everitube" destacando a su personal directamente en Ar-temisa Cuba. Como siempre, la fabricación e instalación de los equipos se confía a expertos fabricantes de la maquinaria diseñada por Everi-tube en Francia. El grupo tiene ya una buena experiencia adquirida en

---

[145] Contado por FGDEA de Mexalit
[146] Hasta la fecha, Everitube nunca había fabricado tubos de tal diámetro.

sus propias filiales, pero poca en países comunistas, salvo en Argelia hace poco tiempo. A lo largo de la instalación y puesta en marcha, los franceses enviados al sitio deberán asimilar los modos de actuar y de hacer del régimen castrista. Toda una seria de sucesos van a darle vida o perturbar viajes, estancias y puesta en marcha de las máquinas.

Los jóvenes técnicos cubanos formados en Francia participan a la puesta en marcha de la nueva fábrica, que deben efectuar los especialistas enviados por la Dirección Técnica de Everitube. El arranque se revela más complicado de lo previsto, puesto que al contrario de lo habitual en Europa y en América, aquí el amianto que proviene únicamente de Rusia requiere ajustes de proceso. No se podía en ningún caso importar amianto de África del Sur, lo que políticamente era inaceptable para el régimen. Finalmente, la dificultad se esquivó trayendo amianto azul de Francia.

Frente a la urgencia se llama a un Ingeniero experimentado, de la francesa fábrica de Andancette de Everitube, para mandarlo cuanto antes a Cuba. La Dirección le ruega a ese especialista de los tubos de amianto-cemento que llegue allá el día uno de enero de 1978. Cuidadoso de no abandonar a su familia en el momento de las fiestas de fin de año, logra demorar el vuelo hasta el día 2. Pero estamos en una época cuando los vuelos hacia La Habana todavía no son diarios, y que por cierto no hay ninguno ese día dos de enero. El departamento de Everitube encargado de los viajes hace lo imposible y obtiene dos asientos, para él y para el técnico que debe acompañarlo, en un vuelo de Aeroflot que, procediendo de Moscú, hace una escala en Rabat antes de cruzar el Atlántico.

Para llegar hasta Rabat se necesita un primer vuelo de Paris a Casablanca y un segundo de Casablanca a Rabat. Es precisamente en Rabat, en la sala de embarque al subir al avión ruso, cuando empiezan las sorpresas para nuestros dos voluntarios nombrados.

Poca gente al embarque, solamente una docena de viajeros. El acceso se hace de forma casi militar, muy lejano de las poco amables estampidas que solemos conocer hoy en día. Una vez en el avión, la azafata enseña a cada uno su asiento, de forma autoritaria. A pesar del pequeño número de viajeros, el ingeniero y su asistente se ven atribuir asientos en cada extremo de la cabina, lo que no deja de sorprenderles. Después de un tiempo de espera más largo de lo habitual y un despegué normal, durante los cuales nadie ni se mueve ni habla, un auxiliar de vuelo informa que se permite desabrochar los cinturones. De repente se activa una enorme algarabía. Los viajeros intercambian asientos, sacan juegos de ajedrez, botellas, y empiezan una alegre cacofonía que durará gran parte del vuelo. Nuestros dos franceses aprovechan las circunstancias para acercarse. Después de unas horas comienza una bajada hacia el océano, que causa una cierta inquietud, la cual se disipa cuando el avión aterriza en La Barbada, la isla más pequeña del Caribe. Después de una escala técnica que dura un par de horas, durante las cuales los servicios locales de mantenimiento intervienen sobre uno de los reactores, retoma el vuelo y el avión se posa en La Habana sin problema. El cambio de temperatura, ya notado en La Barbada se confirma y la acogida se revela tan rígida como la del embarque. En la policía se confiscan los pasaportes que se remplazan por carnets de identidad cubanos provisionales, atribuidos por el "Departamento de Desarrollo Industrial". Poco después, se confiscan también las divisas, francos en el presente caso, que se reemplazan por pesos cuyo importe se menciona en un "cuaderno de cambio". Esos pesos convertibles permitirán compras en las pocas tiendas de hoteles, y acceso a unos pocos restaurantes. Los salarios cubanos convenidos en el contrato se pagarán en pesos locales no convertibles.

Una vez pasada la policía, los franceses de la Compañía llegados anteriormente acogen a los dos viajeros. Pero los protocolos obligan a que ellos pasen por el Departamento Sanitario para tomar una muestra de sangre y averiguar que los extranjeros que acaban de llegar no son portadores de ninguna enfermedad peligrosa para los cubanos. Temporalmente abandonados por sus colegas que se dan prisa hacia el lugar de trabajo, los recién llegados se encuentran encerrados, sin recibir ninguna explicación, perjudicados por su completa ignorancia del idioma de Cervantes. ¡Nueva fuente de inquietud, pues no pueden imaginar el motivo de esta reclusión! Después de unas horas los camaradas vuelven a buscarlos. Se sorprenden de no encontrarlos y comienzan una encuesta. Pronto se enteran de que ese tipo de puesta en cuarentena resulta del paso   únicamente gracias al "hermano mayor ruso", se encuentra totalmente entre las manos de éste. Los rusos están de guerra en Etiopia. Necesitan soldados, preferiblemente del buen color, entonces, Fidel Castro suministra con regularidad militares a su generoso padrino. Cuando los soldados vuelven al país después de su estancia africana, se someten a una cuarentena por control sanitario. Ahora bien, nuestros dos franceses concluyen que transitaron en su recorrido por un vuelo interior entre Casablanca y Rabat, con el sello marroquí en el pasaporte. El error ahora descubierto permite la rápida puesta en libertad de las dos víctimas de la amistad ruso-cubana.

De inmediato sigue la salida a la fábrica ubicada en la carretera de Pinar del Rio, al oeste de La Habana, rodeada de bananales y cercana a la cementera, una de las pocas industrias del país en la época[147]. Los talleres son construidos según el método de las regiones tropicales y ecuatoriales, sea sin paredes exteriores, el techado siendo sostenido por palos en los puntos estratégicos. Así se aprovecha una climatización natural. Debido a la omnipresencia del agua en la fabricación del amianto-cemento y de la temperatura ambiental, los mosquitos se lo

---

[147] Las principales actividades de la isla entonces son tabaco, caña de azúcar y plátanos.

pasan bomba, para disgusto de la tan sensible piel de un francés norteño. *(La casi imposibilidad de conseguir loción antimosquitos en la isla no tardará en convertirse en verdadera pesadilla. Por suerte las cortas vueltas a Europa durante la estancia ofrecerán soluciones al problema).*

Al terminarse el día, todavía en compañía de sus colegas y de sus maletas, los viajeros alcanzan el primer hotel, situado en la Habana. No es un palacio, pero se considera como correcto. La reserva de las habitaciones se efectuó mediante el Departamento de Desarrollo Industrial. Durante los días que siguen, la actividad profesional se organiza, mientras que nuestros amigos se familiarizan con la vida cubana. Los míticos coches americanos de los años cincuenta tienen todavía buena pinta. Es preciso decir que los mecánicos cubanos hacen milagros para mantenerlos vivos, la prueba es que las turistas del siglo XXI se alegran todavía a la vista de los ahora raros supervivientes. Algunos Lada soviéticos y unos pocos Renault importados por las empresas, enriquecen el parque automovilístico local.

En la ciudad, la libertad parece bastante respectada, se observan muy pocos policías. Siendo atentos observadores, nuestros amigos identifican "CDRes"[148] que apuntan discretamente todos los movimientos en cada esquina de las calles perpendiculares, que constituyen los bloques.

La compra de productos alimenticos es libre, pero por lo que es de los moradores, solo pueden comprar el resto con cupones de racionamiento o bonos atribuidos en los lugares de trabajo. Los restaurantes son clasificados en tres categorías:

    -Los asignados para moradores,

    -Los asignados para técnicos *(mayormente rusos, checos o franceses),*

---

[148] CDR. Comité de Defensa de la Revolución. En cada uno de esos puntos de observación, 24/24, dos o tres personas miran y apuntan sistemáticamente. Así el Estado se asegura de saberlo todo.

VIII Panorama por países

-Los reservados a miembros de la nomenclatura y a expatria‐
dos *(los que pueden pagar con pesos convertibles…).*

Llega ahora el momento de explicar el funcionamiento de esta rara moneda. Apuntemos que, a la llegada de los viajeros, se confiscaron las divisas, que se transformaron en pesos convertibles cuyo importe se inscribió en un cuaderno de cambio. Para impedir todo tipo de tráfico, poseer divisas extranjeras es estrictamente prohibido. Cuando un extranjero obligado al sistema quiere pagar en un establecimiento habilitado, paga efectivamente con los billetes de pesos que recibió, pero el responsable del establecimiento sustrae lo equivalente en el cuaderno de cambio. Al salir del país, el extranjero recibirá la vuelta de las divisas cuyo saldo aparece en dicho cuaderno.

La nomenclatura y los expatriados tienen acceso a los restaurantes reservados a aquellos clientes que pueden pagar con divisas. Para memoria, mencionaremos: La Bodeguita del Medio y El Floridita, ambos apreciados para Ernest Hemingway… y podemos añadir El Tropicana. Cuando llegan personajes de alto rango, los huéspedes deben inmediatamente dejar libres las mejores mesas. Si el restaurante está completo, puede incluso ocurrir que los clientes, no miembros de la élite, sean firmemente invitados a despedirse.

Después de unos diez días de estancia en el paraíso castrista, nuestros especialistas en tubos escuchan del personal del hotel que deben cerrar sus maletas e irse. Muy sorprendidos por esa orden, piden explicaciones y se enteran de que la reserva incluía solamente diez noches. Una nueva visita al Departamento de Desarrollo Industrial confirma el hecho y permite la atribución de un nuevo hotel, o más bien de lo que desde la entrada se parece a un tugurio. El acceso a los cuartos, el descubrir de las camas con sábanas rasgadas, y los cuartos de baños con tabiques agujereados que permiten mirar al cuarto vecino, se revelan todavía peor. Imposible dejar las maletas en un lugar como éste, ni tampoco dormir aquí. Nuestros amigos lamentan esas condiciones, pero no ven ninguna solución hasta la inesperada llegada del director de "Obras Nuevas" de Everite, buen conocedor de los hábitos cubanos[149] y que dispone de recursos propios para que venga a desbloquear la situación. El mismo lleva a sus colaboradores hasta su hotel, el Riviera, uno de los pocos que gozan de un standing más conforme a las normas. Ubicado en el Malecón, es un antiguo palacio americano, de antes de la independencia, que desgraciadamente no ha conocido ningún mantenimiento posiblemente desde 1961. Según la costumbre, los ascensores son conducidos por botones profesionales. Instalados en el quinto piso, pero curiosos de descubrir los alrededores, nuestros valientes visitantes descubren que los varios accesos a las escaleras son cerrados. Resulta imposible dejar la planta sin pasar por el control de los esbirros que manipulan los ascensores. También constatan que cada planta se atribuía a un grupo de personas presentes en el país por el mismo motivo, el Desarrollo Industrial, y que proceden de un mismo Estado, nunca son de dos países diferentes. La única posibilidad de salir de su cuarto es pasar por los gerentes de los ascensores. La seguridad de Cuba depende de estas prudentes precauciones.

Por concluir con el amianto-cemento cubano, se dice que realmente los cubanos llegaron a asombrar por décadas, debido a las enormes aplicaciones del amianto-cemento moldeado para toda una infinidad de casos, jardineras, parasoles, muebles, techumbres, muros ligeros, decoración, en edificaciones sencillas tanto como en construcción de vivienda, como comercial, en fin, casi en cualquier cosa, el amianto-cemento era parte ya de su vida.

---

[149] Se cuenta que por haber hecho tanta ida y vuelta Francia-Cuba en el viejo cuatrirreactor de la "Cubana de Aviación", se sabían ya de memoria los números de los asientos que podrían rechazar por motivo de su deterioro.

La D de

Dinamarca

Hemos hablado ya del pedido del Zar de tres fábricas a Dinamarca en 1910, que no se entregaron antes de los acontecimientos del 1914 y del 1917. Pero una de ellas, por lo menos, no fue pérdida para todos. En el año 1910, el Zar Nicolas II de Rusia pide sorprendentemente tres fábricas de amianto-cemento a la danesa FLSmith. Desgraciadamente llega la primera guerra mundial y luego la revolución de 1917, que impiden las entregas.

Sin embargo, las máquinas ya han sido fabricadas, empaquetadas en cajas y puestas en la espera de días más favorables. Trece años más tarde una máquina es materialmente exhumada. En 1927, FLsmith decide fundar su propia fábrica de amianto-cemento en la ciudad de Aalborg: Dansk-Eternit-Fabrik y utiliza la máquina salvada. Esta nueva entidad ira prosperando y producirá millones de m² de cubiertas para los techados de Dinamarca e incluso mucho más allá. Apuntemos que esta empresa fue pionera en el uso de micro-silicio *(también llamada micro sílice, humo de silicio)* en la fabricación de fibrocemento. Siendo mayor la capacidad de producción que el mercado de Dina-marca, la empresa desarrolla sus exportaciones y se re-bautiza bajo un nuevo nombre: "Cembrit", derivado del nombre "Cimbri" atribuido a una tribu nómada del norte de Dinamarca que, según se dice, conquistó gran  parte de Europa e incluso amenazó al Imperio Romano, esto alrededor de un siglo antes de cristo. En el 2016, Cembrit es ahora un imperio industrial con presencia en Polonia, República Checa, Hungría y Finlandia, más una presencia comercial en Alemania, Bélgica, España,

#fibrocemento(s).com

Estonia, Francia, Irlanda, Italia, Letonia, Lituania, Noruega, Países Bajos, Rumania, Rusia, Eslovaquia, Suecia, Ucrania y Reino Unido. El grupo también es muy presente en Estados Unidos a través de American Fibercement Corporation

.

La E de

Ecuador

Poco que decir sobre ese país donde conocí dos fábricas de amianto-cemento, una en Quito la capital, en la que parece haber desaparecido, la otra Eternit en Guayaquil, a la vez principal ciudad y principal puerto del país. Allí, también se interesan por la decoración y por los muebles como muestra la publicidad abajo.

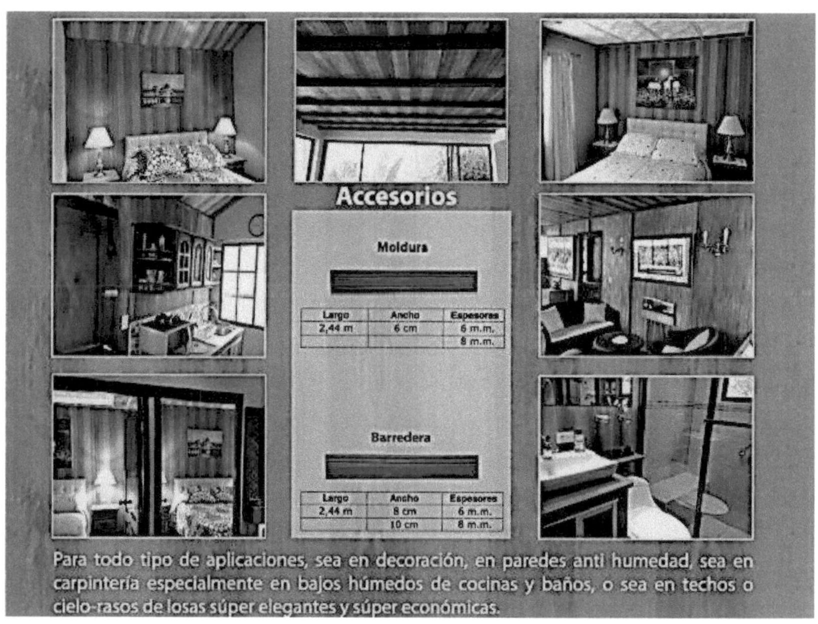

Largo	Ancho	Espesores
2,44 m	6 cm	6 m.m.
		8 m.m.

Largo	Ancho	Espesores
2,44 m	8 cm	6 m.m.
	10 cm	8 m.m.

08-031 Publicidad Eternit Ecuador. Web Eternit Ecuador.

Egipto

Un viaje profesional a este país, a principio de los años 1980, me da la oportunidad de visitar una fábrica de amianto-cemento llamada URA-MISR[150], en los suburbios de El Cairo que me deja unos recuerdos.

El agente en Egipto de nuestra empresa me introduce en la oficina del Director Técnico. El único tema de conversación que interesa a los dos caballeros es la forma de transferir discretamente un sobre que contiene una cierta cantidad de dólares de mano a mano...

En los minutos que siguen ese memorable intercambio que, por lo que sé no tuvo continuación, obtengo el acuerdo para realizar una visita a las máquinas para el amianto-cemento lo que, de mi punto de vista, es indispensable para considerar una oferta técnico-comercial, preámbulo a cualquier posible pedido. Un miembro del personal que sabe algo de inglés, un capataz supongo, me acompaña a la zona de fabricación. Tengo una cierta experiencia de las visitas de fábricas, pero aquí, descubro un mundo más cercano a las descripciones de Emile Zola[151] que a nuestro mundo de finales del siglo XX. Años más tarde, leo en la prensa que la fábrica está cerrada y que cincuenta y dos antiguos miembros de la plantilla, despedidos, victimas del amianto, contando con la asistencia de una ONG para sobrevivir todavía algún tiempo.

Durante ese mismo viaje, cerca del Canal, y de Ismailia, visito otra fábrica que el fabricante español Uralita vendió recientemente llave en mano, a un grupo local, y para la cual hemos suministrado los fieltros necesarios a la máquina de tubos. Tengo el placer de encontrar allí

---

[150] MISR *(pronunciar miser)* es el antiguo nombre árabe de Egipto. Muchas sociedades del país comportan ese nombre en su razón social.

[151] Emile Zola: autor francés del siglo XIX, famoso entre otros, por haber descrito con talento, escenas de la vida industrial de la época.

unos conocidos de mi clientela ibérica y todo va bien. Me despido del lugar con buena impresión y confianza en el futuro.

Unos quince años más tarde, la fábrica se encontró cerrada desde ya hacía un buen rato atrás. El grupo propietario pide a Uralita ayuda y cotización para su puesta en marcha otra vez. Un ingeniero español, amigo mío, me cuenta:

"Fui enviado allá por mi director para estudiar la factibilidad, hacer un informe técnico y evaluar las posibilidades de reapertura. El panorama que me encontré no pudo ser más desalentador: maquinaria abandonada y oxidada, faltaban multitud de elementos, montañas de residuos, purgas, polvo, trozos de fibrocemento, fieltros usados, etc. todo lo cual me indujo a aconsejar a mis superiores a desechar la idea de meternos en esa "ratonera". Por suerte me hicieron caso y abandonamos el proyecto. Creo que nunca se volvió a poner en marcha".

Como dicen nuestros amigos de idioma inglés: "No comment"

España

Aunque hayamos hablado de España en varias ocasiones, no se puede evitar volver a ese país, dada la importancia que tuvo allá el amianto-cemento.

En los años 1960/1980, el país contaba con no menos de 9 fábricas, fabricando placas, tubos y moldeados diversos. Hubo hasta 11 máquinas de tubos, ciertas de hasta 6 metros de largo y 1200mm de diámetro. La mayoría de esos tubos se dedicaban a la conducción de agua de presión.

Las fábricas, inicialmente de capital diferente, pasaron progresivamente entre las manos de Uralita, es decir de la familia March y del Banco de Santander.

Estas fábricas se reparten en las localidades siguientes:

-Cerdanyola del Valle (Barcelona), ciudad madre de esa industria: tubos y placas.
-Sevilla (Sevilla): tubos y placas[152].
-Getafe (Madrid): tubos y placas.
-Valdemoro (Madrid): tubos.
-Alcázar de San Juan (La Mancha): tubos.
-Castelldefels (Barcelona): placas
-Valladolid (Valladolid): tubos y placas

Uralita Alcazar de San Juan. Ultimo tubo producido el 14 de abril 2002. Cortesía de Manuel Morano Rubio, quien manejo la planta durante años y tuvo la pena de cerrarla.

Apuntemos de paso que la fábrica de Alicante, ubicada en la vecina población de San Vicente del Raspeig, dio luz a un barrio obrero nombrado: "el Tubo", cuyo nombre sigue vigente casi treinta años después

---

[152]Durante muchos años Sevilla me ofreció el placer de tomar el avión en Madrid temprano, en invierno, para aterrizar 50 minutos más tarde en el tan suave clima andaluz y cruzar el maravilloso Parque de María Luisa antes de alcanzar la fábrica de mi cliente.

de que la empresa haya desaparecido. La fábrica de Alcázar de San Juan disponía de una sola máquina. ¡Pero que maquina! Producía tubos de 6 metros de largo y hasta 1200mm de diámetro. Contribuyó mucho a la red de aguas de España. Produjo su primer tubo en febrero de 1976 y su último en abril de 2002. Se estima que la superficie de placas de amianto-cemento instaladas en el país son de unos 1500 km² o sea el equivalente de la superficie de Gran Canaria, y la longitud de tubos enterrados en el suelo de unos 370 000 km, sea más o menos la distancia de la tierra a la luna.

La fábrica de Valladolid justifica unas líneas particulares, no por motivos técnicos, sino por los primeros años de su historia bastante representativa de las luchas por conflicto de intereses, que oponen los competidores industriales en el mundo. Roger Martin, nos trae con precisión y humor los detalles en su libro "Patron de droit divin" ya citado varias veces. No resisto la tentación de reproducir las partes más asombrosas, tanto a nivel de la violencia de las luchas, como de la fortuna de la familia March, dueña de Uralita. Leamos Roger Martin de nuevo:

"Pont- à -Mousson ha conocido varias suertes en sus negocios de fibrocemento. Solo una acabó en desastre, pero Napoleón también sufrió derrotas.

Robustecido de sus experiencias latinoamericanas e iraníes, Pont-à-Mousson creó IBERIT en agosto 1964, con el propósito de implantar una fábrica en Valladolid. Desgraciadamente, el mercado español no se parecía al brasileño. Un competidor, URALITA, poseía ya por si solo 80% del mercado de tubos y 95 % del de edificios. La compañía era parte del club de los ETERNIT, pero pertenecía a la familia MARCH. Las leyendas que se comentaban sobre los orígenes de esta última eran poco edificantes, pero leyendas de ese tipo pocas veces lo son. El abuelo, JUAN, apodado "el último pirata del Mediterráneo" por sus enemigos, había aprovechado durante más de medio siglo, las vicisitudes de la política española y las circunstancias de las dos guerras mundiales. En su tiempo había apoyado incondicionalmente al régimen franquista. Murió a los 80 años, en un accidente de coche, cuando manejaba todavía sus negocios de forma despótica. Uno de sus dos hijos, también bautizado Juan, pero que todos llamaban Juanito para distinguirle de su padre, se ocupó de mí, fue por un tiempo mi interlocutor designado. Tenía dos hijas y dos hijos. El mayor, también llamado JUAN para distinguirle de su padre Juanito. Los dos chicos no se limitaban a disparar perdigones españoles de forma deslumbrante. Una vez acabados los estudios, entraron en los negocios de la familia.

Por participar en el club de los ETERNIT, URALITA aprovechaba las habituales ventajas: asistencia técnica, tratamiento privilegiado por parte de los proveedores de amianto, pero los MARCH eran los maestros absolutos y pretendían mantener su poder. La fortuna de la familia era de aquellas que los mismos interesados no miden, por sus múltiples participaciones, sus bancos, sus relaciones internacionales y las amistades políticas que compartían. Los MARCH eran para PONT-A-MOUSSON en España, y probablemente en otros países, un adversario inaccesible.

No estuve personalmente involucrado en la creación de IBERIT. Antes de la Segunda Guerra mundial, Pont-à-Mousson tampoco estaba instalado en España, y las inversiones hechas después de la guerra resultaban de iniciativas individuales, más que de una política general. Eran modestas medidas. Los grandes programas de toma de agua habían atraído a Jean CHEVALIER quien, sostenido por su cuñado, cuya madre era española, emprendió el plan de producir allá tubos de hormigón. Con ese propósito, el Grupo había comprado una modesta empresa, Materiales y Tubos BONNA (M.T.B.), nombre de un competidor histórico bien conocido de Pont-à-Mousson. También había contratado a Carlos CARRIL, de la Escuela de Ingenieros de Caminos, Puentes y Calzadas. M.T.B. conoció horas de gloria ligadas con algunas grandes obras.

La idea de instalar una fábrica de fibrocemento llegó de Philippe Paul CAVALIER. Tardaron mucho los estudios de mercado, que por lo rudimentario que fueran, no eran muy atractivos, pero el proyecto finalmente se concretizó durante la época turbada de la enfermedad de Michel. Pont-à-Mousson se encontró entonces asociado en IBERIT con el Banco de Santander y FUNDITUBO, mediocre fabricante de tubos de fundición dentro del cual tenía una participación minoritaria.

En octubre de 1964, a solicitud de Philippe Paul, le acompañé a Madrid para encontrar a los dirigentes de URALITA y convencerles de que IBERIT haría lo necesario para conseguir una participación en el mercado español, desde luego respetando las reglas habituales de la competencia. Al parecer, mis palabras no destacaron gran entusiasmo entre mis interlocutores.

El arranque de la fábrica de Valladolid costó mucho, pues las edificaciones preveían futuras extensiones, y esto generó una feroz repuesta de la competencia. Habría que considerar que los productos de fibrocemento viajan difícilmente por sus altos pesos y bajos precios. Uralita que disponía de varias fábricas y de una red comercial de primer orden, podía permitirse detonar una guerra de precios sin mucha perdida en la zona normalmente disponible para Iberit. Lo que hizo con mucho gusto.

Frente a la amplitud de los daños, decidí en abril de 1966, viajar a España para mejorar mi conocimiento del país. Disponía de una intérprete calificada en la persona de mi esposa y soñábamos ver la primavera en Andalucía. En la escala madrileña, nos reunimos con la pareja

CARRIL y el viernes 22 por la noche estábamos en Sevilla. El recorrido Sevilla, Mérida, Cáceres, Salamanca, Ávila, Madrid, Barcelona duró ocho días y cumplió nuestras esperanzas turísticas. Me ofreció la oportunidad de contemplar algunas de las grandes obras realizadas por M.T.B. Visité fábricas, encontré muchas personas y conocí más de Carlos Carril. A primera vista, el caballero era de amable contacto y ningún apuro parecía capaz de desanimarle. Tenía habilidad para asumir su orgullo español que se sentía a flor de piel. Quizás hubiera debido cuidarse más de la melancolía de su esposa.

Hablamos mucho de IBERIT para concluir que no había más remedio que negociar y le pedí que me permitiera encontrar a los representantes de URALITA en el más alto nivel. En febrero 1967, JUAN III, nieto de JUAN, vino a Avenida Hoche[153] en Paris acompañado por dos o tres miembros de la Dirección de Uralita. La conversación duró casi toda la mañana y fue seguida de una comida, pero no avanzamos mucho. Salí convencido de que nuestros interlocutores solo querían impedir a Pont-à-Mousson producir fibrocemento en España, y que tenían todos los medios para conseguirlo. A pesar de eso nos despedimos con cortesía y Juan III me confió que a Juan II, le gustaría encontrarme.

Padre e hijo vinieron a almorzar a mi domicilio de la calle de Assas el 29 de mayo. El chofer los llevo primero a calle de Alsacia, en el décimo distrito. Unos minutos más y la pierna de cordero hubiera sobre cocinado. Mi esposa hizo alarde de tal conocimiento del idioma español y de tanto entusiasmo para el país que Juan II fue seducido. Era un ser agradable, manejaba sus responsabilidades con distancia, pero tenía una pasión refinada por la gastronomía. Su erudición en cuanto a todo lo que se bebe o se come a lo largo del mundo, era casi ilimitada. Hizo

---

[153] Avenida de Paris cercana al Arco de Triunfo, famosa por el valor de sus inmuebles.

hincapié de su origen "mallorquina" y pretendió no tener ningún punto común con esos españoles, que apenas entendía. Evocar las Baleares fue una ocasión más de recíproca simpatía hasta tal punto que nos invitó a pasar unos días en su finca mallorquina donde se habla muy tranquilo. Nos despedimos sin que consiga hacerle hablar de IBERIT y de sus problemas.

Se confirmó la invitación, y el 3 de agosto por la tarde junto con el sordo pisoteo de los batallones de turistas en marcha, Renée, Robert Vendange, Jacques Beigbeder, Roger Pagézy director del Departamento de Construcción de la Compañía, Carlos Carril y yo, desembarcamos en el aeropuerto de Mallorca. Dos Mercedes 600 nos esperaban. La finca de los March, S'Avall contaba con unas dos o tres mil hectáreas en la punta sur de la isla, frente a Cabrera. La casa, construida en los altos, rodeaba una antigua torre morisca, y recordaba un palacio florentino. Las guardias del dominio, en uniforme de gala, carabina en bandolera, estaban en fila a un lado de la terraza donde los coches nos dejaron frente a un portal rodeado de dos leones de mármol blanco. Los hijos de la casa nos esperaban en el umbral, el ama de casa vino a nuestro encuentro a media altura de la monumental escalera y el dueño nos acogió en el piso de los cuartos de recepción. El ballet estaba perfectamente ordenado.

Pasamos allí dos días cuya perfección no excluyó improvisaciones. En la primera mañana, al encontrarnos para una reunión de trabajo, Juanito me sugirió dejar trabajar a los "jóvenes", y de acompañarle en una visita de la finca. Nuestras esposas y colaboradores se juntarán con nosotros en la playa, al final de la mañana. Me sentí algo ofendido al no pertenecer a "los jóvenes", pero no tenía muchas ganas de trabajar. Las capacidades de irrigación limitaban a unos tres o cuatro cientos de hectáreas la zona agrícola del dominio y el paseo en Land-Rover tras bosques y montes, con vueltas a una encantadora y desierta orilla del mar, provocó pánico entre liebres y perdigones.

Un velero y varias lanchas de motor, marinos a bordo, esperaban el buen gusto de los invitados. Juanito, debajo de su albornoz, llevaba su traje de baño. Para facilitarme el cambio de traje, hizo abrir un pabellón que, de casa de vacaciones, hubiera traído alegría a toda mi familia.

Nuestras esposas y los "jóvenes" se juntaron con nosotros cuando, ya bañados y secos, aprovechábamos bebidas frescas. Llegada la hora del almuerzo, volví sin prisa al pabellón de la playa. Escuché arrancar coches, el ruido de una cerradura, otro coche y de repente, entendí que estaba encerrado. La puerta estaba cerrada a triple y todas las ventanas tenían inviolables rejas. No había más remedio que esperar hasta que alguien viniera a liberarme. Se necesito bastante tiempo para que mi ausencia se notara. Mi esposa me pensaba con Juan II. Juan II me pensaba con Juan III, y Juan III me pensaba con los demás. Al llegar a la mesa, Juan III entendió en que mazmorra me había caído y se precipitó a socorrerme. Nuestra vuelta al comedor fue un triunfo, el "soufflé" no había podido esperar y el hielo de la conversación estaba ya definitivamente roto.

La tarde y el día siguiente se pasaron entre baños, paseos, y charlas sin propósito particular. Incluso me hicieron disparar a unas liebres. Las noches fueron de una extrema dulzura. La cena se sirvió en una terraza bien fresca gracias a la brisa. De allí se podía divisar, a lo lejos, los tumultos de la muchedumbre. Juanito nos explicó que había convencido a dos o tres restaurantes parisinos, y que restaurantes! para que pusieran a prueba a su principal cocinera. El resultado era estupendo. Una noche, Renée se extasió sobre el raro y sublime sabor de un sorbete. El dueño reveló que estaba hecho de fresas salvajes que una avioneta fue a buscar la misma mañana ante unos campesinos del Val d'Aran especializados en su recogida.

Lamentaría que tal evocación, ciertamente embellecida por los recuerdos, hiciera pensar en un lujo agresivo. Todo eso estaba hecho con la extrema simplicidad fuera de la cual no existe perfección. Correspondía a cierta obra de arte, testimonio de una forma de vivir anticuada. El artífice era la esposa de Juanito, Doña Carmen Delgado de March. Era ya mayor de edad, pero mantenía un hechizo extraordinario y unos ojos encantadores. Con un gran carisma de dulzura, dirigía: marido, hijos, familia y casa con mano firme. Nos hizo visitar los bastidores del milagro: cocinas, bodegas, ropero, etc. Incluyendo a los peones, de los que tenía un centenar y a los que tenía que alimentar diariamente.

También nos hizo visitar ciertos lugares bellamente de la propiedad y las distracciones que se proponían a sus huéspedes: una plaza de toros donde novilladas podían tener lugar; un tiro de pichón olímpico con los piconeros adecuados; una caballeriza flanqueada de una cantera. Esta se cerró después de un grave accidente ocurrido a una de sus hijas, accidente que necesitó un largo y doloroso trabajo de cirugía estética. Con el agua de riego a vistas salubre, el lugar fue transformado en un jardín de cactus considerado como uno de los más famosos del mundo[154].

El 6 de agosto por la mañana volvimos a Parly[155] y sentí un alivio mezclado de cierta pena, al encontrarme en la austeridad de la Puisaye[156]. Sin embargo, Juanito no había terminado de sorprenderme. Al dispararle a las liebres, habíamos hecho salir maravillosas perdices y había

---

[154] El jardín de cactus existe todavía, tuve la suerte de visitarlo hace poco.

[155] Zona residencial bastante lujosa creada en los años 1960 en el oeste de Paris para gente adinerada.

[156] Nombre de la residencia donde vivía Roger Martin en Parly.

propuesto invitarme, en la temporada, a cazar perdices españolas. No le tomé en serio, pero a principios de septiembre, llegó la invitación para el 3 de octubre siguiente.

Pasé la noche del 2 al 3 en el hotel de la familia March en Madrid. Un Goya, cuya reproducción tenía en casa, adornaba mi habitación. En la hora de la cena, el dueño anunció con cierta negligencia que el general Franco estaría entre los invitados del día siguiente.

La cita del 3 por la mañana tenía lugar a orillas de una carretera en el suroeste de Madrid, el Caudillo llegó puntual, hombre pequeño, vestido de gris, estaba rodeado de uniformes exageradamente adornados. Cada invitado disponía de un Land-Rover llevando sus acompañantes: cargadores, secretarios, y todos los trastos necesarios. El coche del Caudillo estaba precedido y seguido de otros, transportando un impresionante número de acompañantes. El cortejo arranco entre los campos. Al llegar al puesto, me coloqué en el punto indicado en mi carta sorteada.

En las crestas al horizonte, se perfilaban los guardias civiles encargados de la seguridad de los invitados; Tuve todo el tiempo necesario para admirar las maniobras de los vigías y de los guardias a caballo, dispersando las concentraciones de aves, como condición muy importante. Desgraciadamente también vi llegar los perdigones, estábamos aquí para ellos. Volaban alto en el cielo o casi a nivel del suelo, rápido o lento, y tan numerosos que no sabía a cuáles disparar. Probé mi suerte honestamente y pronto tuve conocimiento del ridículo, me puse a mirar a mis vecinos. Doce tiradores éramos: yo quien no contaba, dos ministros quienes tampoco contaban, el Generalísimo quien tenía correctamente controlado su puesto, y unos grandes cazadores españoles encargados de asegurar la lista de trofeos. Contemplarles era un verdadero placer. Cualquier gesto bien hecho es agradable de mirar.

VIII   Panorama por países

Disparaban con tres fusiles que les presentaban dos cargadores y, varias veces, cayeron seis perdigones.

Después de unos vistazos, a la hora española se anunció el almuerzo. Dos tiendas de terciopelo rojo, adornadas de pasamanería de oro, estaban ubicadas en un recoveco del terreno. Una muchedumbre de camareros se movía. Pinchitos de los más refinados se propusieron a la guisa de tapas y tardé en entender que el almuerzo estaba por venir. Gracias a Dios ese fue ligero y la pierna de ternera deliciosa. La mesa era estrecha y, sentado a la derecha de Juanito que con presidiaba, me encontraba prácticamente frente al Caudillo que compartía la presidencia. Le observé un buen rato. No decía nada. Los comensales no se preocupaban de su silencio que, según se dice, era su regla habitual. La asistencia marcó un instante de sorpresa cuando se dirigió a mi mediante Juanito, me preguntó si era realmente el responsable de la gente quien, a través de su residencia del Pardo, instalaban la tubería encargada de traer el agua a Madrid. Con mi contestación positiva, me felicitó por la calidad del trabajo hecho. Así me sacó de mi morosidad vergonzosa debida a los diabólicos bichos, al acabarse el día, se contaban cerca de dos millares de ellos en el suelo. Yo, tenía poca responsabilidad en el resultado...

Tuvimos la ocasión de ver de nuevo la pareja March en Paris donde solía viajar. Mi esposa mantuvo relación con Doña Carmen mucho tiempo. Una de nuestras hijas incluso fue a pasar unos días en S'Avall, pero nunca conseguí tener una conversación de fondo sobre IBERIT con Juanito. Las conversaciones entre "jóvenes" se eternizaron. Se impuso la evidencia que debíamos vender la fábrica de Valladolid a Uralita. Fui a hablar del tema con el presidente del Banco de Santander quien me atendió muy mal, vituperando sobre el derrotismo de Pont-à Mousson. La fusión del 1970 nos permitió conservar el honor. Pont-à Mousson, fundido dentro de Saint Gobain, entró en el rango de los grandes industriales españoles. El Banco de Santander nos rapó hasta el último pelo. Habíamos hecho una tontería, debíamos pagarla. Inmediatamente imaginé una nota que mi abuelo había puesto sobre su mostrador en casa: "Quien rompa los vasos, los paga…".[157]

Así es como Uralita, ya bien establecido en el mundo del amianto-cemento con sus fábricas de Cerdanyola, Sevilla y Getafe, emprende el convertirse en el exclusivo fabricante del país. Construye la fábrica de Alcázar de San Juan y adquiere Rocalla en Castelldefels, y luego compra Fibrotubo, *(Alicante y Valdemoro)*. Ibertubo de Toledo parece ser el único que supo resistirle a pesar de una cierta somnolencia que, quizá, no fue ajena a la situación conocida por Iberit años antes y descrita en las precedentes páginas.

Cuando sucede la crisis del amianto, Uralita empieza grandes esfuerzos de reconversión, probablemente ayudado por sus antiguos acuerdos con Eternit, y consigue nuevos acuerdos con James Hardie. Pero la competencia de nuevos materiales para la construcción se  revela demasiado fuerte. Las fábricas cierran una tras otra, incluso la de Valladolid cuyas instalaciones se venden al Grupo Etex *(Eternit)* que transfiere parte de la maquinaria a su fábrica de Portillo *(Provincia de Valladolid)*. La fábrica que nació de Pont-à-Mousson en los sesenta también se convierte en un baldío industrial hasta que el terreno abandonado seduzca algunas inversionistas. La familia March se retira del grupo a partir de 1997, aunque manteniendo un ojo sobre la empresa mediante el banco del cual es uno de los principales accionistas, si no

---

[157] Acuérdense: En el prólogo, les hablé del joven ingeniero que vino a Angulema con tres fieltros en su coche para que los estiráramos urgentemente. Estaba muy lejos de imaginar lo que urdía, al mismo tiempo, entre los Estados Mayores.

el mayor. En 2006, el emblemático nombre desaparece del horizonte de los grandes industriales de la construcción en España.

 Sin embargo, es interesante apuntar que el fibrocemento moderno, sin amianto, reaparece con cierto éxito en España con la puesta en ser‐vicio hace poco de Euronit, del grupo Etex en Castilla y León. En el sitio web de Euronit uno puede ver un repor‐taje de la cadena RTVCYL que presenta con interés la fa‐bricación de fibrocemento contemporáneo.

Estados Unidos

El caso de Estados Unidos es de los más difíciles de tratar, puesto que conlleva todo, desde las investigaciones del siglo XIX para inventar nuevos productos, hasta la penetración del mercado del fibrocemento por todos los grandes fabricantes del mundo, los escándalos sanitarios y las tragedias que los acompañan, hasta el punto de que tengo ganas de escribir:

"El asunto es tan largo y arduo que justificaría un libro entero por sí solo, y si a algún lector le entraran ganas de emprender la tarea, con gusto le dejaría el camino libre…" Pero el sentido del deber me lleva a intentar exponer los mayores hechos o, a lo menos, aquellos que me parezcan así.

En primer lugar, aparece un nombre, famoso en todo el continente americano e incluso afuera, con una publicidad tan antigua como ésta, publicada en "the Tech, Boston, Mass," del 14 de abril del 1920.

Es preciso llamar la atención sobre el hecho de que, en 1920, **Johns Manville** ya no era más una "start-up". El número de ciudades con su presencia lo testifica.

Nacido en 1858 bajo el nombre de H.X. Johns Manville Manufacturing Company,

Asbestos Wood Company

Nashua, N. H.

MANUFACTURERS OF

Fireproof Substitutes for Wood

AND

Electrical Insulating Materials

H. W. JOHNS-MANVILLE CO.

SOLE SELLING AGENTS.

New York	Detroit	Buffalo
London	Milwaukee	Indianapolis
Chicago	Minneapolis	Los Angeles
Boston	Baltimore	Dallas
Philadelphia	St. Louis	San Francisco
Pittsburg	New Orleans	Seattle
Cleveland	Kansas City	Toronto

08-033. H.W. John-Manville CO.
The Tech Boston, Marsh 14 1920.

emplea ya el amianto para fabricar productos resistentes al fuego, de aquí su interés por la mina de la ciudad de "Asbest" en el Canadá tal como pudimos verlo en otro capítulo. En 1901, se fusiona con otra empresa vecina de nombre "The Mannville Company" (Milwaukee, Wisconsin) metida en el mismo tipo de actividad, lo que da nacimiento a "H.W. Johns Manville Company". Muy pronto la nueva empresa añade el recién nacido amianto-cemento a su gama de productos. En los siguientes años cambia de nuevo de nombre, pasa a ser Johns Manville Corporation y participa en los esfuerzos de guerra requeridos por los ejércitos aliados.

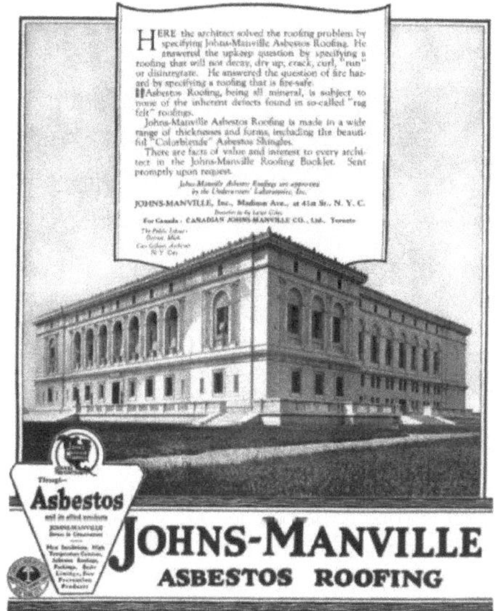

En 1945, el gobierno le pide que invierta en materiales ignífugos para responder a las necesidades de la Marina, lo que la lleva a poner a punto varios productos a base de mezclas de amianto y silicio. (*Es interesante apuntar que decenas de años más tarde, el desmontaje de buques militares y civiles americanos y de otras nacionalidades incluso de Francia, en países asiáticos, sin ninguna protección para los obreros, daría lugar a polémicas y escándalos de todo tipo*).

Durante gran parte del siglo XX, la empresa es líder en el mercado de productos de amianto-cemento tal como tubos para conducción de agua y aislamiento, cuberturas y tejas.

Desde 1958, quizá por sentir el cambio de viento, persigue su diversificación y se mete en la fibra de vidrio.

Desde 1982, miles de personas empiezan a padecer de enfermedades ligadas al amianto, lo que genera demandas que inducen a la empresa a la declaración de quiebra. Saldrá de la bancarrota en 1988 de nuevo con otro nombre: "Manville Personal Injury Settlement Trust" dotado de impresionantes fondos destinados a la indemnización de las víctimas y al mismo tiempo a tranquilizar a los accionistas.

En 1997, importante acontecimiento, de nuevo cambio de nombre, desaparece el guion, y vuelve al antiguo nombre: "John Manville".

El año siguiente, empieza la construcción de una nueva fábrica en Macon (Georgia), cosa que no había ocurrido desde hacía más de veinte años. En la misma época, una ciudad de New Jersey, donde la compañía tuvo una gran fabrica durante muchos años, cambia su nombre en "Manville".

CertainTeed

Otro futuro gran gigante empieza su vida en 1904 en Saint Louis (Illinois), bajo el nombre de "The General Roofing Manufacturing Company". Su fundador lanza el negocio con unos 25 000 dólares.

Trece años más tarde, la empresa aprovecha la ocasión de una reestructuración para tomar un nuevo nombre constituido a partir de su lema que por sí misma es un verdadero slogan publicitario: "Quality made **certain**, Satisfaction Guaranteed"[158]. El año siguiente CertainTeed cotiza en la bolsa de Nueva York.

---

[158] "Calidad certificada, Satisfacción garantizada"

VIII Panorama por países

Entre las numerosas actividades relacionadas con Edificios e Infraestructuras, CertainTeed, a lo largo de los años, desarrolla una muy larga producción de tubos de amianto-cemento auto clavados. A lo largo de los sesenta, adquiere el departamento "tubos amianto-cemento" de Ambler-Pennsylvania- and Mattison Company" que es el segundo fabricante americano del producto. En 1967, el francés Pont-à-Mousson obtiene una pequeña parte del capital de CertainTeed. En 1970, ese último piensa en desarrollarse en la actividad de "lana de vidrio" y Pont-à-Mousson (*que entretanto se ha convertido en Saint-Gobain-Pont-à-Mousson)* piensa en implantarse en el mercado americano. Estas circunstancias llevan las dos empresas a revisar sus relaciones. Roger Martin, entonces presidente de Saint-Gobain, escribe en su famoso libro:" la *oferta hecha en Wall Street el día uno de mayo de 1973, fue pienso yo, una de las primeras iniciativas de ese tipo tomada por una empresa francesa. De los 4 millones de títulos ofrecidos, aceptamos 2 500 000 y con la contribución de Mexalit, nuestra participación subió a los 34%"*[159]. Unos meses más tarde esta participación se aumentó al 40%, pasó pronto del 50% y alcanzó rápidamente el 100% mediante la compra de las cuotas del inglés Turner and Newall que buscaba retirarse.

Un ingeniero jubilado del Departamento de Investigaciones y Desarrollos de Everite en Francia hizo un viaje profesional a CertainTeed en 1985, nos confía: *"visité la fábrica de tubos auto clavados, de Hillsboro (Texas) junto con el dueño del Departamento. Esta fábrica, cuya limpieza llamó mi atención, empleaba todavía la técnica del tratamiento del amianto en seco con Willow*[160], *técnica ya abandonada en Europa, pero lo que más me marcó es que el director nunca se desplazaba sin*

---

[159] Roger Martin, «Patron de droit divin», pagina 351.
[160] Willow: triturador de martillos trabajando en seco.

su sombrero texano ni su pistola. No nos olvidemos que estábamos cerca de Dallas…"

La crisis del amianto no perdona a CertainTeed que se encuentra duramente atacado por las víctimas de la fibra, y decide cerrar definitivamente su departamento amianto-cemento desde 1990. Sus otras actividades le permiten mantenerse en el mercado de la construcción, tan importante en Estados Unidos. *(Una visita a la página web* de Certain-Teed, *a las pocas líneas dedicadas a la historia de la empresa, no permite saber que estuvieran tan metidos en el empleo del amianto).*

Seis años más tarde, sea en 1996, presionado por sus éxitos en el mercado de los revestimientos de vinil, teniendo en cuenta el inmenso mercado potencial, y beneficiando de la asistencia europea, Certain-Teed está de fiesta… La Dirección General de Valley Forge (Pensilvania) sorprende a sus competidores por anunciar su vuelta al mercado de fibrocementos, esta vez sin amianto.

Seis años más tarde, sea en 1996, presionado por sus éxitos en el mercado de los revestimientos de vinil, teniendo en cuenta el inmenso mercado potencial, y beneficiando de la asistencia europea, Certain-Teed está de fiesta… La Dirección General de Valley Forge (Pensilvania) sorprende a sus competidores por anunciar su vuelta al mercado de fibrocementos, esta vez sin amianto.

08-034. *Dos ejemplos de construcciones propuestas por CertainTeed en su pá-*

Ahí se fabrican "planks y paneles planos CELA" con estupendas características de diseño para esos momentos, con muy bonitas texturas imitando la madera, enriquecidas por seductores colores, tanto para construcciones comerciales como residenciales.

Para reforzar su presencia en el mercado, en 1999, CertainTeed adquiere la fábrica de Roaring River (Carolina del Norte), instalada solamente dos años antes por ABTco bajo la misma tecnología de diseño europea. Este último, muy fuerte comercializador de materiales de construcción del mercado americano, intentó incursionar como fabricante de "planks y paneles planos CELA", sin lograr dominar la tecnología del fibrocemento. Sorprendido el mercado, vendió su planta a Certain Teed que buscaba crecer rápidamente y posicionarse en la segunda plaza del mercado americano.

En 2006, CertainTeed intenta una tercera planta en Terre Haute (Indiana) pero los resultados no alcanzan las esperanzas, tanto técnicas como comerciales por motivo también de la tristemente famosa "crisis de los créditos hipotecarios" tan dañina, como cada uno sabe, en Estados Unidos, particularmente para la construcción de vivienda. El empleo del "Fly ash"[161], abundante en la zona, cuya aplicación era una esperanza para esta Planta, pronto fue atacada por los grupos ecologistas, que llevo a la suspensión parcial de actividades de esta planta. "Segundas partes, nunca fueron buenas"[162]. Con la pérdida de la maestría del fibrocemento en Certain Teed que tuvo años atrás, y los nuevos errores citados, no fue posible recuperarla, no obstante, y nos consta, de los enormes esfuerzos realizados para ello.

En la misma época, CertainTeed recibe una oferta de compra de parte del Mexicano Elementia, que mencionaremos con más en detalle en la parte dedicada a México. Así este viejo gigante del fibrocemento nacido en 1904 no sustentó su retorno en 1999 y al final, en 2014,

---

[161] Fly Ash, cenizas volantes extremadamente finas con muy alto contenido de sílice.
[162] Fuente, refranero mundial.

CertainTeed deja su actividad de Fibrocemento a Elementia. Ese último lo agrupa con la actividad de Allura y de Plycem ya en sus manos. Cuando apareció la gravedad de la crisis del amianto, las casas matrices de las empresas implantadas en los Estados Unidos sabían que arriesgaban muchísimo. Es preciso saber que, en este país, contrariamente a lo que pasa en Francia y en otros muchos países, no es necesario demostrar padecer de un perjuicio de salud laboral para reclamar indemnizaciones. Basta que un empleado de la empresa, o un simple ciudadano, pretenda haber estado en contacto con el riesgo para que pueda recurrir a un procedimiento judicial. Frente a ese caso, los dirigentes, la mayoría de las veces, eligen negociar una indemnización transaccional tortuosa a través de sus abogados. Eso explica la gran cantidad de pleitos, todavía con varios miles en 2016. Esta situación había llevado Jean Louis Beffa, y hoy en turno a Pierre-André de Chalendar, presidente de Saint-Gobain, casa matriz de CertainTeed, a  reserver 100 millones de Euros desde 2002. Esa decisión está confirmada por "Le Moniteur" del 26 de julio 2002, que repite las palabras del presidente *"en cierta forma, Saint-Gobain se convierte en su propio asegurador"*.

Ciertas "bocas sucias" predicen entonces una próxima caída al infierno del tricentenario grupo francés. En 2015, esté celebró sus 350 años con bomba y platillo, lo que ciertamente no confirmo dichas predicciones.

Allura.

Creado durante la segunda guerra, Allura ex fabricante de amianto-cemento, para exteriores, planks, revestimientos de fachadas, cubiertas, techos marcos y otros, paso a manos del mexicano Elementia en 2014 y explota tres fábricas recuperadas de CertainTeed: White City

(Oregón), Wilhesboro (North Carolina) y Terre Haute (Indiana). El nombre de Allura también se asocia con el de Plycem nacido en Costa Rica donde fue creado por Stephan Schmidheiny, después de que este haya salido de la Eternit Europea. *(asunto ya largamente expuesto)*

08-037. *Los 75 años de la Historia de Allura. Web Allura.*

08-038. Ejemplos de construcciones con revestimientos Allura.

American Fiber Cement Corporation

Dinamarca nos ofreció la ocasión de hablar de Cembrit. Si, recuerden... las máquinas de tubos pedidas por el Tzar, no entregadas por motivo

VIII Panorama por países

de guerra o de Revolución de octubre 1917, una de ellas fue localizada años después, dando a luz a una empresa danesa de amianto-cemento que, a lo largo de los años se desarrolló en mercados de exportaciones…

Entonces, si *"la mermelada atrae a las moscas"*, el mercado americano atrae a los industriales ambiciosos. Es el caso de la Industria del amianto-cemento.

Después de Saint-Gobain y CertainTeed, James Hardie y sus numerosas plantas en el país, Elementia y Allura, Cembrit se entiende con unos inversionistas americanos. A finales del siglo XX, su tecnología le permite la creación de American Fiber Cement Corporation, muy conocido por sus siglas: "AFCC".

AFCC basa buena parte de su publicidad en la nueva tecnología europea adquirida acerca de Cembrit e insiste sobre los paneles de revestimientos ideales para fachadas ligeras y ventiladas, incluyendo los sistemas de paredes, techos, elementos de ventanas, barandillas de balcones, para no nombrar más.

Cuando usted elige paneles de fibrocemento para su proyecto, usted se asegura varias ventajas y largas variedades.

El Fibrocemento participa del "desarrollo sostenible" gracias a su natural durabilidad. El fibrocemento de alta densidad (comprimido en Prensa imprimir su diseño y ganar densidad), ofrece cualidades mecánicas extraordinarias de resistencia al hielo-deshielo, así como a mohos, humus y bacterias, pero poco clavable[163] en consecuencia. Ese material, prácticamente de mínimo mantenimiento, combinado con una instalación ventilada y resistente a la intemperie contribuye a un mejor rendimiento ante efectos congelamiento-descongelamiento.

---

[163]Clavable: Es empleo común de clavos para instalar Planks Siding de fibrocemento sobre madera, y la forma más común de los americanos, cualquier dificultad provocara quejas de ellos hacia el fabricante y el distribuidor.

Los paneles constan de una larga gama de colores que le ayudaran concretar su proyecto arquitectónico. Son fáciles de manejo y de instalación gracias a nuestro sistema de soporte y accesorios". Al parecer, los mismos argumentos se repiten con todos los fabricantes del planeta.

De paso, AFCC/CEMBRIT nos recuerda su apreciación, para quienes de nosotros lo hubieran olvidado, sobre cuáles son los componentes del fibrocemento NT hoy en día.

AFCC/CEMBRIT

Nuestra receta para productos de fibrocemento NT reforzado, de alta especificación es:

CEMENTO (65-80%). *Mayormente una mezcla de calcio y de arcilla que, después de la cocción a 1450° C y trituración, se acumula y endurece cuando se le mezcla con agua.*

PVA (2%). *Fibras artificiales polivinilo-alcohol (PVA) para reforzar y aumentar capacidad de resistencia a flexión del producto.*

CELULOSA (3-5%). *Fibras de celulosa madera que ayudan al proceso y refuerzan el producto sin perjudicar su capacidad de flexión, pero útiles sobre todo para facilitar el proceso de fabricación*

MATERIAS COMPLEMENTARIAS (10-25%). *Materias mayormente pasivas (de carácter no aglutinante, tal como caliza, micro sílice y fibrocemento reciclado, etc.) con el propósito de facilitar la mezcla o para darle características específicas.*

AGUA. *El resto de la mezcla es agua, necesaria para iniciar del proceso.*

Frecuentemente se leía… Mejor que el Coreano KIA que garantiza sus coches por 7 años, AFCC garantiza sus productos por 50 años, sea cual sea el clima donde se los instalen "lo que los hacen superiores a todos los materiales de fibrocemento destinados a la construcción" dice AFCC/CEMBRIT.

VIII Panorama por países

James Hardie

Ya hemos hablado de James Hardie, especialmente en el momento de nuestra vista a Australia, su país de origen, pero su reciente implantación en el mercado de Estados-Unidos merece sin duda que volvamos un rato sobre el caso del este grupo. 

En 1987/1988, James Hardie empieza por importar *"Hardie Shake"* desde Australia. Se trata de fibrocemento auto clavado, de textura madera, inspirada por el clásico "wood-shake" americano tan utilizado en el país de del tío Sam. Al principio, se trata de pequeñas medidas. 6", 8" y 12" de ancho y 24" de largo. En esa época, el clásico "wood-shake" americano empieza a perder cuotas de mercado debido a los riesgos de incendio y al consiguiente aumento de las primas de seguro. En los primeros tiempos, la actividad se limita a un pequeño taller de acondicionamiento ubicado en Fontana (California). Pronto la resistencia al fuego y la llegada de nuevos colores traen el éxito, incluso sin que se conozcan las capacidades de duración a largo tiempo al clima del oeste americano. Ese éxito, unido a la desconfianza frente a la "wood-shake" lleva a James Hardie a instalar cerca de ese taller de Fontana una verdadera fabrica capaz de producir "Hardie planks y Hardie Shakes" de fibrocemento de 12 pies de largo y de diferentes anchos aprovechables.

El desarrollo del negocio lleva a otros fabricantes mundiales a interesarse de cerca por el mercado americano de los "planks". Pero con el tiempo surgen las primeras preocupaciones ocasionadas por ataques de hongos fundamentalmente en aplicaciones de techados, muy agresivos en clima húmedo. Claramente, las coberturas llanas y onduladas de celulosa auto clavadas, de media y alta densidad, no pueden garantizar una vida útil superior a ocho o diez años.

Ciertos fabricantes extranjeros proponen productos sin autolavado, incluyendo algunas fibras poliméricas, con vida útil viable para 15 o 20 años. James Hardie no se compromete y abandona. Notemos que los productos para techados, por su directa exposición a ambiente, son siempre más vulnerables que los productos de fachada utilizados en posición vertical, y además protegidos por sus revestimientos de pintura.

La fuerte demanda del mercado lleva a actores locales, sin experiencia de la industria del fibrocemento, a lanzarse en la fabricación de productos alternativos de origen europeo. El éxito pocas veces está asegurado y se multiplican las reclamaciones. Frente a las desilusiones encontradas por los nuevos llegados de poca experiencia, sus finanzas pronto entran en conflictos, se desesperan y sus fábricas pasan a manos de industriales veteranos, entre los cuales James Hardie que siempre los siguió de cerca, aguardaba.

Así en 2017, el líder del mercado americano pasa a ser dueño de ocho fábricas, e invierte en la novena.

Sin conseguir conocer los años de inicio de cada una, podemos nombrar y localizar las siguientes:

Plantas James Hardie (en Estados Unidos)
-Reno, Nevada. Con 123 empleados, es la primera que recicla y reutiliza sus propias aguas.
-Plant City, Florida.
-Peru, Illinois. Con 290 empleados.
-Cleburne, Texas. Con 249 empleados, es la mayor fábrica del sur.
-Waxahachie, Texas. Con 174 empleados, adquirida a competidor.
-Pulaski, Virginia. Con 350 empleados, la más grande.
-Tacoma, Washington. Con 174 empleados.
-Pratville, Alabama. En construcción.

VIII Panorama por países

En mayo del 2017, James Hardie es feliz y orgulloso de anunciar la instalación de su novena fábrica americana en Pratville, Alabama, con una inversión de 220 millones de dólares, la perspectiva de 205 nuevos puestos de trabajo y la promesa de un mejor servicio para los clientes del Sur.

Los **Departamentos de Servicio** son agrupados en tres lugares;

-Fontana, California, que queda esencialmente dedicada a Investigaciones y Desarrollos.

-Mission Viejo, California, especializado en Contabilidad, Recursos Humanos, Análisis y Márquetin.

Sede. -En Chicago y la vecina ciudad de Naperville, Illinois, se sitúa la Sede que junta ciertos Departamentos Centrales, tales como Análisis Financieras, Márquetin Estratégico, Estudio de Precios, Contratación… A mediados del decenio 2000, James Hardie promocionó una importante acción en el mercado del siding, al proponer lo que llama: *"The HardieZone System"*. Después de estudiar sofisticadas investigaciones meteorológicas por grandes zonas, y de los incidentes ocurridos sobre sus productos, inventa el sistema llamado "Engineered for Climate®"[164] y nos explica:

"Ese sistema es basado en la división del país en ocho regiones climáticas con influencia sobre el rendimiento del siding a largo plazo. Apoyándose en esos datos, James Hardie concibe diez zonas climáticas que presentan ciertas variables comunes entre sí. Gracias a este análisis, la Compañía pone a punto la línea de productos HZ5® mayormente destinada a Midwest y Nordeste, regiones donde nieve, hielo y variaciones de temperatura son la norma, y la línea de productos HZ10® destinados al Sur y Suroeste, regiones donde dominan sol y lluvia, sea calor y humedad".

---

[164] Posible traducción: "Diseñado por el clima".

El color sigue siendo sin duda uno de los quebraderos de cabeza de los fabricantes de fibrocemento:

En cuanto al "Plank Siding" de fibrocemento, el color primario, el color de acabado y la gran variedad de tonos propuestos por la producción o exigidos por los vendedores, provocan el peor dolor de cabeza del mundo a los encargados del asunto. Parece que James Hardie haya superado la dificultad pues en su página web, se puede leer:

"Una gran innovación, ColorPlus®Technologie, combinada con un acabado por cocción al horno, especialmente concebido para que el color se pegue con el producto, favorece una larga durabilidad, un bajo costo de mantenimiento y una gran resistencia a la decoloración".

Este gran informe técnico comercial no impide que la empresa sufra unos ataques de insatisfechos clientes. ¡Pero después de todo, nadie es perfecto!

Tal como todos los industriales, cuando el mercado tiende a reducirse por motivos económicos, James Hardie arquea el lomo y disminuye su plantilla. Tal es el caso, en marzo de 2008 cuando tiene que despedir a unos 60 empleados en Fontana (California) y a casi 70 en Summerville (Carolina del Sur).

Afortunadamente para estas empresas y para las numerosas personas empleadas, las perspectivas del futuro parecen favorables. El instituto Cision PR Newswire nos explica en 2016:

Fragmento:

"la demanda estadunidense en productos de fibrocemento, prevé un crecimiento anual del 6% hasta el 2019, sea 2,9 billones de pies cuadrados (más o menos 270 millones de m²)[165]. Esta demanda se deberá a las necesidades de casas nuevas, sobre todo en siding que está muy de moda, pero también por la rehabilitación de viviendas usadas.

---

[165] Ciertos expertos del fibrocemento consideran esta estimación extremadamente sobre estimada.

VIII Panorama por países

Por su lado, el mercado de la construcción no residencial conocerá una fuerte expansión, sobre todo en el dominio de los "Backerboards[166]". En general, Siding es el que más demanda conocerá, con unos 70% de las ventas de fibrocemento".

---

[166] Backerboard: panel de uso interior, colocado sobre una pared cuya superficie no permite pegar directamente azulejos. El fibrocemento es particularmente bien adaptado a esa solución. El sistema es poco utilizado en Francia, pero muy frecuente en EEUU, especialmente en los cuartos de baño.

La F de

Filipinas

Si Eternit parece haber instalado una fábrica en Filipinas en 1950, no se encuentra hoy ningún rastro de esta empresa.

Los grandes productores mundiales están presentes en el país, donde importan grandes cantidades de productos de fibrocemento.

James Hardie en su página web, nos dice que tiene una fábrica en Filipinas, pero visitando la Web filipina, si se encuentra James Hardie, no se encuentra su fábrica. No conseguimos saber dónde fabrica los Hardie Flex® que propone en el mercado local.

Sea lo que sea, la gama de productos propuestos en el mercado es muy amplia, se extiende de techo a suelo, pasando por tabiques, siding y embaldosados para cocinas y baños.

Francia

Poco que decir de nuestro país, puesto que ya hemos hablado ampliamente del asunto. Recordemos que, después de haber tenido un gran número de fábricas de amianto-cemento y una violenta crisis relacionada con ello, una sola empresa produce todavía fibrocemento, pero ahora sin amianto. Se trata de **Eternit, del grupo Etex**, que cuenta con tres fábricas en Francia:

-Thiant, últimamente desplazada a Haulchin, pero en la misma región valenciana del norte del país.

-Saint-Gregoire, muy cerca de Rennes, en Bretaña.

-Torssac cerca de Albi en el Sur Oeste.

VIII   Panorama por países

Otros grupos de implantación mundial proponen sus productos importados, por ejemplo:

Cembrit, con representación en Besançon.

Elementia mediante SCB ubicado en los suburbios de Orleans que importa paneles desde México.

James Hardie, con una agencia en el mismo centro de Paris y un buen número de distribuidores en varios puntos del país. Apuntemos de paso que James Hardie consiguió una buena forma de hacer olvidar la mala imagen del término "fibrocemento" en Francia, llamando sus productos con el nombre de "cemento compuesto" *(Ciment composé en francés).*

Recuerdo un detalle. Si hemos mencionado las investigaciones hechas en varios países para poner a punto nuevos materiales industriales útiles a la construcción, podemos añadir que Francia también tuvo investigadores en el ámbito. De hecho, una pequeña fábrica de "ferrocemento" existió en Bonnières *(a unos 70 km al oeste de Paris)* a principios de siglo XX.

No se trataba de amianto-cemento sino de un sistema constructivo empleando mortero lanzado reforzado de una estructura de acero, y una malla metálica. Ese producto inventado en 1848, según ciertas fuentes, conoció un cierto éxito con retraso, a mediados del siglo XX, con la construcción de barcos conocidos como "los barcos de cemento". *(el autor recuerda haber visto uno sobre el Rio Sena en Paris donde vivía en su niñez, la gente solía llamarlo "El barco cemento")*

En esta misma ciudad de Bonnières, una artista, Georgette Agutte,

realizó varias obras pintadas sobre placas de amianto-cemento, incluyendo aquella que se ve en la portada del presente libro. Unas de sus obras están expuestas en Bonnières en la casa donde vivió, ahora propiedad del municipio y gestionada por la Asociación Vivhas. Otras muchas, también pintadas sobre amianto-cemento están expuestas en el Museo de Grenoble.

En otro orden de cosas, si la producción de paneles sándwich fue abandonada en Europa durante cierto tiempo, volvió a existir ahora con nuevos paneles de celulosa-cemento, con un alma de poliestireno (PSE) o de poliuretano (PUR). Los paneles exteriores son brutos o en color, por ejemplo, en Glasal.

08-039. Georgette Agutte. Retrato sobre amianto-cemento (Portada). Cortesía de Asociación Vivhas.   78270 Bonnières. sur Seine. Francia.

En ese tema como en muchos otros, la competencia también es muy fuerte, chapas de aluminio, vidrio esmaltado, estratificados, piedras naturales o artificiales finas pelean por el mercado. Las llaman "E LL R" por "Elementos de llenado de Fachadas. Los fabricantes de fibro-cemento confían el montaje profesional de los sándwiches a contratistas expertos. (*en Francia, por ejemplo, a filiales del grupo ISOST*). Prácticamente, todos los productos así obtenidos reciben un sello técnico de calidad expedido por un organismo oficial de la industria de la construcción propio al país de fabricación o de consumo, y beneficia de un marcaje de calidad certificando sus comportamientos con respecto a normas locales o internacionales y en cumplimiento a los códigos de construcción existentes (*En Francia se trata de "Avis Technique du CSTB" o Centro Científico y Técnico de la Construcción*).

 **Abandono del amianto.** Un artículo de la revista "Capital del 5 de marzo 2015", no explica como Francia, para respetar el "principio de precaución" instituyó un sistema que arriesga paralizar muchas obras de restauración y de nuevas construcciones debido a las normas anti amianto más severas del mundo.

La I de

India

El solo ver o escuchar La India, país de cinco mil años de historia nos estremece y me viene invariablemente en competencia a la mente el Taj Mahal y el enorme mercado del fibro-cemento en oferta de más de 1350 millones de habitantes, se parece un poco a lo que hemos conocido en Brasil, pero enorme. ¡Con su gran diferencia del volumen de población y el parecido no se limita solo al número de habitantes!

Curiosamente los grandes grupos mundiales parecen ausentes del país.

Al contrario, las empresas locales, de muy diferentes tamaños unas de otras, son muchísimas. Proponen especialmente tubos de amianto-cemento, como es el caso entre otras de:

-ARL Infratech Ltd.	en Jaipur,
-CHANDRAN Enterprise	en Mumbai,
-DANROSS Industries Private Ltd.	en Gurgaon,
-CAPEXIL	en New Delhi

Indiamart nos ofrece una amplia visión de la variedad de fabricantes locales.

Unas líneas, extraídas de la publicidad de ciertas empresas, se apoyan sobre criterios muy propios que podrían causar molestia a cualquiera de las asociaciones, que en occidente se encargan de orientarnos sobre temas de lo técnico, calidad y salud. Citamos como ejemplos lo siguiente:

1. *"Los tubos de presión producidos por XXX, líder en el mercado, se fabrican según normas nacionales e internacionales y se usan para entregar agua potable o para riego y también como*

> *tubos Conduit de protección para cables eléctricos, de comunicaciones o para fibra óptica"*

2. *El mayor fabricante de tubos de amianto-cemento en India, suministra miles de kilómetros de tubos en el país, incluso para conducción de agua, financiados por el Banco Mundial, y se esfuerzan en aportar el mayor cuidado para que los tubos correspondan a la calidad requerida...*

Otros argumentos presentados por otro fabricante, cuyo nombre tal como antes, no citaremos, dicen:

1. *"El amianto **es más fuerte que el acero** y el coeficiente térmico corresponde con el del cemento. Proporciona un reforzamiento microscópico y homogéneo en tres dimensiones y permite al tubo resistir una presión interna del agua de hasta 15 veces superior a la de un tubo de hormigón de similar espesor.*

2. ***¡¡La durabilidad (100 años) se mejora con el envejecimiento!!*** *(Los puntos de exclamación son de origen en el texto).*

3. *Así **aumenta el factor seguridad** cuando se va reduciendo con soluciones alternativas.*

4. *Un costo inicial menor y una duración de vida mayor significan un **costo anual de 1/4 a un 1/10 de las soluciones alternativas**.*

5. *Robustez, significa menos gastos de almacenamiento.*

6. *Capacitad de resistencia a **presiones transversales resultando de presiones internas, incluso golpes de martillo** (picos de presión).*

7. ***Alta resistencia a la flexión**, y al aplastamiento confiable bajo grandes cargas exteriores y tráfico intenso, incluso cuando los tubos están vacíos.*

8. ***Bajo coeficiente de expansión** que ayuda a resistir los efectos de expansión y contracción debidas a variaciones de temperatura del agua, así como a presiones no medibles por aperturas y cierres de las válvulas.*

9. ***Resistencia a la corrosión,*** *tanto química como electrolítica.*

10. *Baja perdida por fricción y alta capacidad de conducción del agua por su baja rugosidad interior Valor C=150. Por consecuencia, importantes ahorros en consumo de energía y costo de bombeo, comparado con la mayoría de otros tubos.*

11. ***Baja conductibilidad térmica/excelente aislamiento*** *que permite que el agua se mantenga fresca, incluso con muy altas temperaturas ambiéntales.*

12. *Esos tubos son ligeros y fáciles de transportar comparado con otros.*

13. ***La unión es sencilla y las juntas flexibles*** *(unión de los tubos AC satisfactoria hasta los 10°, contrariamente a la mayoría de las alternativas).*

14. ***Fáciles de emplear, poco costosos de cortar, marcar, emplear y mantener.*** *(muchas veces conocidos como tubos libres de mantenimiento).*

15. *AC pipes* ***resisten calor y fuego.***

16. *Pueden* ***soportar aguas potables tratadas con cloro,*** *no padecen de alteraciones.*

17. *Excelentes para operación intermitente ante casos de corrosión, degradación y erosión frecuentes.*

18. *Excelente en* ***países tropicales.***

¡Si después de eso, no estamos convencidos de que Occidente se equivocó al abandonar los tubos de Amianto Cemento! ¿Qué podríamos hacer?

Tal vez solo interpretar el muy frecuente divorcio entre los técnicos y algunos ilusos agenciados del marketing, pasando por el distraído que ordena y paga las facturas.

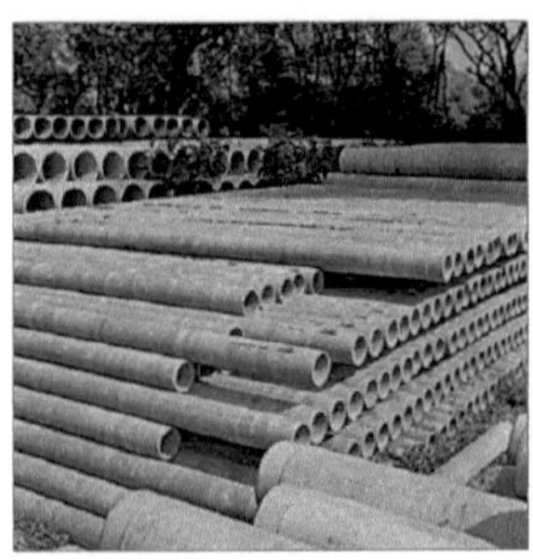

08-040 India Estiba de tubos amianto-ce-

VIII Panorama por países

Indonesia

Cuando las instancias internacionales nos informan que, dentro de pocos años, Indonesia será la sexta potencia económica del mundo, es interesante notar el nacimiento de una segunda fábrica Etex en el país. *(la fábrica de* Gresik *existe desde principios de los setenta).*

En 2015, el grupo decide realizar una gran inversión para fortalecer su posición de líder del mercado de la construcción en Indonesia, país cuyo altísimo potencial es reconocido mundialmente. Así el 18 de marzo de 1968, su excelencia la Princesa Astrid de Bélgica, acompañada de personalidades belgas e indonesias, inaugura la nueva fábrica de Kara Wang, cerca de Djakarta.

Los productos propuestos parecen susceptibles de responder a la completa construcción de un apartamento, suelo, techo, revestimientos exteriores, techados, si nos referimos a las fotos encontradas en la página web de la fábrica Eternit de Gresik.

Según esta página, todos los indicios relacionados con el crecimiento de esta región del mundo señalan que todos los semáforos están en verde y no es poco razonable creerlo. Indonesia, no solo conoce el crecimiento de su población, sino que también del nacimiento de una nueva y joven clase media deseosa de bienestar.

El impacto esperado en el mercado de la construcción no es una ficción, además, el entusiasmo para el empleo de paneles de madera "plywood" se manifiesta bajando cada vez más el abasto de la madera cuyo precio no para de aumentar. El fibro-cemento lo aprovecha. *(hasta que se descubra que las cementeras participan demasiado en la contaminación ...)*

Uno de los fabricantes presenta un interesante video que muestra pequeños tabiques de fibrocemento que resisten a inundaciones. Desgraciadamente el acceso a dicho video se revela bastante incierto, pero se puede intentar… PT Global Indonesia Asia Sejahtera

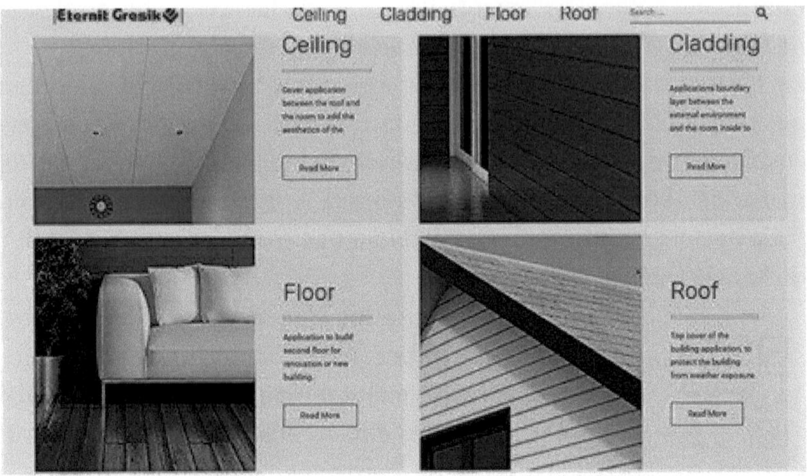

08-041 Eternit Gresik. Varios productos propuestos. Web Eternit Indonesia.

Irán

De nuevo, el libro de Roger Martin "Patron de droit divin"[167] nos abre la pista hacia unas aventuras relacionadas con el amianto-cemento. A finales de los 50, PAM *(que no es todavía Saint-Gobain)* no tiene ninguna fábrica de amianto-cemento en el Medio Oriente. La creación de IRANIT en 1957 es una buena ocasión para el grupo Lorenés[168] de penetrar la industria de esta zona del mundo, tan prometedora en cuanto

---

[167] « Patron de Droit Divin » par Roger Martin, Gallimard,1984, pages 244 à 256
[168] Lorenés: Región del este de Francia donde se situá la ciudad de Pont-à-Mousson que dio su nombre a nuestro famoso PAM.

a productos para la industria de la construcción y especialmente para los tubos. La nueva empresa cuenta con dos máquinas de placas y una de tubos de 5 metros. La fábrica está instalada al lado de una cementera. El presidente de Iranit es uno de los dirigentes de la cementera.

"El 30% de la joven Iranit pertenece a la Institución PAHLAVI, procedente directamente del Shah y de la familia imperial. Pont-à-Mousson asegura quedarse con la gestión técnica, con sólo el 48% para preservar la susceptibilidad de los demás asociados iraníes," nos cuenta Roger Martin. Un viaje de ese último a Irán en el otoño del 1966, combinada con unos encuentros a veces rocambolescos con el Shah y su familia, favorecerá el proyecto de una expansión y dará nacimiento a una nueva fábrica ubicada cerca de Ispahán, así como una serie de aventuras que generarán una cierta intimidad entre la familia Martin y la del Shah.

En el otoño de 1974, un joven ingeniero de Everitube *(filial francesa de PAM encargada de Iranit)* es enviado a Irán para encargase del mantenimiento de la, ya vieja, fábrica de Teherán. Poco después de su llegada, sus capacidades se revelan más útiles para el inicio de la nueva fábrica de Ispahán. Pronto allí se le asigna.

A su llegada al nuevo lugar, descubre que nada está listo. Los mismos talleres no están construidos. No hay ninguna oficina para empezar el trabajo. La máquina no ha llegado. Llegará de Francia por camiones, pero no en el orden deseado por el montaje. Los viajes de los camiones entre la Europa occidental e Irán son por sí solos unas aventuras que tardan como hasta tres semanas. Al subir los muy altos puertos que abren las puertas a Irán, los camioneros van a paso lento, chicos se agarran a los vehículos y roban todo lo que pueden desmontar, faros y retrovisores, por ejemplo. Para protegerse de esos botines, los camioneros de experiencia traen dulces que distribuyen cuando es necesario. El recorrido es tan incierto que algunos llevan un arma tapada debajo de las salpicaderas del camión.

En la obra, el director administrativo es la única persona quien habla inglés. Sus intervenciones se revelan muchas veces indispensables para transmitir mensajes entre el ingeniero francés y los obreros... La ceremonia del té se respeta tanto como el rezo. Es preciso recordar que, en Irán, tanto en establecimientos públicos como privados, el té es una institución nacional. Si el edificio cuenta con varios pisos, en cada uno está sentado un tío que parece no tener nade que hacer. Sin embargo, observa a todo el que llega, sea por la escalera o por el ascensor cuando hay uno, memoriza el cuarto donde entra el recién llegado para un encuentro en una oficina, o para cualquier reunión profesional. Pasados unos instantes, es su turno y entra en el cuarto con una bandeja y el número exacto de tasas de té correspondiendo al número de personas presentes en la sala o alrededor del escritorio...

Para volver a la puesta en marcha de la nueva fábrica, digamos que las obras no van sin algunas peripecias debidas tanto a tradiciones locales como al clima. Una de estas sigue persistente en los recuerdos de mi interlocutor, ahora jubilado, que me la cuenta durante un paseo en las calles de Paris.

"Toda fabrica que produce tubos necesita un puente-grúa. Una tarde, llega el puente pedido por la fábrica de Ispahán. El encargado del mantenimiento dice a sus empleados: "nos ocuparemos de ello mañana". Al día siguiente, uno de los obreros viene a ver al encargado y le dice:" jefe, hay un problema, el puente está torcido!" La incredulidad de todos justifica una inmediata visita del jefe en el lugar, sobre todo porque la reputación del proveedor del puente es tal que no se puede imaginar un defecto tan increíble. A primera vista, el fenómeno parece confirmarse y necesita hacer unas medidas. Se extiende una cuerda entre los extremos, y se observa una desviación de unos siete centímetros curveado en el centro...Todos los presentes están desconcertados, se rascan la cabeza. Una nueva medida confirma la primera. Una llamada telefónica al proveedor lleva a este a pensar en una broma.

VIII Panorama por países

Frente a la insistencia de los compradores, después de unos días el consternado proveedor se decide a enviar un técnico para controlar el hecho. Ese último solo puede constatar la validez de la reclamación y también se rasca la cabeza. Cuestiona a su propio jefe de fabricación que jura por sus dioses que el puente estaba recto cuando lo envió. Entonces se llama al trasportador para saber si no había pasado algún incidente durante del transporte por camión. No pasó nada especial por ese lado tampoco. Al final, se decide devolver el puente a su fabricante.

Nuestro joven ingeniero encargado de la instalación de la fábrica sigue cuestionándose y por una mañana se va una vez más a contemplar el caso. Sorpresa, ¡el puente está recto…!, el misterio se oscurece. Una nueva visita se hace por la tarde, ¡el puente está de nuevo torcido…! Acaba por entender: la temperatura al sol sube muy rápido entre el final de la noche frecuentemente muy fresca y el mediodía. La dilatación es diferente entre una de las vigas que está en el sol y la otra que se queda en la sombra, a la noche siguiente, la dilatación desaparece y todo vuelve en orden. Una explicación de un ingeniero enterado de este tipo de temas llega al momento de escribir esta anécdota, concluyendo que el proceso de fabricación omitió el procedimiento correcto de "relevado de esfuerzos", pero finalmente el puente grúa quedó corregido para conocimiento de todos.

Otra anécdota de asombro vuelve a la memoria de mi interlocutor que cuenta *"mucho tiempo después que la revolución islámica y la salida del Shah en enero 1979 echaron a los franceses fuera de Irán, en la fábrica de Teherán, las aguas de decantación se vendían para el riego* Recuerdo que Iranit fue un excelente cliente que solía confiarnos importantes pedidos de fieltros en los años 1970/1990. *de los algodoneros vecinos. Aquellos estallaban de gusto"*, me dice sonriendo con una mueca[169].

Varias investigaciones en Internet dan a pensar que IRANIT ha desaparecido. Pero en cambio aparece una empresa llamada *"DP Board- the Fibercement Board Producer of Irán"*, que produce paneles de fibrocemento sin amianto, constituidos, según dicen, de cemento Portland, cilicio, arena y celulosa con 90% y 7 a 10% de aditivos minerales. Los paneles son comprimidos, reciben "una presión enorme, son muy finos, alcanzan muy grandes medidas, soportan hasta 1000°C en test a flama directa y son incombustibles".

Italia

Italia es uno de los primeros países donde se desarrolla la industria del amianto-cemento desde el principio del siglo XX. En 1907, la familia Mazza da luz a una primera empresa Eternit en Casale-Monferrato (Piamonte). Tal como pudimos ver, Adolfo Mazza es el primero que pone a punto una máquina para fabricar tubos de presión desde 1912. El mismo año se abre una nueva fábrica en Cavagnolo (Torino)[170].
La llegada de esa industria en Piamonte se percibe como un muy alto progreso en esta región rural pobre, donde miseria, hambruna y vida de trabajo muy dura son la norma. La localización es perfecta pues el país está bien dotado en arcilla, elemento necesario a la producción

---

[169] Gracias por perdonarme si no conseguí ninguna información reciente sobre Iranit.
[170] La mayoría de las informaciones contenidas en esa página se deben a un artículo de prensa de Massimo Gigliotti, publicado en la revista italiana Scienze-Naturali del 01/06/2013 y a otro artículo septiembre 2011 de Fabrizio Meni: autor e historian italiano.

de cemento. Además, Balancero, la mina de crisolito más grande de Europa occidental, se sitúa a solamente unos cien kilómetros.

Los habitantes ven esta fábrica como una maravillosa oportunidad para mejorar las condiciones de vida, tanto por los salarios propuestos como por unas condiciones de trabajo menos penosas que aquellas conocidas en las minas de arcilla. Sin embargo, vistas con nuestros ojos del siglo XXI, las condiciones propuestas en las fábricas de los años 1900 nos recordarían a esclavos de carga.

Igualmente, las novedades que trae el amianto-cemento aparecen como maravillosas y símbolo de progreso: placas de cubertura, gallineros, neveras, cabañas prefabricadas: "todo lo que llega de Eternit es bueno!". Los niños utilizan los desechos que proceden de la fábrica para construir cabañas en los árboles, y los bolsos llenos de polvo se ofrecen para usos diversos…

Fabrizio Menzi, hablando de la época, escribe: *"la sociedad está dividida en dos muy generales categorías: una elite bien educada, que controla el poder, y un pueblo que puede contar solamente con la fuerza de sus brazos*  *y con duras y largas horas de trabajo, cuya combinación significa agotamiento. Las elites no solo saben escribir, pero también pueden hablar el idioma nacional. Por contraste, las masas trabajadoras de las labores manuales son casi todas analfabetas y se comunican entre ellas mediante dialectos desconocidos fuera de sus entornos. Las elites las perciben como una fuerza de trabajo animal, sin idioma, conociendo únicamente gritos, suspiros y palabras malas. Hoy en día, nos parece increíble que tal separación existiera con la única base: las creencias antropológicas. La elite se atribuye una superioridad intelectual y espiritual, cuando considera que las masas laborables son naturalmente estúpidas y con ningún acceso a cualquier vida espiritual…"*

Estas líneas pueden muy probablemente aplicarse a la historia de muchos países. Por ese motivo no volveremos más sobre el tema en la continuación de nuestro "panorama por países".

Durante la primera guerra mundial, la buena resistencia por el mal tiempo y al fuego ante incendios, facilita la construcción de refugios con materiales de amianto-cemento. Pero las dificultades para procurarse amianto llevan a Eternit italiana a buscar soluciones de sustitución. La sociedad construye un aserradero y un taller de ladrillos refractarios para no despedir a sus empleados. La producción retoma su actividad en pleno régimen desde el final de la guerra y alcanza un nivel histórico ya en 1919.

En 1920 desde Suiza, Ernst Schmidtheiny toma la presidencia del consejo de administración de Eternit Italiana. La crisis económica de los años 20 no daña a Eternit, más de lo provocado durante un grave incendio, cuando los techados de amianto-cemento son los únicos que resisten, ofreciendo una fabulosa propaganda a la joven empresa.

A partir de 1928, la fabricación de tubos de amianto-cemento conoce un desarrollo extraordinario que durará hasta el final de los años 1970, con una larga participación al desarrollo del país tanto en materia del manejo de aguas nuevas como de aguas de drenaje y alcantarillados.

En 1933, las placas onduladas, se convierten en cubertura de referencia para escuelas, hospitales, gimnasios y cines. El éxito encontrado en la Expo Internacional de Zúrich en 1939 lleva el Estado a clasificar el amianto-cemento como material estratégico.

Durante la segunda guerra, sensiblemente por los mismos motivos como durante la primera, la empresa procede a reestructuraciones con el propósito de mantener a sus empleados.

Con la recuperación económica al final de las hostilidades, las investigaciones se desarrollan. Eternit se interesa por los acabados y la arquitectura. Si las placas onduladas conocieron un largo éxito en Francia y otros países vecinos entre las dos guerras, curiosamente en Italia éstas se desarrollaron solamente a partir de 1946. Rápidamente compensan su retraso de producción y de ventas por el gusto de los arquitectos italianos, y pronto invaden el mercado francés.

En 1952, la familia Mazza vende su negocio que pasa parcialmente entre las manos de las Eternit de Francia y de Bélgica, y parcialmente a las de Amiantus AG, ese último siendo accionista de Eternit de Suiza, antes de convertirse en accionista mayoritario en el 1970…

En 1975, Stephan Schmidheiny el cuarto del apellido, entra en el consejo de administración y empieza a orientar la empresa hacia nuevas técnicas en la fabricación de placas, especialmente por lo que es la preparación de las fibras en medio húmedo, método considerado como menos peligroso que la preparación en seco para la salud de los operadores. Cuando venda sus fábricas suizas a su hermano Thomas, conservará sus fábricas extranjeras, incluso las italianas.

En 1986, frente a los peligros que presienten los accionistas, se decide a llevar a la quiebra a Eternit Casale Monferrato, cerrar la fábrica y abandonarla junto con sus desechos.

La idea del cierre de la fábrica *se percibe como un plan loco que va a generar la pérdida de miles de puestos de trabajo, sinónimo del fin del equivalente "sueño americano" que Eternit representaba. Por consecuencia, los sindicatos, que por un lado presionan, deben influir simultáneamente sobre los obreros que no quieren perder sus empleos y sobre la hostilidad de los habitantes ~~de~~ que no quieren soportar la pérdida de su principal fuente de ingresos. Solo cuando unas personas empezaron a desaparecer, ciertas de ellas sin tener ninguna relación con la fábrica, comenzó el cambio de actitud"*[171].

¿Esas líneas no les recuerdan el cierre de la mina canadiense o a los recién casados en el Ural?

---

[171] Fabrizio Menzi: Eternit in Italy, "The Asbestos Trial in Italy.

En 1992, Italia a su vez prohíbe el uso del amianto *(por memoria, Suiza lo había prohibido ya desde 1975)* y ese mismo año, empiezan los juicios en contra de las empresas que emplearon el amianto. Eternit está en primera línea.

En Casale Monferrato, cuna del amianto-cemento en Italia recordemos, varios responsables locales son condenados.

En 1994, comienza la producción de fibro-cemento sin amianto, bautizado "fibro-cemento ecológico", iniciado por Stephan Schmidheiny, que espera conservar las características del antiguo producto.

El 13 de febrero de 2012, el Tribunal de Torino da a conocer su veredicto relacionado con el juicio del amianto durante el cual se contabilizaron 2100 muertos y 800 enfermos. Stephan Schmidheiny y el belga Louis de Cartier son condenados cada uno, a 16 años de cárcel. El juicio formula entre otros: *"Eternit disimuló los peligros del amianto y alquiló los servicios de una agencia de relaciones públicas para vigilar e investigar las actividades de los sindicatos, de los activistas anti amianto y de los denunciantes".*

*"En junio de 2015, un tribunal italiano transmitió el expediente al Tribunal Constitucional, para evaluar si el antiguo Director General podía ser juzgado por homicidio culposo. El 21 de julio de 2016, el Tribunal Constitucional juzgó que Stephan Schmidheiny no podía ser enjuiciado por muertes unidas al amianto que ya dieron lugar a un procedimiento judicial. Un segundo juicio se abrió en contra de Stephan Schmidheiny frente al Tribunal de Torino. El 29 de noviembre de 2016, el Tribunal decidió reducir las acusaciones contra el antiguo principal accionista, pasándolas de homicidio voluntario a **homicidio por negligencia**. Stephan Schmidheiny será juzgado a partir del 1 de junio de 2017. En enero de 2017, los fiscales opuestos a esta reducción de cargos recurrieron al Tribunal Supremo para que Stephan Schmidheiny fuera juzgado por **homicidio voluntario".***

VIII Panorama por países

Fuente: Business Human Right

A pesar de todo eso y afortunadamente, el nuevo fibro-cemento, libre de amianto, parece estar en buena situación y aceptado
en Italia tal como lo justifican las páginas web

SIL-Italiana de Lastre  Edilfibro 

La J de

Japón

Muy difícil de conseguir informaciones relacionadas con nuestro proyecto en el "País del Sol Naciente". Por suerte en 1986, unos conocedores especialistas de la industria del amianto-cemento, visitan a sus homólogos nipones en el marco de un viaje de estudios por cuenta de su empresa. Muchos años después del viaje, uno de ellos hace un esfuerzo de memoria para restituirnos los datos más sobresalientes.

De paso apuntemos el nombre tan bonito de una de las empresas japonesas de amianto-cemento: "Asahi Sekimen" *(Asahi = Sol Levante; Sekimen = Amianto).*

Para empezar, recuerda mi informador, los encuentros entre profesionales tienen lugar esencialmente en salas de juntas. Las visitas de fábricas se limitan al mínimo estrictamente necesario. Pero los puntos que más se destaca durante estas visitas es la insistencia de los japoneses sobre:

-La limpieza impecable del ambiente de trabajo y las instalaciones.

-El total reciclaje de las aguas de proceso, de los lodos de amianto-cemento y de los desechos.

-El cuidado a la calidad y a la regularidad de los productos son una obsesión desde los 80.

-Todos los productos deben estar conforme a las ya muy exigentes normas locales.

-El acondicionamiento y la presentación reciben un especial cuidado.

VIII   Panorama por países

Esto está muy lejos de lo que ocurre en Europa, tal como tuve la ocasión de constatarlo al visitar en 2016, una antigua fábrica francesa bien conocida, cerrada desde más de 20 años.

Las fábricas japonesas son bastante estrechas, comparadas con las europeas, aún más con las americanas.

Es verdad que dichas fabricas la mayoría de las veces están encerradas en la trama urbana. Ningún vertedero, ningún desecho sale de las fábricas. Se cuida muchísimo la utilización del amianto y de sus residuos, hecho que el nuevo fibro-cemento sin amianto ha heredado. Por conocer la poca superficie disponible en el país para la agricultura y la densidad de la urbanización, se entiende fácilmente que los japoneses se hayan comprometido en la protección de su entorno vital mucho antes que en Europa.

En cambio, la productividad no parece ser una inquietud para ellos. En Francia, por ejemplo, se considera que una máquina de placas de las más modernas debe producir 300 toneladas diarias, en caso contrario se cita a cuentas a los responsables en el despacho del director. En Japón justificadamente, respectar las normas parece mucho más importante que el tonelaje producido.

Por ese motivo, nuestros franceses de visita no entienden muy bien el porqué de máquinas de hasta 6 tamices, vistas en Asano Slate Corporation, cerca de Osaka, sobre todo porque para ingenieros europeos, la producción no se limita por la parte Hatschek, sino por la logística después del cilindro de formación: ciclo de la onduladora, inercia al arranque y al frenado de las piezas en movimiento. Para los japoneses, el interés de los seis tamices se situaría únicamente en hojas primarias más finas *(para placas de mismo espesor con 3 o 4 tamices)* ofreciendo mejores cualidades mecánicas y un menor riesgo de delaminación[172] de las placas. Además, se puede pensar sin mucho riesgo de error, que tal

---

[172] Defecto del fibro-cemento con tendencia a separarse en capas.

máquina causará un costo de producción más elevado, aunque solo sea por el precio del fieltro mucho más largo, y por el número de tamices que mantener y reemplazar.

Los visitantes, muy atentos a lo que ven, apuntan una máquina onduladora de correa RCM desarrollada de fin de los 60 para ya buenas 200 toneladas por día, de relativamente baja productividad comparada con equipos siquiera de fin de los 90 y nos ofrecen un simple esquema de la puesta en molde.

La pasta fresca es llevada sobre un tren de correas que la sostienen cerrando su ángulo hasta coincidir con el punto de la cima de las futuras ondas. Las correas convergen. La ondulación sensiblemente se acaba con la ventosa de retoma cuando esta última deja sobre la placa sobre el molde.

El Proceso se considera de poco futuro, por motivo de falta de versatilidad.

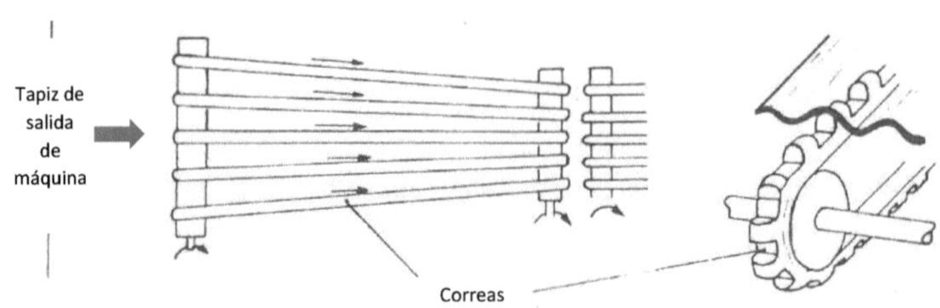

08-042. Máquina de placas con sistema de correa. JP Guerber.

Durante la visita del laboratorio de Ashi Glass, cerca de Tokio, notan la presencia de una máquina piloto Hatschek bastante básica, dedicada a probar fibras de vidrio especialmente desarrolladas en esa empresa con el propósito de poner a punto formulaciones para remplazar el amianto. En Kosta, cerca de Kioto, otra sorpresa les espera. Descubren una máquina "Dry Process", la primera y única que nunca había visto. Les parece conforme la descripción que conocen gracias al Diccionario

VIII Panorama por países

del Amianto Cemento, ya mencionado, de J.P. Guerber en los años 60. Esquema correspondiente en adelante.

¿Los visitantes se preguntan si el Señor Kubota no sería un disidente, o un discípulo de Johns-Manville conocido por su utilización de ese tipo de máquina? Esta curiosa máquina produce pequeños elementos colorados, de diversas formas, destinados al revestimiento de fachadas. Tal coloración sería mucho más difícil con una clásica Hatschek. No se recibe invitación para ver las etapas de fabricación entre el corte y la entrada a la estufa. Salen de esa visita convencidos que esta técnica no se puede adaptar a otras fibras que el amianto, salvo quizá con fibra de vidrio textil.

La última visita los lleva a Nippon Eternit, uno de los tres fabricantes de tubos del país con, Chichibou Cement y Kubota. Nippon Eternit fue creado en 1931, por Tokio Gas Company, con el nombre de Japan Eternit Pipe Company que había comprado los derechos a Eternit Italia, por una miseria. Entretanto Nippon Eternit crece mucho y no tiene ninguna relación con las Eternit de Europa. La visita es breve y se revela de poco interés, sin aprender nada nuevo a los visitantes. Esta empresa desaparece de la lista de los productores de fibrocemento en 1997.

En fin, aparece que, fuera del mercado de tuberías, el principal mercado del amianto-cemento en Japón se relaciona con las viviendas individuales, en forma de cubertura, de revestimiento de fachadas en varias medidas y estilo. Los edificios agrícolas e industriales, al contrario de lo que pasa en Europa, no son tan grandes consumidores de amianto-cemento.

Por lo que es de la competencia extranjera, es prácticamente inexistente. ¿Y de dónde pudiera llegar en aquella época? China y Corea no eran todavía lo que conocemos ahora. Los demás países asiáticos, Vietnam, Malasia, Tailandia están lejos y todavía poco desarrollados a nivel industrial. Además, en ese país, las redes comerciales generan muchos intermediarios, mayoristas, medio mayoristas, minoristas, lo que no ayuda a los productores extranjeros que desean introducirse en el mercado.

El año de esas visitas, los japoneses se aferraban todavía a su doctrina según la cual aseguraban: *"con menos de 5% de amianto, estamos en el sin amianto"*.

No aparece ninguna instalación para tratar la celulosa. Pese a la existencia de productores de PVA y PP (Polipropileno), los fabricantes de amianto cemento no parecen listos de ninguna forma a un total reemplazo del amianto. La autoclave indispensable a la fabricación de productos sin amianto está muy poco desarrollada en el país, lo que los aleja todavía más de una solución similar a la de Cape Boards en Gran-Bretaña o de James Hardie en Australia.

En 2004, la prohibición del amianto marcaría el fin de la mayoría de ellos.

Nuestros visitantes se van de Japón con la idea de que, en ese país, los fabricantes excepto asuntos de medio ambiente y de calidad, no desean innovar técnicamente, ni aprovechar la oportunidad de las nuevas tecnologías, tal como proceden los australianos o FBK *(Faserbetonwerk Kolbermoor)* que fabrican el irrompible *"wellcrete"* en Bavaria. Parecen vivir tranquilamente y aprovechar el impulso del mercado interior. Pero quien, en 1986, ¿hubiera predicho que el amianto-cemento no tendría ya más de un decenio para vivir?

Nichiha

Una visita a la página Web de NISHIHA nos recuerda que Japón prohibió el uso de anfíboles, *(azules y amositas)* en 1995, pero que la empresa había totalmente eliminado su empleo desde 1981 *(información recibida de nuestros viajeros franceses)*.

VIII Panorama por países

La empresa adquirió una estatura internacional con la creación en 1998 de NISHIHA USA Inc. seguida de una fábrica de producción en Maccon (Georgia) en 2007. Sus argumentos comerciales insisten fuertemente sobre la larga gama de colores propuesta por sus realizaciones comerciales, públicas o privadas. Y las ambiciones de la compañía no se limitan a Estados Unidos, pues su página web contemporánea nos revela su implantación en Canadá, México, China y Rusia. ¿Cuántos cambios desde la vista de nuestros compatriotas unos 30 años atrás?

08-045 Nishiha, Edificios destacando los colores. Web de Nichiha.

La L de

346

Luxemburgo

Por lo que sabemos, no hubo ninguna fábrica de amianto-cemento en Luxemburgo, aunque muchas casas estén cubiertas con pizarras naturales o de buenas imitaciones industrializadas de esas mismas pizarras. La verdad es que el Gran Ducado tiende a preferir albergar unos discretos organismos de gestión por cuenta de grandes grupos internacionales, mientras se presenta como modelo de virtud y defensor de la ecología.

La M de

Malasia

País de superficie mediana con 330 000km² y una población de 31 millones de habitantes, Malasia dispone de dos fabricantes de fibro-cemento, de creación reciente.

Hume Cemboard Industries Sdn Bhd ("HCI") del Grupo Hong Leong Industries Behrad ("HLI").

Nos dispensaremos de estudiar la historia de Hume Cemboard Industries que cambió de razón social seis veces entre 1980 y 2014 *(en 2017, cuando escribe esta crónica, me pareciera que el nombre desde 2014, está todavía vigente).* La empresa se felicita por haber sido la primera fábrica de fibrocemento que obtuvo la certificación MS ISO/IEC 17025/2005 según los estándares de Malasia del ILAC[173] , y de comercializar mayormente productos y sistemas PRIMA ™

Les gustaría saber lo que es PRIMA ™

Es muy sencillo: es un conjunto de productos de fibro-cemento que permiten construir una vivienda entera, prácticamente sin mortero, desde el suelo, las paredes externas, el techo, hasta las paredes interiores, y la decoración de todos los cuartos, cocina y baños incluidos.

Liux

Por lo que se refiere al otro fabricante, Liux, descubierto por mi hace solo unos meses, parece haber ya desaparecido, o quizá absorbido por un competidor.

---

[173] ILAC: International Laboratory Accreditation Cooperation Asia

Marruecos

Dimatit.

Sociedad fundada cerca de Casablanca en 1947 por Eternit, pertenece desde 1981 a la holding "Ynna Groupe Chaâbi" y se beneficia de las certificaciones ISO 9001 V 2008, ISO 14001 V 2004 y OHSAS 18001 V 2007. 
Producen placas onduladas para techados y revestimientos, placas autoportantes (estructurales) para techados de fábricas, edificios agrícolas, oficinas y encofrados perdidos. También producen tubos de fibrocemento de diámetro 60mm hasta 400mm para conducción de aguas de lluvia y alcantarillados. Ciertos diámetros se usan también en arquitectura como columnas.

Fibrociment

En 1982, aparece una nueva empresa llamada FIBROCIMENT, ubicada en Kenitra, que se especializa en fabricación y comercialización de placas, depósitos de agua, tubos y jardineras.

08-046. Depósitos de agua. Web de Fibrociment Kenitra.

VIII Panorama por países

A partir de 1996, bajo influencia de la ola anti amianto, sus productos van perdiendo notoriedad y en un mercado poco activo se reduce la actividad.

A partir de 2006, FIBROCIMENT abandona progresivamente el amianto y se orienta hacia las nuevas tecnologías, particular-mente para placas destinadas tanto al mercado nacional como a exportaciones, lo que le permite obtener las certificaciones ISO 9001 y la ISO 14001 

México

Eureka

En 1930, un rico español, Don Manuel Suarez, asistido de amigos salidos del medio del amianto-cemento, procedente de España[174], crea una empresa próxima al centro mismo de la Ciudad de México (CDMX), años después emigra al poniente de la ciudad prácticamente al lado de una cementera. La producción empieza con placas onduladas, tinacos *(depósitos de agua)* y pequeños tubos de bajada de canalón, utilizando la técnica de maduración al aire libre y agua.

En 1936, Eureka se convierte en "Techo Eterno Eureka" y obtiene, con el apoyo del presidente de México Lázaro Cárdenas, el primer crédito del Banco Hipotecario Urbano y Obras Públicas, lo que le permite también producir los tubos necesarios para las infraestructuras de numerosas ciudades, en particular portuarias.

Más tarde Eureka, da luz a otras fábricas en las principales ciudades del país *(Guadalajara y Monterrey)*

Asbestos de México

En 1946, Johns-Manville principal productor de amianto cemento en Estados Unidos, con la participación de algunos emprendedores y banqueros mexicanos, del Banco Nacional de México, crea "Asbestos de México". Así aparece en escena una nueva fábrica en Barrientos, en la zona noroeste de la capital y próxima a una gran cementera. En la cesta, Johns Manville deposita la técnica de los tubos curados por

---

[174] Sin haber conseguido la prueba, se puede pensar que estos amigos de España tenían lazos con Uralita, este último estando en contacto con Eternit, y de allí a imaginar una relación entre Eternit y Eureka, no hay más que un paso.

autoclave, proceso que es empleado absolutamente para todos sus productos. Con el crecimiento del país se crean nuevas fábricas en Guadalajara, Hermosillo, Villa Hermosa, bajo la marca Asbestolit.

Unos años más tarde, ya, para hacer un poco olvidar el amianto, Asbestos de México es rebautizado "Versalite".

Asbestos de Hidalgo

En 1979, en Tizayuca (Hidalgo) Rafael Gutiérrez Montero, ex distribuidor mexicano de productos de amianto-cemento, sin el apoyo de ningún fabricante ya instalado, pero financiado por bancos locales, monta la sociedad "Asbestos de Hidalgo" y pone en marcha una pequeña fábrica semi manual, cuyos productos se venden bajo la marca "Asha Gumont".

En 1987, es decir menos de 10 años más tarde, Eureka, ante la necesidad de transferir su fábrica de la Ciudad de México fuera de la capital, compra Asbestos de Hidalgo, la convierte en Eureka, eliminando la marca, modernizándose y creciendo.

En 1993, el grupo Eternit compra Eureka, desarrolla la imagen ETEX, pero conservando la marca Eureka instala una gran máquina de tubos recuperada de una de sus fábricas de otro país *(Bien pudiera ser la antigua máquina de le la francesa fábrica de Caronte...)*.

En 1997, Eternit acelera la conversión de sus plantas hacia fabricaciones de placas y moldeados sin amianto *(Siding, Cela, Cemplank)* con destino el mercado mexicano y la exportación.

Mexalit

En 1952, el grupo francés Pont-à-Mousson crea a Mexalit de la mano de Adrián Foullet, francés de origen argelino destacado a México, en colaboración con un inversionista mexicano-texano Emilio Da Costa y otros franco-mexicanos, adquieren por requisito una muy pequeña planta que prontamente cierran e instalan la nueva planta en Santa-

Clara, Estado de México, próxima al norte de la capital bajo la dirección del primer ingeniero mexicano Jaime Olvera Zubizarreta. Rápidamente el recién llegado también aprovecha el crecimiento y las necesidades mexicanas. Se desarrolla, se moderniza con asistencia del Grupo Francés Everitube, abre nuevos lugares de producción como Chihuahua donde crea una fábrica de tubos en 1964 con un joven ingeniero francés Alain de Metz. Roger Martin, presidente de Pont-à-Mousson, participa en la inauguración y nos dice que esta tuvo ágapes memorables [175].

Desde el principio de su existencia, Mexalit desarrolló la técnica del auto clave para sus tubos. El hecho de dominar esta técnica, *(heredada de Johns-Manville)* ayudará en los años 1985/86 a la entrada, primero en las placas onduladas sin amianto y luego a las placas planas y a tabla cem *(plank, siding y otros),* permitiendo avanzar en el mercado americano, siempre muy competido consumidor.

En 1986, Mexalit apoyado por el grupo Francés Saint Gobain, principal accionista decide crear una filial comercializadora en Estados Unidos. Sería "Maxitile Inc.", quien comercializará las tejas onduladas y las pizarras CELA *(abreviación de Celulosa Auto clavada),* puestas a punto por Mexalit mismo, con ayuda de la Fábrica Piloto de Everitube en Francia. No todo sale bien dentro del Grupo, un antiguo técnico que viajo mucho entre las filiales francesas y extranjeras de Saint-Gobain-Pont-à-Mousson me cuenta en su casa de la región parisiense:

"En 1987, en México, trabajé sobre el tema del precorte de esquinas de mini placas onduladas[176]. Me dieron de plazo tres semanas para acabar un trabajo sobre el cual mis predecesores llevaban ya tiempo sin resolver. Cuando terminé, prácticamente respetando el plazo, me pidieron guardar en cajas la nueva máquina. A mi pregunta ¿porque un

---

[175] «Patron de droit divin», página 216

[176] Se trata de traer una respuesta a las quejas de los distribuidores y techadores americanos a propósito de hacer cortes de esquinas no necesarios.

352

trabajo tan urgente acabaría en cajas? me respondieron: "Eternit no lo hace ya más, entonces Mexalit no lo hará tampoco…".

En 1987, en el marco de búsquedas de mercados en Estados Unidos, y asociados a una disputa interna al Grupo, parece necesario competir con las placas planas de James Hardie. El Departamento de Investigación y Desarrollo de Mexalit (I&D) se ve en la obligación de concebir con toda urgencia, un cilindro formador para máquina Hatschek a partir de un tubo de amianto-cemento de gran diámetro. Sobre ese tubo-cilindro, los técnicos tallan una textura de imitación madera. Esta invención da a luz a "Maxiplank Siding" y a la autorización de comercializarlas en Estados Unidos. Gracias a ese sistema, Mexalit es el primero en proponer "siding imitación a madera defibrocemento" hecho sobre máquina Hatschek para el mismo mercado méxico-americano.

Mexalit se orienta hacia las Nuevas Tecnologias.

Desde los años 1960/70, los dirigentes de Mexalit, tal como la mayoria de los dirigentes de firmas que explotan el amianto, saben que algun día tendrían que abandonarlo y sustituirlo por otras fibras y agregados. ¿Pero cuáles? También saben que de cualquier forma estas propuestas serían mas costosas y tal vez menos eficientes…

En 1988, para alargar su mercado, asegurar el paso a las nuevas tecnologias sin amianto, y evitar que Eureka *(Eternit)* se apodere de Versalite, Mexalit lo adquiere. El año siguiente Mexalit cierra las plantas de Hermosillo y de Guadalajara. Solo conserva una máquina de tubos en Barrientos y la fábrica de placas de Villahermosa, consolidando la red comercial. Poco después elimina la máquina de tubos y hace desaparecer la marca.

08-047. Desde izquierda: Fernando de Aragón, Director de I & D de Mexalit, Jean-Louis Befa, presidente de Saint Gobain. Alain De Metz, presidente de Mexalit y delegado Saint Gobain para A.L., frente al tubo-cilindro formador para Maxiplank Siding. Archivos personales.

En 1998, dos de las grandes sociedades pertenecientes a Saint-Gobain en América Latina, Brasilit y Mexalit, reunen sus esfuerzos y crean un proyecto común de I.& D. llamado BRA-MEX, considerando alguna cooperacion con sociedades europeas del fibrocemento, esto con la idea de poner a punto una fibra de PVA o de Polipropileno, capaz de remplazar el amianto a corto plazo.

En 2003, estas investigaciones permiten la creacion de la fábrica brasileña BRASIFIL, en Jacarei SP, mencionada en las páginas dedicadas a Brasil. Esta fábrica con capacidad de produccion de hasta 9000 toneladas de la nueva fibra de polipropileno anualmente, representa una cantidad suficiente para fabricar 500.000 toneladas de FC-NT *(Fibrocemento Nueva Tecnologia con la nueva fibra de polipropileno).* Paralelamente, la I.&D. de Mexalit sin influencia ya de BRA-MEX y obrando en el mismo sentido, firma un acuerdo de tecnologia con Matrix, una empresa mexicana de Mérida Yucatan, que produce fibras de polipropileno textiles y microfibras para refuerzo del concreto. Obteniendo al fín una nueva fibra *(microfibra)* de polipropileno, bautizada como "Fibra Matrix Fortaleza", con una capacidad de produccion de esta nueva fibra de más de 4000 toneladas anuales, suficientes para la producción de más de 250 000 toneladas de FC-NT, fibra que responde a las especificaciones de alta tenacidad, baja elongación y gran adherencia natural con el cemento, propiedades necesarias por el "Fibrocemento Nueva Tecnologia"

En 1996, diez años mas tarde de la fundación de Maxitile Inc. en Los Angeles California, las necesidades del mercado y la competencia de James Hardie el australiano lider en las nuevas technolgias, llevan a Mexalit a planear una fábrica especializada en Ciudad Juárez (Chihuahua) muy cerca a la frontera centro con los Estados Unidos, estratégicamente al lado de una cementera y de importantes bancos de sílice.

"América para los Americanos.[177]"

CertainTeed sin experiencia en el fibrocemento actual, se interesa en un proyecto similar, pero quiere realizarlo en su territorio, así después de largas negociaciones entre Mexalit y CertainTeed, los dos miembros del Grupo Saint-Gobain *(accionista mayoritario de Certain Teed…),* se someten a un arbitraje de este, otorgando a CertainTeed la decision

---

[177] Exclamación del Director General de Mexalit y delegado Saint Gobain para A.L., desilusionado por el paso de ese prometedor proyecto a su colega americano, después de tantos esfuerzos dirigidos esencialmente por los mexicanos.

final y la fábrica se construye en White City (Oregon)[178] misma que se inaugura en octubre de 1999 con la asistencia de Mexalit como invitado, esto todavía antes de los cambios en los grandes grupos del fibro-cemento en las Américas.

La Danza de las Empresas Elementia. En 2001 las fábricas Eureka, de Eternit México pasan entre las manos de Mexalit que mantiene la marca Eureka, pero no se refiere más a Eternit. Desde el cambio de milenio, las empresas no paran de pasar de una mano a otra. Es así que ese mismo año 2000, Mexalit *(y también Eternit de Colombia)* pasan de Saint-Gobain a las manos de Antonio Del Valle, acaudalado hombre de negocios, banquero y notable mexicano, quien posee ya acciones de Mexalit, conoce ya el negocio del fibrocemento y tiene una considerable participacion en Banco Bital. Bien aconsejado por Alain De Metz, Director General de Mexalit, Antonio Del Valle se convierte en el unico dueño de Mexalit *(y por consecuencia de Eureka y de Eternit de Colombia)*.  Al año siguiente, agrupa el conjunto en su holding Kaluz. 2002, la epoca bancaria: Antonio Del Valle, padece de una OPA hostil contra banco Bital y vende sus acciones. Poco tiempo despues, Bital es recuperado por el famoso gigante britanico-honcongues HSBC. Ya en 2003, Antonio Del Valle prosigue su vocacion bancaria, crea un nuevo banco, "Banco BX+", lo que refuerza su holding Kaluz y al mismo tiempo sus planes relacionados con el fibro-cemento y otras actividades.

Entre 2004 y 2008, Mexalit y Eternit de Colombia en manos de Kaluz desde el 2000, son reagrupadas. Mexalit adquiere Duralit de Bolivia, Techolit de Panama y Plycem de Costa Rica, de Honduras y de El Salvador, así como Eternit Ecuatoriana.

---

[178] Los detalles históricos relacionados con la evolución del fibro-cemento en México se deben esencialmente a un Ingeniero de Mexalit que vivió la historia desde 1967.

VIII Panorama por países

En 2006, Mexalit instala finalmente una fábrica Maxitile en Nuevo Laredo, México, en la frontera oriente con los Estados Unidos para la exportacion de Maxiplank Siding, sítio con menos atributos al de Ciudad Juárez previsto en la década anterior.

En 2009, aparece Elementia, nueva holding fundada por Antonio Del Valle y Carlos Slim *(el hombre más prominente de México según Forbes).*

 Elementia se concentra entre otros en reunir progresivamente importantes empresas del fibrocemento y de la construcción de America Latina y de Estados Unidos. Pronto la nueva holding cumpliría absolutamente su plan.

En 2014 Allura de los Estados Unidos, fundada en 1996, es adquirida por ELEMENTIA, y se enriquece de las 3 Plantas de fibrocemento ex Certain Teed de Oregon, Nort Carolina e Indiana adquiridas por Elementia.

La nueva etapa sin amianto. Ex ejecutivos, declaran que desde hace varios años, existe ya un plan dentro del Grupo, para que al final de 2017, ninguna empresa fabrique o comercialice productos con amianto, recordandome que desde 1986 inició producciones sin amianto.

Los nuevos nichos de mercado. El terremoto ocurido en septiembre de 2017 que impactó a la Ciudad de México CDMX y zonas altamente vulnerables de Chiapas, Oaxaca, me da la ocasión de descubrir el renacimiento de los paneles sanwich SIPs de fibrocementos y EPS ya mencionados *(EPS: Siglas en inglés "Expandable Poly Styreno" (Espuma de Poliestireno Expandido).*

Desde 1986 Mexalit atraido por el mercado de los Estados Unidos siempre consumidor, se interesa en la antigua tecnica utilizada en Europa, que consitía en la incorporacion de poliestireno expandido o de espuma de poliuretano entre dos placas planas de amianto-cemento, para obtener paneles sanwich aislantes de uso estructural no metálicos. El sistema se conoce entonces "SIP", del inglès "Styreno Isolated Panel". Los paneles se pueden producir en varias espesores según el nivel de aislamiento térmico acústico y capacidad estructural deseada. Los limites de medidas, resultan de las medidas de ancho y largo de los paneles de amianto-cemento. Apuntemos que las medidas de largo coresponden a los tres altos edificaciones mas comunes.

Otros paneles de diversos materiales se probaron, pero al final, el fibrocemento se revela como la mejor solucion posible para ese tipo de producto.

Durante los 90, Mexalit exporta ya SIPs con FC CELA y/o paneles FC CELA vía Maxitile Inc a Miami, Florida y otros destinos, pero los costos de fletes del transporte de los SIPs frenan el desarrollo de esta actividad. La filial mexicana de Mexalit debe decidirse a entregar las placas planas FC CELA directamente a fabricantes americanos de SIP's. Ahora, son Allura y James Hardie quienes mantienen el abasto de paneles de FC CELA en Estados Unidos para estas aplicaciones.

Volvamos al triste acontecimiento del terremoto de septiembre 2017 que me hizo descubrir la existencia de Duratherm joven empresa situada en Puerto Escondido (Oaxaca México), zona sismica cercana al epicentro, cuyas casas construidas con ese tipo de paredes  resisten sobradamente las sacudidas mejor que las vecinas construcciones tradicionales.

Una persona expermentada y metida en investigaciones relacionadas primero con el amianto-cemento, y luego con el fibrocemento NT desde de los años 1980, me comunica un extracto del manual de calidad de producción y de puesta en obra que establecio por cuenta de 

Duratherm, fabricante de los SIP's en México. Me alegra reproducirlo en adelante, sobre todo porque las pruebas hechas por la famosa Universidad de Berkeley Ca. USA. con los SIP's confirman sus capacidades de resistencia a sismos de hasta 10,5 en la escala de Richter.

Universidad de Berkeley Pruebas SIP´s

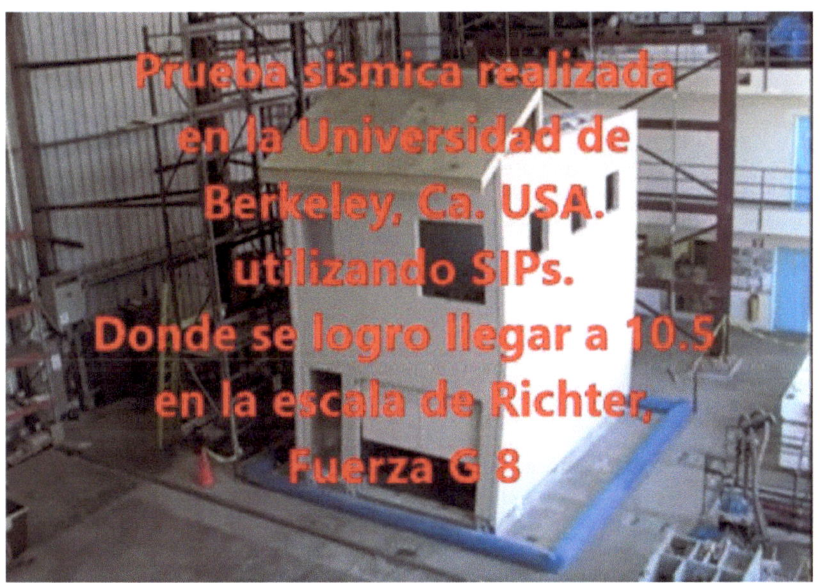

08-048. Productos SIP's tipo Duratherm probados por la Universidad de Berkeley.

Sistema SIP's

Diagrama de flujo - Producción de Paneles "Durathermsips ᴹᴿ"

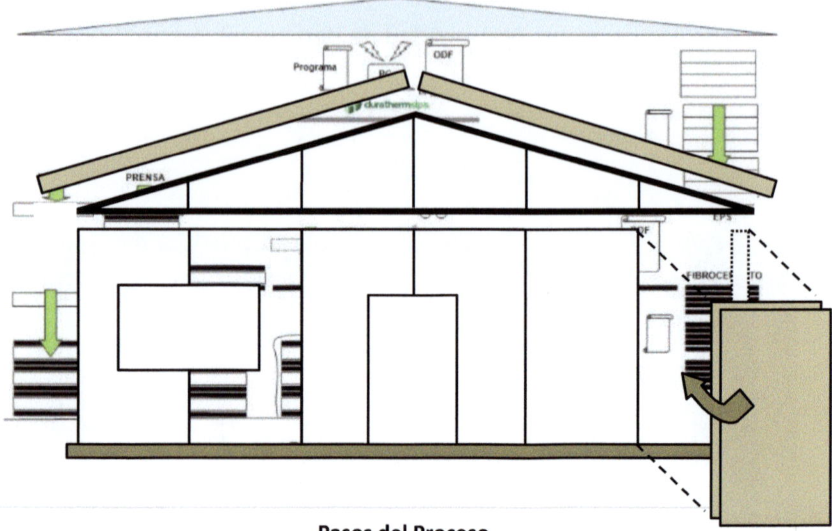

Pasos del Proceso

- Se recibe una orden de producción por proyecto.
- Se asegura el proceso y todos los insumos.
- Se prepara el FC (CELA o NT) y EPS certificados y se cortan a las medidas.
- Se alimentan los paneles de FC y los bloques de EPS a la línea de fabricación.
- El EPS se impregna en ambas caras con adhesivos especiales.
- El EPS impregnado baja sobre un panel de FC y otro panel de FC lo cubre, se alinean y escuadran correctamente.
- Ya el SIP formado y codificado pasa a una prensa múltiple.
- Se prensa a tiempo y presión determinados y se almacena controlado.

Blocks de EPS	**Paneles de Fibrocemento NT**
En dimensiones estándar	En dimensiones estándar

*08-049 Aplicación de Paneles aislados Duratherm-sips de uso estructural
y no estructural, estándar y de ajuste. Cortesía de Duratherm.*

Los paneles SIPs aislados de uso estructural cuentan con certificaciones de: resistencia a la compresión simple, resistencia bajo carga lateral, resistencia al fuego, resistencia al impacto, resistencia a carga uniformemente repartida, resistencia a flexión, valor de resistencia térmica R y acústica IAA, así como especificaciones para valor IRS para acabados reflejantes "Cool-Roof". Consideremos que la resistencia estructural de los SIP's aumenta con el espesor de los SIPs y en consecuencia de los paneles de FC y del EPS empleado de 26 kg/m^3, que influye determinantemente en la conductividad, la resistencia térmica, acústica y su capacidad estructural.

Estos desarrollos de tecnologías SIPs y otros, han sido impulsados por la R&D de Mexalit desde los 90 hacia las redes de distribución, obteniendo "El Premio Nacional de Vivienda".

En México, es Duratherm Building Sistems el principal desarrollador de la tecnología SIPs con Fibro-Cemento para vivienda de 1 a 3 niveles de edificación.

Plank Siding en Europa. Estaba a punto de olvidar! Mexalit y su filial Maxitile de California exportan Maxiplank *(Plank Siding)* a Europa. En Francia el importador las pinta cuidadosamente y con ellas se realizan bonitas fachadas. He podido encontrar dos de ellas en el Sur-oeste de Francia, pero existen muchas otras

.Para concluir con la actividad fibro-cemento en México, se destaca que el país no escapa a la tendencia mundial, ni a la influencia de los grandes grupos industriales, a los nuevos materiales, ni a la reduccion del número de fábricas.

De hecho, despues de haber contado con cuatro empresas y doce

08-050. Fachadas suroeste de Francia, con Maxiplank de Mexalit, importadas de California y pintadas por el importador francés SCB. Archivos personales.

08-050 bis. Roof-Garden instalado en un edifico de Ciudad de México con materiales de Mexalit en 2018. Colección privada.

plantas, subsisten hoy practicamente tres marcas, y solo cuatro plantas de fibro-cemento operando en México, suficientes dicen los expertos, para satisfacer la demanda actual y asegurar un crecimiento constante y sustentable.

VIII   Panorama por países

 **Línea del tiempo ELEMENTIA**. Para terminar este capítulo México y precisar algunas informaciones que se escapaban del nivel de crónica y dimensionar mejor la talla de este enorme y joven Grupo de los Del Valle – Slim, en la danza de las empresas del nuevo Holding ELEMENTIA tenemos:

-**Eureka** México, fundada entre 1930 y 1932, adquerida en 2001

-**Eternit Colombiana**, Bogota fundada en 1942, adquirida en 2000 (via Mexalit)

-**Eternit Atlantico y Pacífico**, Baranquilla y Cali,   fundadas   entre   1942   y   1944, adquiridas en 2000 vía Mexalit.

-**Mexalit México**, fundada en 1952, adquirida en 2000

-**Eternit Ecuatoriana**, Quito, fundada en 1957, se une a Mexalit en 2004

-**Techolit Panamá**, fundada en 1961, se une a Mexalit en 2004 y readquirida en 2007.

-**Duralit Bolivia**, fundada en 1977, se une a Mexalit en 2006.

-**Plycem Costa Rica**, fundada en 1964 (enriquecida con las fabricas de El Salvador y Honduras), se une a Mexalit en 2007

-**Maxitile Ca EEUU**, fundada en 1986 por Mexalit, adquirida en 2009 por el Grupo Kaluz

-**Allura EEUU**, fundada en 1942, adquirida en 2014, se enriquece con la operación de las 3 Plantas ex Certain Teed adquiridas por Elementia.

-**Cementos Fortaleza México,** fundada 2014 inicia operaciones.

-**Fortaleza Plycem Costa Rica**, nace en 2017.

La N de

Nigeria

Algo difícil de saber ¿quién hace qué? en ese gran país africano, independiente desde 1960, de 924 000 km², que cuenta unos 186 millones de habitantes, lo que lo convierte en el país más poblado del continente.

Su reciente historia, desgraciadamente, está salpicada de golpes de estado y de asesinatos de hombres políticos, lo que no impide a la industria del fibro-cemento desarrollarse bajo los auspicios del gigante ETEX con cuatro empresas en el país:

Nigerite, Eternit, Giwarite y Emerite.

Llama nuestra atención la importancia y la calidad de las informaciones propuestas por los fabricantes a propósito de las casas prefabricadas de fibro-cemento, con modelos universales que se explotan también en otros países por algunas transnacionales.

Apuntamos particularmente:

"Todo lo que deben ustedes saber sobre la técnica de las casas modulares:

-Las casas modulares Eternit son un segmento de fuerte y rápido desarrollo del sector de la construcción.

-Aunque no se trate de una tecnología nueva, el concepto de casas modulares es relativamente reciente en Nigeria.

-Las casas modulares son unidades a base de marcos metálicos conformes a normas locales, utilizando una técnica precisa y eficaz para construcción ligera. Esta técnica emplea paneles sándwich de fibro-cemento para las paredes maestras y paneles simples de fibro-cemento

para los muros divisorios secundarios. Esos componentes, completados por largueros y columnas de madera incorporadas, dan nacimiento a una estructura rígida...La casa llega al sitio en piezas separadas codificadas, que se pueden montar en unos pocos días sobre bases muy ligeras por obreros poco calificados[179], sin necesitar ni máquinas, ni sofisticadas herramientas. Además, las casas modulares resisten condiciones climáticas difíciles, y así se revelan soluciones en entornos de desiertos con muy fuertes vientos, muy calientes o en zonas muy húmedas.

Características de las casas modulares:

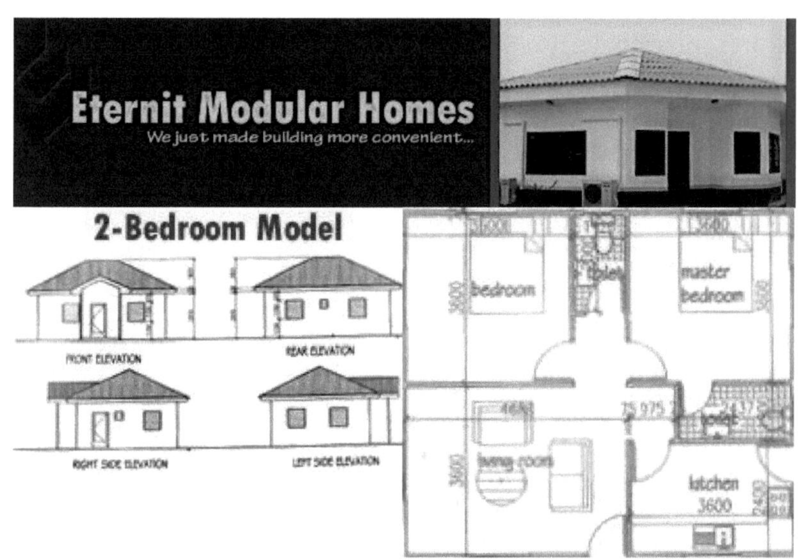

08-051 Casas modulares. Web Eternit Nigeria.

---

[179]Podemos tener dudas en cuanto a esta afirmación y a la duración de tales construcciones.

Las informaciones a su estilo mencionan *"Las paredes maestras están hechas de paneles sándwich de fibro-cemento, producto a prueba de oxidación y de incendio para siempre*[180]*. Presentan una capacidad de carga suficiente para soportar el techado de ese tipo de construcción. Las cubiertas de los techos están hechas de placas onduladas de fibro-cemento soportadas sobre estructuras de madera.*

El fabricante destaca la fácil instalación, que no requiere mano de obra experta para una rápida construcción, también de sus soluciones para el aislamiento ante efectos del calor, del frio, de la herrumbre, incluso de los ladrones[181], sin olvidar el poco mantenimiento y el bajo costo de compra.

La presentación del producto incluye planes y vistas de varios modelos de viviendas, hasta 93m², con 3 habitaciones y 3 baños.

---

[180] De cualquier manera, todos estaríamos precavidos con tales alcances escritos por los publicistas.

[181] Es solo una simple afirmación de los publicistas.

La P de

Países-Bajos

No es porque parte del país citado, esté situado en más baja altura que el nivel del mar que no se puedan realizar allá elegantes creaciones. El gabinete de arquitectos *"Atticka Architekten"* de Ámsterdam" nos ofrece una prueba.

Después de un acuerdo entre ocho familias en 2012, nace un proyecto de ocho casas flotantes, de las cuales tenemos una foto a continuación.

Fig.08-052. Vivienda flotante Lelystad Web de Attika Architekten.

Estas estructuras son el resultado de un sueño colectivo de ocho familias, de vivir directamente sobre el agua en casas flotantes eco-energéticas, duraderas, y de bajo costo de mantenimiento. El proyecto fue bautizado *"Drift in Lelystad"*, sea literalmente dicho "flotar en Lelystad". Se instaló en un pólder, a 4,90 metros bajo el nivel del mar. Todas las viviendas son diferentes una de otra, pero cada una tiene una superficie de 170m², el ancho máximo de 6,20 metros se justifica por lo estrecho que son ciertas esclusas que se deben cruzar para llegar al punto de destino. Las fachadas son de Equiton Natura de Eternit. El bajo peso del material facilitó la construcción y el transporte por remolque sobre los famosos canales holandeses. (*Destacamos que Cembrit propone realizaciones muy similares cerca de Praga en República Checa*)

Perú

Eternit está implantado en Perú desde 1940, en el distrito de Cercado[182], Lima, donde dispone de la principal fábrica de fibrocemento del país. Allí, produce placas onduladas, placas decorativas llamadas "Teja Andina", y productos de otros materiales que son ajenos a nuestro asunto. Después de una fusión con Gyplac, instalan una nueva

08-053. Proyecto casa económica de construcción y de consumo. Web Eternit Pe-

---

[182] A propósito del distrito de Cercado, recuerdo que, en 1994, cuando mi primera visita a la planta Eternit, en el momento de irme, el director me acompañó a la puerta. Lo llamaron por teléfono y tuvo que irse antes de la llegada de mi taxi. Pero antes de despedirse, pidió al guardia que no me permita subir en el coche sin averiguar el interior del vehículo. Efectivamente, el guardia, dotado de un arma de fuego averiguó, incluso el maletero que mando abrir por el chofer. Era todavía la época del "sendero luminoso" de triste memoria.

VIII Panorama por países

fábrica donde producen entre otros, paredes para construcciones en seco, según otras técnicas.

Un aspecto de Eternit Peruana que mantiene nuestra atención, es un enfoque a la exportación poco frecuente en la región. En su origen, se

trata de un proyecto procedente del Departamento de Energía de los Estados Unidos, destinado a la puesta a punto de viviendas de bajo consumo de energía, susten-tables, económicas y sin embargo suficientemente atractivas para alojar estudiantes.

La primera Solar Decathlon Latinoamericana.

En 2015, Eternit Peruana se implica en el proyecto. Este consta con una selección de 16 equipos de 16 países. Su propósito es concebir un prototipo de casa, bajo consumo de energía, que gaste el mínimo posible de recursos naturales, que produzca un mínimo de residuos a lo largo de su existencia, y que esté bien adaptado a las necesidades de familias latinoamericanas o caribeñas.

Desgraciadamente, ese interesante proyecto, llevado por tantos países, no parece haber tenido éxito hasta ahora.

La R de

Reino Unido

Al contrario de los otros países europeos, los británicos parecen haber entrado al amianto-cemento mediante el amianto y no mediante el cemento. De hecho, Cape Asbestos se funda en 1893 para explotar el amianto en África del Sur, con otros propósitos. Cape Asbestos es un gran consumidor de amianto por sus producciones de textiles y de cartón bituminoso. Se interesó en el amianto-cemento mucho más tarde. *(Hemos visto que James Hardie, descubrió para su beneficio el amianto-cemento en Francia, y no en su propio país, esto en la ocasión de un viaje a Europa a principios del siglo XX).*

Turner & Newall

Poco antes de la segunda guerra mundial, la "Turner Brother Asbestos Company", especializada en el tejido del amianto desde hacía ya muchos años, abre una fábrica de amianto-cemento en Trafford Park, Manchester, donde produjo "Trafford Tiles" *(tejas)* de amianto-cemento, muy empleadas en cuberturas de edificios industriales y agrícolas.

En 1920, la empresa se convierte en "Turner & Newall, como resultado de su fusión con la Newall Insulation Company. Poco tiempo después, la nueva sociedad cotiza en el London Stock Exchange. Durante el reino de Samuel Turner, la empresa se implica en una Escuela de Administración Industrial una Escuela Dental en Manchester, lo que no impide su desarrollo y la adquisición de Bells' United Asbestos Company y de varias otras metidas en el ámbito del aislamiento a base de amianto. Cuando cerró en 1959, apareció lo comúnmente llamado

"Armley Asbestos Disaster[183]" relacionado con una larga zona de algo como un millar de casas, escalonadas sobre fangos de amianto-cemento. Como muchos fabricantes de amianto-cemento la empresa está presente en las minas de amianto de Rodesia. Después de adquirir Porters Cement Industries Ltd. en 1953, toma el nombre de Turner Fibre Cement (Pvt) Ltd. Entre 1998 y 2001, el negocio industrial se acaba en el dolor y deja por atrás un enorme déficit de fondo de pensiones. Una empresa del mismo nombre actuaba todavía en el Zimbabue recientemente. Desde 2016, se convirtió en Turnall Co.

Cape Asbestos

En 1953, Cape Asbestos & John Manville se asocian para producir Marinite, de la cual ya hemos hablado, en su fábrica de Uxbridge (Middlesex).

Hacia 1960, la empresa adquiere Universal Asbestos Manufacturing Co Ltd., penetrando así en el Mundo el amianto-cemento.

Hacia 1973, compra las acciones de John Manville y hacia 1980, se asocia con James Hardie. Abandona el amianto y adopta la tecnología de su nuevo socio para producir celulosa cemento con autoclave.

De ese nuevo concepto resultan dos entidades:

-**Cape Boards and Panels**. En la fábrica de Uxbridge producen paneles ligeros sobre máquinas Hatschek, denominados Masterboard para uso interior, y Masterclad para uso exterior. Dominan perfectamente la técnica según dicen los técnicos franceses.

-**Cape Unicem**, cuya fábrica de Bowburn, cerca de Durban (West Sunderland), producía placas onduladas de amianto-cemento, también abandona el amianto para pasar a celulosa-cemento comprimido (*con prensa Simpelkampf y autoclave*) según método

---

[183] "Armley Asbestos Disaster" : "El Desastre del Amianto de Armley".

James Hardie. El especialista que nos ofreció esos detalles nos confía: *"En esta fábrica he visto placas y moldeados de aspecto mediocre, muy lejos de lo que había podido observar en James Hardie en Australia".*
La fábrica cierra en 1989 y se desmonta poco tiempo después.

Cembrit

Ofrezcámonos aquí un paréntesis para hablar del sistema de control de calidad puesto a punto a finales de los ochenta por la ciudad de Birmingham.

Sin duda decepcionados por los problemas de calidad debidos a las pizarras artificiales sin amianto, que se fabricaban entonces desde hacía poco tiempo, el municipio desarrolla un método de evaluación de éstas que va a servir de referencia, primero para sus necesidades propias, luego para todas las grandes ciudades del Reino.

La prueba es a la vez simple y terrible para los industriales del sector. Llamada "Heat-rain-test" (*prueba-calor-lluvia*), consiste en someter una pequeña maqueta de techado, de 4 a 6m², a ciclos de calentamiento de unos 60/70°C mediante infrarrojos, seguidos de abundantes riegos de agua corriente a temperatura ambiente.

Las pizarras son sujetadas con el método inglés, sea con 2 clavos y un gancho de tempestad. Son pocos los productos que logran la prueba, la francesa Everite que responde a la licitación obtiene una muy buena nota cuando sus competidores ingleses son descalificados. Pero finalmente, Everite decide no entrar en este segmento, cuando confirma experiencias de ataque del ambiente externo en degradación del producto a mediano plazo, salvando el pellejo.

VIII Panorama por países

Según nuestras informaciones, el organismo de control de Birmingham sigue en actividad y nos da a pensar que las pizarras de la fábrica Eternit de Saint Gregoire logran la prueba exitosamente, puesto que abastecen el mercado británico de forma corriente. En el momento de escribir estas líneas, descubro la existencia de "Fibre Cement Guttering" distribuidor de Marley Eternit UK, que presenta sus productos como siendo "la  forma moderna de reemplazar los canalones de amianto-cemento" Interrogados sobre el método de fabricación tal como aquellos en adelante, me explican que estas piezas bien se fabrican según la forma clásica de las máquinas Hatschek de las cuales salen en forma de placas planas.

Luego, son moldeadas para obtener los objetos deseados. Se trata en efecto de los moldeados del fibro-cemento, expuestos en la parte dedicada a "Técnicas y fabricaciones". El fabricante especifica que la mayoría de los artículos son producidos en poco tiempo, pero que ciertos, tales como los "cuellos cisne", pueden necesitar tiempos muy largos, hasta dos meses dicen, para obtener formas y medidas correctas. Entonces, no nos sorprenderán los altos precios de venta que aparecen en el catálogo.

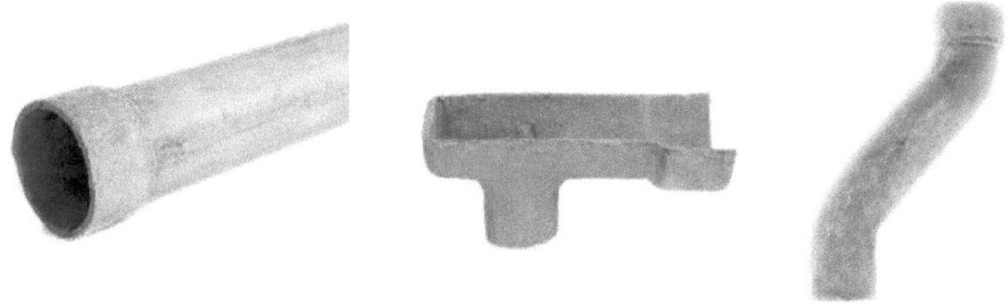

08-054 Algunos moldeados modernos presentados por "Fibre Cement Guttering", distribuidor de Etex en Reino Unido. Cortesía de Fibre Cement

Rusia

John Cottier[184] y Lieven Alderweireldt[185], dos especialistas australianos del fibrocemento nos revelan en un artículo a propósito de "Safe fibre-cement" *(Fibrocemento seguro)* salido en *ISO Focus Magazine* de diciembre 2005.

"The basic manufacturing process for the production of asbestos-cement flat sheets products were developed in Russia in 1896, and three years later, an improvement on this process was made in Austria by Ludwig Hatcheck".

Sea: *"Los procesos básicos de fabricación de placas de amianto-cemento fueron desarrollados en Rusia en 1896, y tres años después Ludwig HATSCHEK, en Austria, mejoró el proceso".*

Ahí viene, olvidándonos de la infinita capacidad de los rusos y todavía más de los soviets, en inventar todo antes de todos, lo que bien pudiera cuestionar la paternidad de Ludwig Hatschek, largamente expuesta en las primeras páginas nos ofrece también la oportunidad de interesarnos por unos momentos sobre el fibro-cemento en Rusia.

Hemos visto ya que Rusia es uno de los grandes productores de amianto y que su famosa sierra "Los Urales" fue madrina de bautizo del nombre de varias empresas en España, en Francia y hasta en Gran Bretaña.

También hemos visto que el pedido del Zar, de tres fábricas a Dinamarca nunca fue cumplido, debido a los graves acontecimientos de principio del siglo XX, sin que sea un tema perdido para todos.

Ya sabemos que existe en Rusia una de las más grandes minas de amianto del mundo, que sigue siendo

---

184 John Cottier, Technical manager R&D en James Hardie

185 Lieven Alderweireldt, experto en fibrocemento at R&D Grupo Etex

explotada. Podemos añadir entonces que se aprovecha el prestigio de Ouralasbest que lo maneja y así asegura trabajo a gran parte de la población de la ciudad de Asbest. Un artículo de prensa de Nicolas Badiotal publicado por el periódico francés La Croix del 24 de abril 2017, puede enriquecer nuestro conocimiento del asunto.

Podemos completar ese panorama sin gran riesgo de error, escribiendo que Rusia sigue fabricando grandes cantidades de productos de amianto-cemento, especialmente tubos, tanto para sus propios requerimientos como para exportar.

En caso de dudas sobre ese punto, una rápida visita a la página web de un gran fabricante ruso de la construcción, pronto nos tranquilizará. De hecho, una pluma anónima nos revela:

"JSC LATO- Fibre Ciment" «*Autor: Administración, fecha: 23/09/2013.*

«Siendo Lato SC uno de los mayores fabricantes de productos para edificios y construcción de la Federación de Rusia, fabrica artículos de cobertura y placas planas, tubos con crisotilo, presión o no (diámetros 100-500 mm, largo 4-5 metros) así como paneles de fibrocemento LA-TONIT "

El redactor anónimo insiste sobre el siguiente punto: *"esos paneles LA-TONIT están hechos de cemento, de fibras de celulosa, rellenos de mineral…y esta mezcla proporciona un material de alta resistencia".*

Si la tecnología danesa no alcanzó a penetrar en Rusia, la de Finlandia si lo consiguió. Nos basamos en lo siguiente: en 1974, en **Lathi**, Finlandia, nace la Sociedad LTM, que gana rápidamente gran popularidad como fabricante de productos de fachadas de alta gama y de alta fiabilidad. Durante los tres siguientes decenios, LTM pasa del estado de pequeña empresa regional al de gran compañía exportando sus productos hacia muchos países, siendo sus principales mercados Europa, Medio Oriente y sobre todo Rusia donde la marca LTM se registra en

1990. Instala una red de distribuidores, y finalmente una oficina en Moscú en 2003.

08-055. Máquina de placas flow-on en LTM Moscú. Web LTM.

En abril de 2006, se decide construir cerca de Moscú la línea más moderna de placas de revestimientos en color que, según el fabricante, aumenta la resistencia al fuego y a los mohos.

En octubre 2008, LTM se convierte en un holding e instala una fábrica excepcional en Obnisnsk, región de Kaluga, no muy lejos interior y exterior, llamados Cemboard, Aqua, Ventus, etc. La fábrica utiliza la de Moscú, para producir paneles de fibrocemento para uso de tecnología *"flow-on"*[186],con las técnicas europeas mamás recientes, para

---

[186] «Flow-on»: recuerden, la pasta liquida llega sobre el fieltro mediante un distribuidor, dispuesto por encima del fieltro al contrario de los tamices cilíndrico y rotativos ubicados debajo de este.

VIII   Panorama por países

la fabricación de paneles de fibro-cemento de alta densidad tecnología *"flow-on"*[187],con las técnicas europeas mamás recientes, para la fabricación de paneles de fibro-cemento de alta densidad.

"La proximidad de las dos fábricas facilita la independencia rusa, que queda liberada de las obligaciones debidas a las importaciones, y simultáneamente reduce los plazos de entregas. LTM se convierte en la primera empresa rusa autónoma en el medio del fibro-cemento, revestimientos en color incluidos, permitiendo la entrega de fachadas a un precio razonable, etc...."

Tal es la presentación que se hace en la página web de la empresa. Es casi tan conmovedor como un discurso de un Representante del Popolo en la época de la URSS.

---

[187] «Flow-on»: recuerden, la pasta liquida llega sobre el fieltro mediante un distribuidor, dispuesto por encima del fieltro al contrario de los tamices cilíndrico y rotativos ubicados debajo de este.

S de

Siria-Líbano

Después de largos preparativos con un sirio que vivía en París, se organiza un viaje de prospección comercial a Siria y Líbano en enero de 1994. La segunda, o quizá la tercera guerra del Líbano acaba de terminar hace poco tiempo y mi mentor parisino trata de garantizar mi seguridad de la mejor forma posible, lo que me proporcionará un verdadero tratamiento VIP. En Beirut, tan pronto se paran los motores del avión, que un aviso me pide que me presente a la tripulación de abordo. Estoy invitado a salir el primero y, debajo del ala, me esperan dos guardaespaldas y una limusina. Apenas sentado en el coche, me piden amablemente el pasaporte y el recibo del equipaje, y me llevan a un salón reservado a personalidades donde se me ofrece una bebida para amenizar la espera. Treinta minutos después, vuelven mis guardaespaldas con mi maleta y mi pasaporte correctamente sellado. Volvemos a subir los tres en la limusina y seguimos directamente al hotel en donde mis "ángeles de la guardia" no me dejan sin asegurarse previamente de mi registro en la recepción. Por último, me recomiendan no salir del hotel, y me informan que volverán a buscarme por la mañana a las diez. Me encuentro condenado a quedarme en el hotel, lo que es contrario a mis principios que me llevan a empezar la estancia en un nuevo país dando un paseo alrededor del hotel para: ver que tal es el barrio, beber una copa en un bar, y si el idioma local me lo permite, comprarme un periódico. Para acabar el día, suelo cenar en un restaurante fuera del hotel, temiendo por experiencia a los restaurantes hosteleros, incluso si se benefician de estrellas...

VIII Panorama por países

El día siguiente a las diez, uno de los esbirros llega al volante de un floreciente Mercedes 600, en seguida me doy cuenta de que está blindado. Me lleva a una preciosa residencia no afectada por las guerras, donde soy atendido por un caballero muy elegante, en una oficina digna de un presidente, que ignora por cierto todo de la actividad industrial motivo de mi visita al país del cedro verde. Me esfuerzo por informarle, pero es bien visible que apenas le interesa el asunto y nos entretenemos charlando hasta la hora del almuerzo. Un Mercedes 600 blanco- el primero era negro- y un nuevo chofer, nos esperan en el jardín para ir al restaurante.

El almuerzo, probablemente estupendo, resulta fastidioso para mí y ciertamente para mi interlocutor. Nos despedimos preguntándonos porque nos habíamos encontrado, Aun así, es de destacar un punto positivo, tengo una cita para la mañana siguiente con el director de la fábrica Eternit local, y mi anfitrión se encarga de organizar mi viaje y las citas que van a seguir en Siria. La tarde es libre para dar un paseo por la ciudad, a pesar de las nuevas recomendaciones de no alejarme del hotel. Estoy estupefacto por el estado de los edificios, cubiertos de impactos de obuses, resultado de las recientes y terribles guerras que martirizaron al país y por los indescriptibles nudos de los cables eléctricos entre los postes y las casas.

La visita a la fábrica local resulta inútil. El director no necesita nada ya que está satisfecho con sus proveedores habituales. Además, la actividad de las máquinas es tan floja que los recambios disfrutan de una vida útil excepcionalmente larga.

Se confirman las citas en Siria y la organización del viaje. El tercer día a las ocho, un guarda espalda me viene a buscar con un gran 4 x 4 y salimos para Damasco. Todo va bien, el director de la fábrica de Damasco se dice interesado por nuestros productos y obtengo las informaciones necesarias para establecer una oferta. El recorrido de Damasco a Alepo es bastante largo y la carretera se presenta como una autopista, con dos carriles en cada sentido, hasta ahora nada excepcional. Mi sorpresa empieza cuando el chofer me muestra el kalachnikof AK 47 que lleva para hacer frente a cualquier eventualidad. En los minutos que siguen, veo llegar un camión, luego dos, en contrasentido, espero alguna reacción de mi chofer, sorpresa, insultos y más, no, no pasa nada y nosotros cruzamos a los camiones sin problema debido al tráfico poco denso. Descubro rápidamente que los residentes utilizan indiferentemente las dos vías en los dos sentidos, lo que se considera absolutamente normal. Las carretas de asnos circulan igualmente por la autopista aparentemente con toda legalidad.

Cuando propongo a mi chofer que haga una parada para refrescarnos, éste divisa un edificio que bien pudiera ser un bar, en el lado de tráfico opuesto al nuestro. Una cuneta bastante profunda separa las dos calzadas. ¿Qué importa? el 4 x 4 tiene ruedas grandes, hop, giramos, cruzamos la cuneta y la vía bajante de la autopista y llegamos al punto de destino sin más problema. Se repite la maniobra cuando volvemos a nuestro recorrido. En el cruce siguiente, salimos, me pregunto cuál puede ser el motivo, el chofer ha visto a lo lejos un pastor vigilando sus flacas ovejas que pastan las pocas hierbas que dejan crecer la arena y la sequía. El chofer se asegura ante el pastor de que vamos bien en la dirección a Alepo. La operación se repite dos veces más antes de alcanzar la famosa ciudad ahora martirizada. Si el AK 47, parece ser una herramienta de uso diario, no creo que el mapa de carreteras lo sea. Finalmente llegamos a nuestro hotel de cinco estrellas sobre las cinco de la tarde.

Unos días antes de mi salida de Francia, un colega quien había oído de mi viaje a Siria vino a pedirme ayuda. Está casado con una siria, y querría aprovechar mi viaje para enviar unos dólares a su suegra que vivía en Alepo. Con gusto me encargo de la misión y el colega me confía un sobre que contiene unos doscientos o trescientos dólares, más el número de teléfono de la persona la para llamar. Apenas instalado en mi cuarto, llamo. Mi llamada era esperada y poco después la recepcionista del hotel me informa que una señora me aguardaba en el lobby. Un joven acompaña a la señora, me agradecen el servicio, pienso como agradecimiento, me comentan que esa misma noche, tienen organizada una fiesta familiar para celebrar los quince años de una chica: "¿Aceptaría unirse con nosotros?". La tentación es grande, pero mi chofer y yo tenemos previsto cenar juntos lo que me hace vacilar. Me dicen que el chofer sería bienvenido, le pregunto si está de acuerdo, declina y añade que tiene previsto encontrarse discretamente con una amiga, mis interlocutores y yo acordamos la hora en que alguien vendría a buscarme al hotel.

Así, sobre las veinte horas, un nuevo coche viene a buscarme y me lleva a un inmueble de aspecto muy señorial y confortable donde un buen número de personas ya están reunidas en unos salones lujosos. Las presentaciones son un poco difíciles por motivo del idioma, pero entre el inglés y el alemán, entiendo que estoy en una rica familia de cirujanos que comparten su vida entre Alepo, El Cairo y algunas capitales occidentales.

Después de un rato, entra la señorita que celebra sus quince años. Está vestida de blanco y lleva un velo ligero también blanco. No les diré si era guapa, pues no recuerdo mucho de ella. Pienso que estaba ya un poco gordita para su edad.

Vamos a la mesa, llegan varios platos y tengo que ceder ante las costumbres locales: comer sin plato, disponiendo lo elegido cuidadosamente sobre lo que pudiera ser pan, por lo tanto, que esté cocido... y cuidar de que no se caiga nada.

Al acabarse la fiesta, dos jóvenes me acompañan al hotel. Amablemente me dan una vuelta por la antigua ciudad para que no me vaya sin haberla visto.

Todavía me pregunto porque mi joven colega prescinde de esos dólares a beneficio de una señora cuyos ingresos eran ciertamente mucho más altos que los suyos. También me pregunto porque, pasando una única noche de mi vida en Siria, tuve el privilegio de participar en la fiesta de los quince años de una joven heredera alepina.

Al día siguiente, la visita a la fábrica de tubos me ofreció un escenario similar al que había conocido en El Cairo unos años antes, o sea que, para introducirse como proveedor, el industrial debería prever en su presupuesto, uno o varios sobres discretos, pero bien rellenos, para ofrecerlos a quien corresponda. Se dice que tal costumbre se debe al hecho de que los ejecutivos responsables en las fábricas no reciben los sueldos que merecen.

Al final, si el viaje me ofreció muchos recuerdos personales, no generó ningún beneficio a la empresa para la cual trabajaba.

Sri Lanka

Anécdota personal

Un día de 1994, el teléfono suena en mi despacho y la telefonista me informa que llama una empresa suiza de la cual solamente conozco el nombre, con placer atiendo la llamada.

Al otro extremo, el ingeniero de esta empresa me cuenta que su sociedad ha vendido una máquina Hatschek para fabricar placas onduladas en Sri Lanka y que deben entregar fieltros con ella.

En mi mente, Sri Lanka = Ceilán = *"Encanto Cingalés"*, de Francis de Croisset, libro que tuvo su momento de gloria, que he devorado siendo adolescente, he incluso releído hace poco, cuya memoria me hace todavía soñar. Me siento orgulloso que nuestra sociedad sea suficientemente conocida para llamar la atención de una empresa helvética famosa en el medio de papeleras y fibrocemento.

Ahora no se trata de soñar, sino de ganar un nuevo cliente y quizás de introducirnos en un nuevo mercado, incluso si lo pequeño del país no permite considerar unas ventas extraordinarias. Lo cierto es que conseguimos negocio. Algunas semanas más tarde enviamos el pedido hacia Colombo conforme las instrucciones de nuestro comprador.

En febrero del 1995, aprovechando un viaje comercial en Tailandia, planeo una escala en el país donde trabajan los elefantes. Se consigue una cita y pronto aterrizo en la antigua colonia británica, independiente desde 1972.

La acogida del director de la fábrica es calurosa, el primer fieltro está instalado en la máquina, funcionó ya unas horas durante las pruebas y la inauguración está prevista al día siguiente por la mañana. Me proponen que asista, y por supuesto acepto sin vacilar.

El día siguiente hacia las diez, vuelvo a la fábrica y descubro que las oficinas vistas en la víspera se han transformado en salas de fiesta, muebles cubiertos de manteles, de flores y de todo tipo de dulces, vigilados por señoras cuyos vestidos de ayer se cambiaron por tradicionales y favorecedores saris. El ambiente es de los más simpáticos. El director de la fábrica me informa que se espera la llegada en breves momentos del presidente de la Sociedad y de un obispo *(anglicano como debe ser)* que procederá a la bendición de la máquina, y de algunas personalidades locales. Me preocupo de saber si se puede sacar fotos, pero no, no son aconsejadas, por lo tanto, me abstengo.

Llegan las autoridades. Después de las congratulaciones, se suben en un pódium instalado frente a la consola de mando de la máquina, situado próximo al cilindro de formación. El presidente pronuncia un largo discurso en el idioma del país. Supongo que está muy bien ya que abundan los aplausos. Ahora le toca el turno al obispo, que lee bellas palabras contenidas en un libro gordo, mientras que el presidente, convertido en monaguillo, se apodera de una gran pila de agua bendita de la cual rebasa el mango de un hisopo. El Obispo bendice el pupitre y a la multitud de empleados. Junto al presidente monaguillo, emprende el camino a lo largo de la máquina bendiciendo cada parte, mientras que la multitud se prepara para seguirlos. Camina con largos pasos y bendice a diestra y siniestra todo lo que le parece merecer tal honor. Una máquina de estas es larga, entre 80 y 100 metros. Llegando al final, la pila no está vacía, abre una puerta que da a las oficinas, y empiezan con la bendición de los despachos, de las mesas, de las sillas incluso del télex. Pero la reserva de agua parece inagotable, entonces el obispo abre una puerta anónima y hace un largo signo de cruz con el hisopo, esta vez sobre los baños. Así se acaba el bautizo de la máquina suiza y cada uno se precipita hacia las frutas y los dulces que nos esperan tranquilamente sobre las mesas de los despachos.

Se supone que la bendición fue eficaz, ya que nuestros fieltros dieron buenos resultados y nos trajeron nuevos pedidos en los años siguientes.

Más recientemente, en otro tema, la revista esrilanquesa "MirrorBusiness" del 21 de octubre 2016, nos informa de la actividad del Embajador de Rusia en el país:

"Durante una reunión de hace unos días, el embajador ruso en Sri Lanka, Alexander Karchava, lanzó un desafío público al plan destinado a prohibir el amianto blanco. En esa ocasión, interpeló a los accionistas, incluso a los miembros del Consejo de Asuntos Ruso-esrilanqueses para que presionaran a los políticos, con el fin de proteger los intereses de la industria rusa del amianto, mediante la continuación del statu-quo. El embajador dijo que había tratado el asunto con el presidente Maithripala Sirisena y el primer ministro Ranil Wickremesinghe durante encuentros que "trajeron resultados positivos." Karchava propuso hacer venir expertos a Sri Lanka "para dar a conocer al pueblo el sano uso del amianto crisotilo".

VIII Panorama por países

Suiza

Tal como ya pudimos observar, Suiza tiene un papel de primer orden en la industria del amianto-cemento desde su invento. Ya en 1903, el Industrial Alois Steimann funda la "Schweizerigue Eternit Werke AG" y abre la primera fábrica en Niederurnen, seguida rápidamente por la segunda en Payerne.

A lo largo del siglo XX, la empresa irá creciendo, cambiará de razón social y se desarrollará mundialmente. Participará de manera más o menos importante en la creación de filiales extranjeras en asociación con las otras ramas de la "familia Eternit". Tendrá una presencia activa en las grandes ferias internacionales. A veces padecerá de fuertes contratiempos, peligrosos para su supervivencia, pero siempre se recuperará.

Una reciente evidencia lo confirma en 2017 al aparecer: *"Swisspearl® FLOOR" mostrado como producto de culto, deseado y esperado por muchos arquitectos. Es un asunto de discusiones y el deseo de un sector completo, desde decenios. Desde el mes de marzo de este año podemos, por fin, aportar una repuesta:*

Los fibro-cementos Eternit utilizados hasta hoy en el ámbito de fachadas, de techados, y del sector Jardín y Diseño, están disponibles con

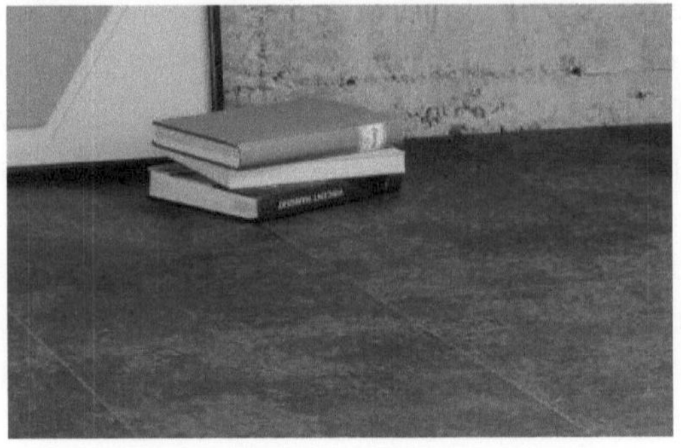

productos de una calidad desconocida hasta ahora.

Una superficie clásica de fibrocemento encuentra una textura filigrana. El sentimiento de paz, que emana de la estructura única y natural del fibrocemento, propone un

08-056 Swiss floor. Web Swiss Floor.

juego de colores ligeros. La autenticidad estética y el tacto estando garantizados gracias al revestimiento de las placas de calidad superior.

La gama de tonos habla por sí misma".

Tal es el laudatorio texto que nos propone hoy Eternit Suiza en su página web.

Creaciones y realizaciones contemporáneas no se limitan a revestimientos, lejos de eso, citemos, por ejemplo:

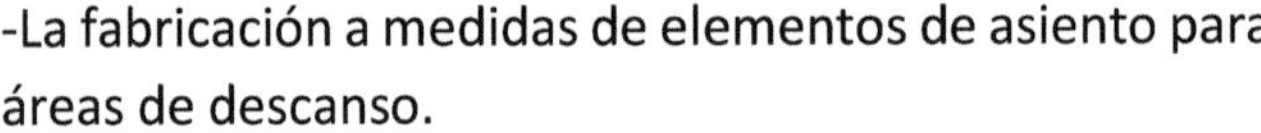

-La fabricación a medidas de elementos de asiento para áreas de descanso.

-Avera, una nueva placa de fachada de fibrocemento dotada de una estructura *"Auténtica, Viva y Natural, que abre la puerta a sorprendentes posibilidades en la disposición de fachadas, ofreciendo grandes habilidades para expresarse"* nos cuenta el creador.

-Barreras contra ruido para autopistas.

VIII Panorama por países

Hablamos exclusivamente de las novedades de fibrocemento, pero la empresa sigue con su diversificación, muy acertadamente. Eternit Suiza es uno de los motores vivos y visibles de la actividad en la Confederación Helvética, otras ramas menos

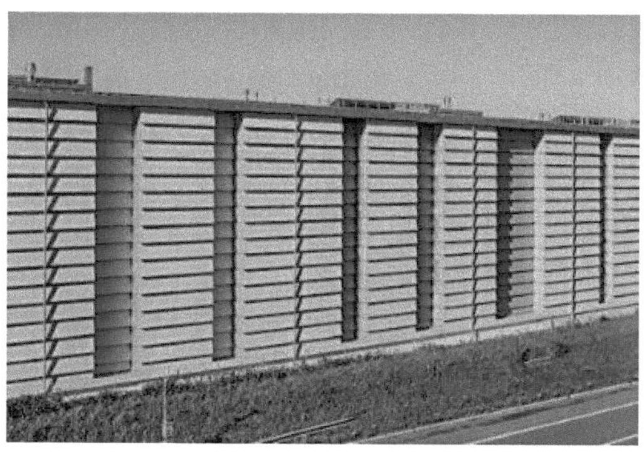

08-057 Barrera anti ruido. Eternit Suiza.

conocidas por el gran público, parcialmente relacionadas con ésta, participan en la reputación del país. Es el caso del negocio del amianto, incluso si los bultos no transitarán por las orillas del lago Leman. Bancos y organismos comerciales ciertamente encuentran allí sus beneficios, quizás en menores proporciones hoy que en pasados tiempos del amianto rey. Otra rama estrella es la construcción de máquinas y accesorios indispensables para la fabricación de placas, tan requeridos por los países en vía de desarrollo. Les hablé de mi relación con un fabricante de máquinas que me llevó a participar a la bendición espectacular de una en Sri Lanka, este mismo contacto con ese mismo constructor me llevó a numerosos viajes por América Latina, donde encontraba casi siempre las mismas instalaciones mecánicas de alta calidad, que disfrutaban de los últimos progresos técnicos del momento. Mi natural chovinismo hubiera preferido que estas máquinas hubieran salido de talleres "galos".

Hoy en día, esta empresa ha desaparecido, y Suiza ya no es líder en la construcción de maquinaria para fibro-cemento. Varias empresas de nivel altamente internacional proponen ese tipo de servicio.

Entre otras sobresalen:

-Wehrhahn Gmbh, de Delmenhorst en Alemania
 Intra Group of Companies, Turkey Specialist in Project, Plant & Machinery
-2k Technologies Hyderabad, India
-Papcel Czech Republic
-MLF Group
Y si ustedes quieren, pueden incluso comprar una máquina en Alibaba, los precios varían entre US $ 1,000,000 a 7,000,000.

Sudáfrica

Desde finales del siglo XIX existe una estrecha conexión entre Sudáfrica y el amianto, fibra que el país exportaba a Gran Bretaña desde 1893, primero para la industria textil, luego para máscaras de gas durante la primera guerra mundial y finalmente para el amianto-cemento y otras industrias.

Si el país cuenta con numerosas víctimas del amianto, el origen parece ser esencialmente la explotación de las minas. Las esposas y los hijos de los mineros son los primeros en padecer el problema de las fibras, al llegar éstos a sus casas con la ropa y el pelo sucios tras la jornada de trabajo. Disponemos de pocas estadísticas puesto que una altísima tasa de muertes se debió a la tuberculosis, ocurrida a edades tempranas de los mineros. Esto nos impide conocer el número de aquellos que, más tarde, hubieran fallecido debido a enfermedades relacionadas con el amianto.

Pero al inicio del presente siglo XXI, el desarrollo del país invita a pensar que el nuevo fibrocemento goza de un gran futuro, lo que la firma

VIII   Panorama por países

Everite comprendió bien, como lo exponen las primeras páginas de su sitio Web, de las cuales extractamos lo siguiente[188]:

Everite Building Products

"Cotizada en la Bolsa de Johannesburgo, "Everite Building Product" se asocia con la Industria de la construcción del país desde 1941. Produciendo una vasta gama de materiales que responden a las necesidades de los sectores, comercio, industria y vivienda, Everite es conocida por la calidad de su gama de productos NUTEC para techos, revestimientos y columnas de fibro-cemento entre otros.

La alta calidad de los productos NUTEC y los beneficios que aportan incluyen: la utilización de fibras sanas y sostenibles, una fuerte resistencia elástica reforzada por una gran capacidad de resistencia a las cargas de flexión y al granizo, excelentes calidades de aislamiento térmico, así como al fuego, al moho y a los ácidos.

El programa calidad de Everite responde a las exigencias de International Standard Organización ISO 9001/2008.

---

[188] La Everite de África del Sur no tiene ninguna relación con la Everite francesa de la cual hemos hablado largamente.

La T de

Tailandia

Este país dispone de una industria del fibro-cemento muy importante, lo que no sorprenderá al viajero que visite Bangkok, en donde podrá darse cuenta del gigantesco desarrollo de los cincuenta últimos años.

En 1974, nace Thai Olímpica Fibre-Cement Co Ltd, que hoy emplea a unos 1000 trabajadores. Producen: placas onduladas, placas planas, parqué sin amianto, embaldosados, etc. Están presentes en tres grandes mercados: Asia del Sureste, África y Oceanía a parte iguales.

Siam Fibre Cement, perteneciente al gran grupo Siam Cement Public Company Limited (o "SCC"), que ya era uno de los grandes del amianto-cemento a finales del siglo XX, cuando el autor actuaba en Tailandia, anuncia  en 2010 una enorme inversión para producir 22 millones más de metros cuadrados, llevando su capacidad total hasta los 135 millones en 2013, para responder a la demanda del mercado.

Creado alrededor de 1980, Mahaphant Fibre Cement Public Company Limited, que me hizo el honor de ser uno de sus

08-059. Pabellón Tailandés de Fibrocemento.
Web de Mahaphant.

proveedores a finales del siglo pasado, supo pasar del amianto-cemento al fibro-cemento NT moderno sin amianto. Su producción la realiza en múltiples máquinas, algunas de doble o triple ancho, y está basada en paneles, siding, y más recientemente el llamado "ply[189]". Se trata de un producto decorativo para interiores que permite hacer techos, paneles e incluso muebles de cocinas, cuartos de baño o laboratorios bajo la marca SHERA. ¿No nos recuerda al Glasal de Eternit? Mahaphant dispone de varias plantas en Tailandia y nos dice que se prepara para abrir más en otros países asiáticos. Sus productos se venden en más de diez países europeos, y por supuesto en muchos otros de Asia.

Las tres empresas mencionadas más arriba ciertamente no son las únicas que existen en Tailandia.

Anécdota personal

El día de mi primera visita a una gran empresa de amianto-cemento en los suburbios de Bangkok, la cita esta prevista a las siete de la mañana… *(luego me enteré, que esta es una hora corriente en Tailandia).* Contando las dos horas de taxi consideradas como necesarias por la recepción del hotel, para llegar al lugar de encuentro, tengo que salir sobre las cinco, lo que significa, levantarme a las cuatro, que eran las 11 cuando salí de Francia la víspera.

Me atiende la responsable del departamento de compras y vamos juntos hasta la fábrica, ubicada a unos treinta kilómetros de la sede, en el inevitable "minibús Volkswagen" conducido por un chofer experto. Después de la visita técnica, durante el viaje de vuelta, descubro que mi interlocutora estudia el francés y ha oído hablar de "El Principito" de Saint Exupéry. Unos meses más tarde, con motivo de una nueva visita, traigo el libro, junto con el CD ROM de la famosa obra, registrada

---

[189] Frecuentemente asociada con «wood» da a pensar que se tratara de un producto de fibrocemento imitando el "plywood" conocido como contrachapado.

por el igualmente famoso Gérard Philippe. La señora se declara encantada por el modesto regalo.

Las siguientes citas se hicieron con horarios más conformes a nuestras costumbres occidentales y nunca supe si el regalo influyó en mejorar nuestras relaciones comerciales, pues, invitado a jubilarme por mi empresa, no tuve la ocasión de volver al país de los numerosos templos y budas.

Taiwán

En 1987, la Sociedad Douglas crea una división fibrocemento, para materiales con destino a aplicaciones en cubiertas y paredes en seco que muy pronto fabricará con tecnologías sin amianto.

Dicen estar presentes en los mercados de Medio-Oriente, Asia del Sureste, Estados Unidos, África del Sur y Europa.

Las dos siguientes fotografías, extraídas de la publicidad de su página Web, demuestran claramente, que el fibrocemento sigue estando disponible para todo tipo de aplicación

08-061 -08-062. Publicidad Web de Douglas Taiwán. Web del fabricante.

VIII Panorama por países

Turquía

En 1956, nace "Aternit" primera empresa en el ámbito del amianto-cemento en este país. Conoce un gran éxito, especialmente gracias a sus placas onduladas que cubren innumerables edificios.

Cuando llega la prohibición del amianto, Aternit no tarda en convertirse en las Nuevas Tecnologías. Su página Web nos informa que sus instalaciones han producido más de 150 millones de metros cuadrados de placas desde su nacimiento, pero no nos dice cuál es el porcentaje de amianto-cemento ni de placas NT.

En 2001, los señores Oner y Nafiz Hekim fundan "Hekim Yapi Endustrisi Sanayi Ve Ticaret A. S." afiliada al holding HEKIM, para producir revestimientos a base de cemento. Eligen el fibrocemento por ser el producto más  utilizado mundialmente y arrancan la fabricación de placas de Nueva Tecnología. En 2007, sin esperar la prohibición del amianto en Turquía, que llegaría en 2010, los inversionistas adquieren la licencia del italiano "SIM s.r.l." y ponen en marcha una segunda línea de producción en 2008. La inversión con fondos propios les permite producir 80 000 metros cuadrados de placas anualmente en sus instalaciones de Adapazari Hendek.

La V de

Venezuela

En 1946 Avellan Campos, industrial bien conocido en su país, funda Canacit en Caracas, con ayuda del francés PAM. Los lectores franceses se interesarán en saber que, en 1966, el director es Xavier de Villepin, padre de uno de nuestros antiguos Primer Ministros.

En 1975, el gobierno venezolano quisiera alejar las fábricas de su ciudad capital y ofrece ciertas posibilidades a los industriales que acepten complacer sus deseos. Así Saint-Gobain *(PAM ahora dentro de Saint-Gobain después de la fusión de 1970)* cierra la fábrica de Caracas y abre una nueva, por supuesto mucho más moderna, a unos 80 kilómetros de la capital, exactamente en San Francisco de Yare.

Dos ingenieros de Everitube, *(la filial amianto-cemento de Saint-Gobain)* van a estar sucesivamente en esta fábrica. El hecho de encontrarles me permite asegurar algunos detalles, no obligatoriamente apasionantes a nivel histórico, pero susceptibles de animar el relato. Uno de ellos nos cuenta:

"El día de la inauguración de la máquina de tubos de esta nueva fábrica, está prevista una bendición a lo grande. Solamente cinco personas tienen autorización para acceder a la plataforma del pupitre de mando. Entre ellas, el arzobispo de Caracas, el presidente de la empresa y el director de la fábrica. La organización no tiene en cuenta las costumbres locales y unos pocos minutos antes del comienzo de la ceremonia, cuando todos los invitados han llegado, un gran número de ellos se precipitan hacia la máquina, suben los pocos escalones y se hacinan en la estrecha plataforma.

Se da luz verde al arranque, pero no pasa nada. Los técnicos revisan de nuevo toda la instalación y comprueban que está en orden. Los responsables preocupados buscan cual puede ser el origen del incidente, después de varios minutos de pánico, se descubre que el arzobispo, presionado por la multitud, pulsó el botón de emergencia… pronto se aplica el remedio".

Otros hechos, no directamente unidos a la historia del amianto-cemento pueden llamar nuestra atención por un momento:

¡Empleado aviador! Como dirían en latino américa… un empleado, algo ingenuo, cobra su sueldo de la compañía, pero solo aparece en los días de pago. Su hermano es cercano al ministro que firma anualmente los pedidos de casas prefabricadas producidas por Canacit.

¡Serpientes enroscadas! Los apagones son frecuentes, con las consecuencias sobre la pasta y la máquina que se pueden adivinar. Explicaciones: con las numerosas serpientes de la zona, algunas suben por los postes tal como suelen hacerlo por los árboles. Una vez arriba trepan por los cables de alta tensión, generan cortocircuito, y parcialmente enroscadas, caen al suelo en donde se agitan todavía unos largos minutos[190].

¡Bombas caminantes! Algunas veces, las bombas se averían, cuando se busca el motivo, se descubre que simplemente no están, se las robaron.

Esos incidentes no impiden a la Compañía entregar con regularidad los tubos y las placas necesarios para el equipamiento del país. Incluso llega a desarrollar placas muy largas estructurales autoportantes para techados, de hasta 9,20 metros, tal como se puede ver en la fotografía contigua del aeropuerto de Caracas, imagen de una época ya bien lejana.

---

[190] No se trata de una patraña, otros testigos me confirmaron el fenómeno o los malos hábitos.

Aeropuerto Caracas.

08-064 Aeropuerto de Caracas 1960,
Placas estructurales de Canacit. Archivos personales.

Hablando de otro tema, apuntemos que las relaciones entre la dirección y los trabajadores no siempre es sencilla, tal como atestigua el folleto de un sindicato local de la época, anexado en la página siguiente.

Unos años más tarde, Plycem instala una planta de su producto estrella en las cercanías de Caracas. Actualmente parece haber desaparecido, al igual que la Planta de Saint-Gobain de la cual acabamos de hablar.

La presente situación político-económica en Venezuela no es la más favorable para inversiones industriales eficaces.

<u>C O M U N I C A D O</u>

El Sindicato hace del conocimiento a todos los Trabajadores de ASICA y TUBACEM que el día Martes 21 de Marzo de
1.978 la Empresa, en las personas de Michel Baur Jefe de Fabrica y Pinguet Director Tecnico, se dieron a la tarea de
tratar de retirar al Sr. Vicente Palacios Secretario de Cultura y Propaganda, de nuestro Sindicato, sabiendo que goza
del Fuero Sindical que prevee la Ley del Trabajo vigente en
su Artículo Nº 204. En ningún momento aceptamos las proten-
ciones y el abuso de estos Señores que piensan y se creen
que estamos en los tiempos de la esclavitud.-

! NO A LA REPRESION PATRONAL¡¡¡

! NO A LOS QUE ABUSAN Y VIOLAN LA LEY DEL TRABAJO¡¡¡

! CONTRA LA ARREMETIDA PATRONAL UNIDAD DE LOS TRABAJADORES.

La Junta Directiva.

Vietnam

De nuevo una llamada en mi despacho una mañana de 1995.

Hoy, no me llama una famosa empresa suiza, sino una joven y pequeña empresa del departamento de Deux-Sèvres *(Oeste de Francia y vecina de nuestro propio departamento de Charente).* Aunque no sean especialistas, han vendido sin que se sepa cómo, una máquina de placas "Flow-on" a otra joven y pequeña empresa vietnamita. Para que esta máquina pueda trabajar, necesita fieltros… las páginas amarillas de aquel entonces hacían milagros, lo que les facilitó el contacto con nosotros. Después de una rápida y agradable visita a nuestros casi vecinos, nos cae del cielo un pedido para Vietnam. ¡Sin mucho mérito mío, mi cuota sube en la mente de mi presidente!

Orgulloso de este pedido, y deseoso de penetrar el mercado vietnamita, sin hablar de mis ganas de visitarlo y ver como está, aprovecho mis contactos en la sede de Saint-Gobain para conocer a un agente comercial en Hochiminh City, que mi corazón sigue llamando Saigón. A los pocos meses, antes de hacer el viaje, consigo pedidos en otras tres empresas del país, lo que me permite convertir mi sueño en algo concreto. Aprovecho una visita comercial a Tailandia para añadir una extensión hasta el antiguo protectorado francés.

Mi sorpresa al visitar al primer cliente es el pequeño tamaño de las placas onduladas. De memoria diré que no miden más de 0,60 x 0,60 m. En el camino de vuelta de la fábrica, el espectáculo callejero me lo explica. Los vietnamitas no tienen todavía coches. Ciclomotores y bicicletas reinan en carreteras y los compradores de placas cargan 2 o 3 de ellas en los portaequipajes delanteros y traseros, cuando estos no están ocupados por un miembro de la familia.

A finales del siglo XX, época de mi entrada al mercado técnico-comercial de Vietnam, había inventariado una decena de líneas de fabricación. En 2015, una ONG *(NGO-IC)* que lucha a favor de la prohibición del amianto en el país, proclama cuarenta y una… *"que producen más de 100 millones de metros cuadrados anualmente, que representan el 60% de la demanda, mayormente en zonas rurales y montañosas, debido a sus bajos precios y durabilidad".*

Un médico de la red de lucha por la prohibición del amianto menciona *"una región en donde el 85% de las viviendas están cubiertas con placas de amianto-cemento, solo un 5% de los residentes oyeron hablar del riesgo sanitario…"*

Así se entiende la buena salud financiera de los constructores de máquinas y de las empresas que explotan las minas todavía en actividad. Pero no todo es tan negro, puesto que desde 2013, la sociedad VITD publica el siguiente mensaje en su página Web:

Placas de fibrocemento sin amianto
» Anuncio publicado el 03 de marzo 2013»

08-066. Web VITD

"Somos la primera empresa en Vietnam que solucionó la fabricación de placas onduladas   sin amianto dentro de las cuales las fibras sintéticas (PVC) reemplazan a las fibras de amianto. Nuestros productos se fabrican en modernas líneas, automatizadas, conforme con las normas más rigurosas tal como la japonesa JIS A5430:2004, la coreana KS L5114:1998 y la vietnamita TCVN:2000. Existen unos productos típicos, tales como las hojas para techados sin amianto, el transfer de cadenas de producción de hojas de techados sin amianto (de color gris o en la masa), las hojas de techado de amianto y las tejas coloreadas. Si están interesados en alguna de las posibilidades propuestas más arriba, no duden en contactarme para más informes. Con mucho gusto les enviaría los catálogos sobre las placas sin amianto y las cadenas de producción. Por favor denme a conocer el tipo de placas que os interesa y después, les enviaremos la propuesta…"

#fibrocemento(s).com

Este texto se ha traducido del francés respetando lo más fielmente posible la versión original francesa, publicada en la web de VITD como publicidad comercial, todavía disponible hoy en día en Vietnam. Todavía más alentadora, en febrero 2018, el gobierno vietnamita anuncia la prohibición definitiva del amianto blanco, lo más tarde en el 2023[191]

Dos sitios Web interesantes de visitar:

Non-asbestos cement corrugated roofing production line:

Union Aid Abroad APHEDA:

---

[191] Según una ONG australiana, las importaciones de amianto en Vietnam alcanzan unas 60 000 toneladas anuales.

La Z de

Zimbabwue

Este país, tradicionalmente gran proveedor de amianto, ha visto como el cierre de las minas de Mashaba y de Shabani ha aumentado enormemente la miseria, tanto por las enfermedades que padecen los mineros como por la pérdida de los empleos que generaban.

A principios del siglo XXI, muy profundas discordias sacuden el país a propósito de sus reaperturas, altamente deseadas por unos y violentamente rechazadas por otros.

En noviembre de 2006, Dominique Baillard, por cuenta de RFI *(Radio Francia Internacional)* publica un reportaje sobre la situación del momento. Se puede particularmente leer: *"Para proteger sus dos minas de amianto, Zimbabwue suplica a África del Sur que renuncie al embargo sobre importaciones de amianto de la fibra más polémica, el crisotilo. Una delegación de alto rango visitó recientemente Pretoria para, una vez más, relativizar los riesgos sanitarios relacionados con el empleo del amianto, y sobre todo insistir en las consecuencias económicas de tal decisión. En el 2005, las dos minas de Shabani y Mashaba generaron 40 millones de dólares de ingresos al gobierno de Harare, fuente de divisas que toman una considerable importancia en un país desesperado, donde el partido en el poder, el ZANU-PF, tomó el control de las minas, expulsando al legítimo propietario y privándole de su nacionalidad en Zimbabwue. Desde esta fecha es surafricano y cuenta a quien le quiere escuchar, que el maná de la fibra prohibida sirve para reembolsar un préstamo del FMI…*

…sus actuales abogados piden sobre todo a sus interlocutores que consideren el impacto económico de esta medida de prohibición. Unas cien

mil personas vivían directa e indirectamente de la explotación minera del amianto. Argumento que vale igual que otro... Suráfrica se prepara para prohibir el amianto a partir de 2007, no solo por motivos sanitarios, pero también debido a la presión del lobby de Everite[192]: Esta empresa que en otros tiempos producía ese mineral, se ha convertido hoy en el mayor impulsor de su desaparición".

El tema de la reapertura de las minas de Zimbabwue y las luchas a favor y en contra siguen paralizadas, en suspenso e inimaginables de resolver para un corto tiempo y sobre todo para aplicar a un fibro-cemento que ha comprobado ya técnicamente el éxito amigable de fibras industrializadas de reemplazamiento en los cinco continentes.

El sitio de prospectiva QYR Research Report informa 
"El mercado mundial del fibrocemento, impulsado por la urbanización y la industrialización rápida de los países en vía de desarrollo, la explosión de la construcción, la calidad de sus productos y la prohibición de los productos de amianto-cemento, como el aumento de las inversiones en el sector de infraestructuras, ofrece oportunidades a los actores del mercado. Sin embargo, la falta de mano de obra calificada de gran mayoría en los países en vía de desarrollo tiende a frenar el crecimiento de esta industria a nivel mundial

---

[192] Recuerden que la Everite surafricana no tiene relación con la antigua Everite francesa.

EPILOGO

La lectura que usted acaba de terminar concierne hechos que pueden parecer recientes para unos, y lejanos para otros.

A lo largo del mundo, de producto en producto, de máquina en máquina, de país en país, de cultura en cultura, con la ayuda de los Estados, estableciendo alianzas estratégicas, esta industria ha construido fábricas...

Nacida en Austria hace casi ciento veinte años, desarrollada, mundializada, ahora muchas veces desacreditada, perfeccionada, enferma, puesta en marcha y finalmente todavía en pie, la industria de los distintos tipos de fibrocementos no ha terminado de dar que hablar.

Décadas y décadas de generaciones trabajaron, sufrieron, crearon, tanto por su propia vida, por sus familias, como para mejorar la de sus clientes que les hacían vivir, unas proporcionando techos, otras decoraciones, otras la llegada del agua al grifo familiar...

Inversionistas se enriquecieron, ingenieros investigaron, obreros trabajaron duro, en ocasiones dejando su vida y al final, me preguntarán: ¿Qué queda de ella?

¡Pienso que mucho! ¿Como vivir sin techo? ¿Como vivir sin que el agua salga por el grifo?

Desde hace veinte o treinta años, una nueva página de la historia de los fibrocementos se está escribiendo, y las realizaciones actuales, parciales y quizá todavía frágiles, habrían parecido fuera de alcance en la época de la conferencia de Kuala- Lumpur de 1991.

Reconocemos, en efecto, que las diferentes formulaciones adaptadas a las tecnologías de fabricación sin amianto quizá no hicieron todas las pruebas de su capacidad para soportar las vicisitudes del tiempo y que las evoluciones siguen siendo previsibles. Pero en este tipo de industria, tal como pudimos ver al principio de esta obra, decenios de años son necesarios para adquirir la plena madurez de los procesos y de los productos.

Ciertamente los fibrocementos no son los únicos materiales que proponen soluciones, pero son reproducibles prácticamente sin límite. Los más serios estudios de prospectiva les prometen muchos días felices en los próximos años.

 Para convencerse, basta contemplar las instalaciones de fábricas en los países que más necesitan construir viviendas e infraestructuras, o leer lo que escribe "Allied Market Research" en su Informe sobre el mercado del fibrocemento:

"El mercado mundial de Fibrocementos generó un ingreso de 12.336 millones de dólares americanos en 2014, y se espera que alcance 19.000 millones en 2022,

es decir una Tasa de Crecimiento Anual Compensado de 5,8% de 2016 a 2022."

En febrero de 2018, otra prospectiva, Dashboard, publica un informe que proyecta un futuro sensiblemente idéntico.

Global Informe sobre Paneles de Fibrocemento de los principales países 2018-2023

"La demanda en la Industria del Fibrocemento se prevé muy alta para los seis próximos años. Considerando esta demanda, publicamos el Informe Comercial de los Paneles de Fibrocemento, que comunica un análisis completo del mercado, dimensión, crecimiento, y previsiones hasta 2023. Este informe ayudará al análisis de las tendencias actuales y futuras en términos de previsiones de ventas e ingresos.

Este informe estudia el mercado global de la Industria de los Paneles de Fibrocementos, especialmente en Estados Unidos, Canadá, México, Alemania, Francia, Gran Bretaña, Rusia, China, Japón, India, Corea, Asia del Sureste, Australia, Brasil, Medio Oriente y África".

AGRADECIMIENTOS

Agradezcamos su colaboración a todos los que pusieron su talento y conocimientos a nuestro servicio, especialmente a los colegas y al amigo: Alain SABOURAUD, cuyos conocimientos, recuerdos y paciencias para contestar nuestras numerosas preguntas, fueron solicitados más que se permita,

Cualquier error u omisión, que habrá muchos, son enteramente responsabilidades nuestras.

Igualmente, gracias a los muchos colaboradores:

Roberto	Abujder	Bolivia
Samuel	Bouré	Francia
Orlando	Barrial i Jové	España
Cécile	Belot	Francia
Robert	Bessiron	Francia
Charles	Biaggi	Francia
Michel	Bour	Colombia
Raymond	Campestrini	Francia
Sophie	Chavignon	Francia
John	Cottier	SudAfrica
Olivier	Delas	Francia
Yann	Deret	Francia
Marcel	Descombe	Francia

Pierre	Dieudonné	Francia
Vincent	Favre	Francia
Carlos	Freitas	Portugal
Daniel	Friedman	EEUU
Oliver	Glendenning	UK
Michel	Gonzalez	Francia
Alexandra	Kern	Suiza
Marc	Lamour	Francia
Annie	Lamontagne	Canada
Laure	Lanterie	Francia
Bernard	Mallet	Francia
Christian	Manant	Francia
Joseph	Milewski	Francia
Ginette	Milewski	Francia
Bernard	Montagut	?
Denis	Peaucelle	Francia
Pierre	Picavet	Francia
Bernard	Pinguet	Francia
Fabienne	Planchenot	Francia
Francis	Queva	Francia

Elisabeth	Rauchenzauner	Austria
Emilie	Roulland	Francia
Manuel	Rubio Morano	España
Robert	Ruers	Paises-Bajos
Alain	Sabouraud	Francia
Gérard	Sandret	Francia
(Anónimo)	Sinoma Industry	China
Pierrette	Theroux	Canada
José María	Txecma Romero	España
Dietz	Torsten	Alemania